普通高等教育"十三五"规划教材

计算机应用基础案例教程

（Windows 7 + Office 2013）

主　编　王建军
副主编　田　丽　李　慧　朱百合
　　　　张成艳　魏明君
主　审　王晓军

北京邮电大学出版社
·北京·

内 容 简 介

"计算机应用基础案例教程(Windows 7＋Office 2013)"是一门计算机操作入门课程,是培养学生学习、工作所必需的计算机基础知识和实践技能课程。本书结合当前计算机及信息技术发展的现状,以大学生计算机应用技能培养为切入点,采用任务驱动等教学方法,精心设计任务情景,确保学生能够学以致用。书中任务与大学生的学习、生活和工作等密切相关,内容涵盖了 Windows 7 操作系统、Word 2013 文字处理软件、Excel 2013 电子表格处理软件、PowerPoint 2013 演示文稿制作软件、网络资源应用等模块。

图书在版编目(CIP)数据

计算机应用基础案例教程：Windows7＋Office2013 / 王建军主编． －－北京：北京邮电大学出版社，2016.8
ISBN 978－7－5635－4914－6

Ⅰ．①计… Ⅱ．①王… Ⅲ．①Windows 操作系统—高等学校—教材②办公自动化—应用软件—高等学校—教材 Ⅳ．①TP316.7②TP317.1

中国版本图书馆 CIP 数据核字(2016)第 199101 号

书　　名	计算机应用基础案例教程(Windows 7＋Office 2013)
主　　编	王建军
责任编辑	沙一飞
出版发行	北京邮电大学出版社
社　　址	北京市海淀区西土城路 10 号(100876)
电话传真	010－82333010　62282185(发行部)　010－82333009　62283578(传真)
网　　址	www.buptpress3.com
电子信箱	ctrd@buptpress.com
经　　销	各地新华书店
印　　刷	北京泽宇印刷有限公司
开　　本	787 mm×1 092 mm　1/16
印　　张	21
字　　数	577 千字
版　　次	2016 年 8 月第 1 版　2016 年 8 月第 1 次印刷

ISBN 978－7－5635－4914－6　　　　　　　　　　　　　　　　　　　　定价：39.50 元

如有质量问题请与发行部联系

版权所有　侵权必究

前　　言

　　本书是按教育部提出的《计算机基础课程教学基本要求》编写的,是各类院校计算机公共基础课教材。本书在设计构思过程中全面贯彻了"以学生为中心"的教学理念,精选学生在学习、生活、工作中实际遇到的典型案例,将基础知识融入任务实战,真正做到理论结合实践,设身处地为学生解析实际问题,让学生能够学以致用。

　　在编写过程中,本书采用了任务驱动的教学方法,以"提出任务—分析任务—介绍相关知识—详解任务步骤—任务实战—其他典型任务练习"的逻辑体系构建教材,以通俗易懂的语言和丰富翔实的插图体现教学内容,便于实现"教学做一体化"的课堂教学组织要求。

　　全书共有19个任务:

　　任务1至任务3主要介绍计算机的组成、基本操作方法和Windows 7操作系统的设置管理。

　　任务4至任务8介绍了文字处理软件Word 2013的基本应用和高级应用,主要包括文档的编辑排版、表格的制作、图文混排等。

　　任务9至任务14介绍了电子表格处理软件Excel 2013的基本应用和高级应用,主要包括表格的基本输入方法和技巧、函数及公式的使用、数据管理与分析等。

　　任务15至任务18介绍了演示文稿制作软件PowerPoint 2013的基本应用和高级应用,主要包括演示文稿的编辑制作、动画设置、放映设置等。

　　任务19介绍了网络资源的简单应用。包括计算机网络的基本情况和Internet应用基础知识。

　　全书由王建军主编。其中,魏明君编写任务1、任务2、任务14,李慧编写任务4、任务5、任务6、任务7,王建军编写任务8、任务9、任务18,张成艳编写任务10、任务11、任务12、任务13,朱百合编写任务3、任务19,田丽编写任务15、任务16、任务17。全书由王晓军主审。还有许多同事一直关注着本书的编写工作,并提出若干宝贵建议。在此一并表示感谢。

　　由于编者水平有限,书中难免存在缺漏,敬请读者批评指正。

编　者
2016年7月

目 录

任务1 认识计算机 ……………………………………………………………………… 1

1.1 计算机的发展应用 …………………………………………………………………… 1
1.1.1 计算机的起源 ………………………………………………………………… 1
1.1.2 计算机的发展 ………………………………………………………………… 1
1.1.3 计算机的工作原理 …………………………………………………………… 3
1.2 计算机系统的组成 …………………………………………………………………… 3
1.2.1 计算机硬件系统 ……………………………………………………………… 4
1.2.2 计算机软件系统 ……………………………………………………………… 4
1.2.3 计算机主要性能指标 ………………………………………………………… 4
1.2.4 实物展示 ……………………………………………………………………… 5
1.3 计算机的日常维护 …………………………………………………………………… 10
【任务实战1】配置个人计算机 ………………………………………………………… 11
【任务实战2】指法练习 ………………………………………………………………… 11

任务2 设定个性化工作环境 …………………………………………………………… 13

2.1 Windows 7 硬件安装环境要求 ……………………………………………………… 13
2.2 设置任务栏和【开始】菜单 ………………………………………………………… 13
2.2.1 启动 Windows 7 操作系统 …………………………………………………… 13
2.2.2 关闭 Windows 7 操作系统 …………………………………………………… 14
2.2.3 设置任务栏 …………………………………………………………………… 14
【任务实战1】设置任务栏和个性桌面 ………………………………………………… 15
2.2.4 自定义【开始】菜单 ………………………………………………………… 15
【任务实战2】整理【开始】菜单 ……………………………………………………… 17
2.3 改变屏幕显示 ………………………………………………………………………… 17
2.4 管理用户账户 ………………………………………………………………………… 19
2.5 设置鼠标键盘 ………………………………………………………………………… 20
2.6 磁盘管理 ……………………………………………………………………………… 21
2.7 附件的应用 …………………………………………………………………………… 22
【任务实战3】画图程序的应用一 ……………………………………………………… 26
【任务实战4】画图程序的应用二 ……………………………………………………… 27
【任务实战5】计算机附件应用 ………………………………………………………… 28

【任务实战 6】设置工作环境 28

任务 3 整理工作文件 30

3.1 计算机和资源管理器 30
   3.1.1 【计算机】和【资源管理器】的操作 30
   3.1.2 了解 Windows 7 窗口的组成部分 31
   3.1.3 设置 Windows 7 窗口结构布局 32
   3.1.4 【资源管理器】和树形结构 33
3.2 Windows 7 操作系统新功能库的功能 33
   3.2.1 使用库访问文件和文件夹 33
3.3 Windows 7 操作系统库操作 34
   3.3.1 库的创建 34
   3.3.2 包含到库中 35
3.4 文件、文件夹 35
   3.4.1 文件和文件夹 35
   3.4.2 查看和排列文件与文件夹 35
   3.4.3 路径 36
3.5 文件、文件夹的属性 36
3.6 文件与文件夹的命名 37
   3.6.1 文件的命名规则 37
   3.6.2 通配符 37
   3.6.3 文件夹的命名规则 38
3.7 文件及文件夹的操作 38
   3.7.1 新建文件夹 38
   3.7.2 复制文件或文件夹 38
   3.7.3 移动文件或文件夹 39
   3.7.4 删除文件或文件夹 39
   3.7.5 选定文件或文件夹 40
   3.7.6 重命名文件或文件夹 40
3.8 查找文件或文件夹 40
3.9 文件的压缩 40
【任务实战】文件夹及文件管理 41
【其他典题】文件及文件夹操作 43

任务 4 制作简单 Word 文档 44

4.1 Word 2013 概述 45
   4.1.1 Word 2013 简介 45

4.1.2 Word 2013 的启动和退出 ⋯⋯ 46
4.1.3 Word 2013 窗口界面 ⋯⋯ 47
4.1.4 设置工作环境 ⋯⋯ 50
4.1.5 Word 2013 的视图模式 ⋯⋯ 52
4.2 Word 2013 的基本操作 ⋯⋯ 53
　4.2.1 新建文档 ⋯⋯ 53
　4.2.2 保存文档 ⋯⋯ 54
　4.2.3 打开文档 ⋯⋯ 55
4.3 编辑 Word 2013 文档 ⋯⋯ 56
　4.3.1 文本的录入 ⋯⋯ 56
　4.3.2 文本的选定 ⋯⋯ 58
　4.3.3 文本的移动、复制 ⋯⋯ 59
　4.3.4 文本的删除 ⋯⋯ 59
　4.3.5 文本的查找与替换 ⋯⋯ 59
　4.3.6 撤销与恢复 ⋯⋯ 61
　4.3.7 自动更正文本 ⋯⋯ 61
　4.3.8 检查语法和拼写 ⋯⋯ 62
　4.3.9 字数统计 ⋯⋯ 63
4.4 Word 2013 文档排版 ⋯⋯ 63
　4.4.1 字符格式化 ⋯⋯ 63
　4.4.2 段落格式化 ⋯⋯ 65
　4.4.3 边框和底纹 ⋯⋯ 69
　4.4.4 项目符号和编号 ⋯⋯ 70
4.5 页面设置和预览打印 ⋯⋯ 72
　4.5.1 页面设置 ⋯⋯ 72
　4.5.2 插入页眉、页脚 ⋯⋯ 75
　4.5.3 插入页码 ⋯⋯ 76
　4.5.4 插入分页符、分节符 ⋯⋯ 76
　4.5.5 文档预览打印 ⋯⋯ 77
【任务实战】制作"自荐信" ⋯⋯ 78
【其他典题1】制作"关于组织观看电视新闻纪录片的通知"文档 ⋯⋯ 79
【其他典题2】制作"公寓安全文明月活动方案"文档 ⋯⋯ 80
【其他典题3】制作"加入学生会申请书"文档 ⋯⋯ 81
【其他典题4】制作"请假条"文档 ⋯⋯ 82
【其他典题5】制作"借条"文档 ⋯⋯ 83
【其他典题6】制作"车辆维修保养与管理制度"文档 ⋯⋯ 83
【其他典题7】制作"劳动合同"文档 ⋯⋯ 84

【其他典题8】制作"建筑公司公文"文档 ·· 85

【其他典题9】制作"道桥防水施工方案"文档 ·· 86

任务5 制作图文混排文档 ·· 87

5.1 插入及编辑图片 ··· 88
5.1.1 插入图片 ··· 88
5.1.2 编辑图片 ··· 89

5.2 插入及编辑艺术字 ··· 93
5.2.1 插入艺术字 ··· 93
5.2.2 编辑艺术字 ··· 94

5.3 插入及编辑 SmartArt 图形 ··· 94
5.3.1 插入 SmartArt 图形 ·· 94
5.3.2 编辑 SmartArt 图形 ·· 95

5.4 插入及编辑形状 ··· 95
5.4.1 插入形状 ··· 95
5.4.2 编辑形状 ··· 96
5.4.3 多个图形整体编辑 ··· 97
5.4.4 使用绘图画布 ··· 98

5.5 插入及编辑文本框 ··· 98
5.5.1 插入文本框 ··· 98
5.5.2 编辑文本框 ··· 99

5.6 使用公式 ··· 99
5.6.1 使用公式编辑器创建公式 ··· 99
5.6.2 使用内置公式创建公式 ··· 99
5.6.3 使用命令创建公式 ··· 99

【任务实战】制作"电脑维修宣传单" ··· 100

【其他典题1】制作"庄稼与杂草"文档 ··· 101

【其他典题2】制作"设备维修流程图" ··· 101

【其他典题3】制作"塔机施工梯租赁使用流程图" ··· 102

【其他典题4】制作"计算机的硬件系统结构" ··· 103

【其他典题5】制作"城市一卡通系统运营流程图" ··· 103

【其他典题6】制作"篮球对抗赛海报" ··· 104

【其他典题7】制作"名片" ··· 104

【其他典题8】制作"车展海报" ··· 105

【其他典题9】制作"桥梁工程书籍封面" ··· 105

【其他典题10】制作"建筑学杂志内页" ··· 106

【其他典题11】制作"演出幕布" ··· 106

任务6 制作 Word 表格 ... 108

6.1 创建表格 ... 109
6.1.1 直接插入表格 ... 109
6.1.2 通过对话框插入表格 ... 109
6.1.3 手工绘制表格 ... 109

6.2 编辑表格 ... 110
6.2.1 选定表格、单元格、行、列 ... 110
6.2.2 插入单元格、行、列 ... 110
6.2.3 删除单元格、行、列 ... 110
6.2.4 合并和拆分单元格 ... 111

6.3 表格格式化 ... 111
6.3.1 移动和缩放表格 ... 111
6.3.2 调整行高、列宽 ... 111
6.3.3 平均分布各行、各列 ... 112
6.3.4 设置表格对齐方式及文字方向 ... 112
6.3.5 表格自动套用格式 ... 113
6.3.6 设置表格边框和底纹 ... 113
6.3.7 套用内置样式 ... 114
6.3.8 绘制斜线表头 ... 115

6.4 表格的高级应用 ... 115
6.4.1 表格与文字相互转换 ... 115
6.4.2 表格中数据的排序 ... 115
6.4.3 表格中数据的计算 ... 116

【任务实战】制作"求职简历表格" ... 116
【其他典题1】制作"课程表" ... 118
【其他典题2】制作"关于开展'冬日暖阳'活力校园系列活动的通知" ... 118
【其他典题3】制作"智能手机销售排行榜" ... 119
【其他典题4】制作"楼层访客登记单" ... 120
【其他典题5】制作"营业收入日报表" ... 120
【其他典题6】制作"预制混凝土构件模板安装检查记录表" ... 121
【其他典题7】制作"搅拌机安装验收表" ... 122
【其他典题8】制作"奥迪车型最新报价" ... 123
【其他典题9】制作"汽车维修服务有限公司接车单" ... 124

任务7 处理 Word 长文档 ... 125

7.1 属性设置 ... 126

7.2 样式 ... 127
7.2.1 选择样式 ... 127
7.2.2 新建样式 ... 127
7.2.3 修改样式 ... 128
7.2.4 删除样式 ... 129
7.3 使用脚注和尾注 ... 129
7.3.1 插入脚注和尾注 ... 129
7.3.2 编辑脚注和尾注 ... 129
7.4 插入题注和交叉引用 ... 130
7.4.1 插入题注 ... 130
7.4.2 交叉引用 ... 131
7.5 使用索引和书签 ... 131
7.5.1 使用索引 ... 131
7.5.2 使用书签 ... 133
7.6 批注和修订 ... 135
7.6.1 使用批注 ... 135
7.6.2 使用修订 ... 136
7.7 目录 ... 137
7.7.1 插入目录 ... 137
7.7.2 更新目录 ... 138
7.7.3 删除目录 ... 138
7.8 拼写检查和语法错误 ... 138
【任务实战】制作"毕业论文" ... 139
【其他典题1】制作"民用建筑设计通则" ... 143
【其他典题2】制作"汽车发动机的维护和保养" ... 143
【其他典题3】制作"赵州桥" ... 144

任务8 Word 2013 网络应用 ... 146

8.1 处理电子邮件 ... 146
8.1.1 文档发送邮件 ... 147
8.1.2 邮件合并 ... 147
8.2 制作中文信封 ... 151
8.3 使用超链接 ... 153
8.3.1 插入超链接 ... 153
8.3.2 自动更正超链接 ... 155
8.3.3 编辑超链接 ... 156
【任务实战】制作"荣誉证书邮件合并文档" ... 157

【其他典题】制作"成绩表邮件合并文档" ··· 159

任务9 Excel 2013 的基本操作 ··· 160

9.1 工作表基本操作 ··· 160
9.1.1 新建工作簿 ··· 161
9.1.2 认识 Excel 2013 ··· 161
9.1.3 新建工作表 ··· 162
9.1.4 删除工作表 ··· 163
9.1.5 切换工作表 ··· 163
9.1.6 重命名工作表 ··· 163
9.1.7 选定工作表 ··· 164
9.1.8 隐藏、显示工作表 ··· 164
9.1.9 移动、复制工作表 ··· 164

9.2 工作表的行、列、单元格操作 ··· 165
9.2.1 选定工作表单元格区域 ··· 165
9.2.2 插入、删除行和列 ··· 166
9.2.3 插入和删除单元格 ··· 167
9.2.4 调整行高和列宽 ··· 168
9.2.5 文本的录入 ··· 168
9.2.6 冻结窗口 ··· 170

【任务实战】制作"员工通信详情表" ··· 170
【其他典题1】制作"年度考核记录表" ··· 172
【其他典题2】制作"差旅费预支申请表" ··· 172
【其他典题3】制作"伸缩缝间距表" ··· 173
【其他典题4】制作"岩石吸水性能表" ··· 173
【其他典题5】制作"岩质边坡容许坡度值表" ··· 173
【其他典题6】制作"牛奶巧克力的基本组成表" ··· 174
【其他典题7】制作"审计工作标识符号表" ··· 174
【其他典题8】制作"审计计划表" ··· 175
【其他典题9】制作"建筑物耐久年限表" ··· 175
【其他典题10】制作"降排水施工质量检验标准表" ··· 175
【其他典题11】制作"楼梯踏步尺寸表" ··· 176
【其他典题12】制作"调查指标概览表" ··· 176
【其他典题13】制作"研发经费投入比较表" ··· 177
【其他典题14】制作"超额累进个人所得税税率表" ··· 177

任务10 美化工作表 ……178

10.1 数据录入的简化方式 ……179
10.1.1 移动和复制单元格数据 ……179
10.1.2 选择性粘贴 ……179
10.1.3 修改和清除单元格数据 ……179
10.1.4 输入相同数据 ……180
10.1.5 换行输入 ……180
10.1.6 查找和替换功能 ……180
10.1.7 填充输入 ……181

10.2 工作表格式设置 ……184
10.2.1 设置单元格字体 ……184
10.2.2 对齐单元格 ……185
10.2.3 合并后居中单元格 ……185
10.2.4 添加底纹 ……186
10.2.5 添加边框 ……186
10.2.6 插入和编辑批注 ……187
10.2.7 应用表格格式 ……187

【任务实战】制作精美工作表 ……188
【其他典题1】制作"奖学金领取表" ……191
【其他典题2】制作"个人工作记录表" ……191
【其他典题3】制作"调查问卷" ……192
【其他典题4】制作"工程质量检验标准表" ……193
【其他典题5】制作"偏差及检验方法表" ……193
【其他典题6】制作"原料的配比分类表" ……194
【其他典题7】制作"电算化系统的使用程度表" ……194
【其他典题8】制作"粮食产量数据资料表" ……195
【其他典题9】制作"防水设防表" ……196
【其他典题10】制作"汽车制造业产量表" ……196
【其他典题11】制作会计凭证"收款凭证" ……197

任务11 数据清单的建立和工作表的计算 ……198

11.1 数据清单的概念 ……199
11.2 条件格式的应用 ……199
11.3 公式的编辑和函数的应用 ……200
11.3.1 运算符 ……200
11.3.2 公式的创建 ……200

11.3.3 函数的应用……………………………………………………………………… 201
【任务实战】制作简单"成绩表"……………………………………………………… 202
【其他典题1】制作"工资明细表"…………………………………………………… 205
【其他典题2】制作"工程质量检验评定表"………………………………………… 206
【其他典题3】制作"废品损失汇总计算表"………………………………………… 207
【其他典题4】制作"科技人才数量及分布表"……………………………………… 208
【其他典题5】制作"人才学历状况调查表"………………………………………… 208
【其他典题6】制作"研发经费投入比较表"………………………………………… 209
【其他典题7】制作"工资明细表"…………………………………………………… 210
【其他典题8】制作"工资汇总表"…………………………………………………… 211
【其他典题9】制作"员工考核成绩表"……………………………………………… 213
【其他典题10】制作"员工信息表"…………………………………………………… 214

任务12 数据管理与分析 …………………………………………………………………… 216

12.1 数据排序 ………………………………………………………………………………… 217
　　12.1.1 快速排序 ……………………………………………………………………… 218
　　12.1.2 高级排序 ……………………………………………………………………… 218
12.2 数据筛选 ………………………………………………………………………………… 218
　　12.2.1 自动筛选 ……………………………………………………………………… 218
　　12.2.2 高级筛选 ……………………………………………………………………… 219
12.3 数据分类汇总 …………………………………………………………………………… 220
　　12.3.1 分类汇总简介 ………………………………………………………………… 220
　　12.3.2 分类汇总的具体操作 ………………………………………………………… 220
12.4 合并计算 ………………………………………………………………………………… 221
　　12.4.1 合并计算简介 ………………………………………………………………… 221
　　12.4.2 合并计算的两种方法 ………………………………………………………… 221
12.5 数据透视表 ……………………………………………………………………………… 221
【任务实战1】数据分析……………………………………………………………… 222
【任务实战2】利用合并计算创建"宿舍卫生检查汇总表"………………………… 224
【任务实战3】利用合并计算创建"各分店销售汇总表"…………………………… 226
【其他典题1】进行"学生数据分析"………………………………………………… 227
【其他典题2】进行"工资汇总数据分析"…………………………………………… 229
【其他典题3】进行"学院图书销售情况表"的高级筛选、分类汇总 ……………… 233
【其他典题4】制作"员工年度考核表"的数据透视表……………………………… 235

任务13 制作数据图表 ……………………………………………………………………… 236

13.1 图表的插入 ……………………………………………………………………………… 236

13.1.1　插入图表 ·· 236
　　　13.1.2　图表组成 ·· 238
　13.2　编辑图表 ·· 239
　　【任务实战】制作"成绩统计图" ·· 243
　　【其他典题1】为班级所有男同学的"微机应用"科目制作一张图表 ······················· 247
　　【其他典题2】制作"汽车制造业各产品研发经费比较图" ····································· 247
　　【其他典题3】制作"2010年汽车制造业各产品研发投入百分比"图表 ·················· 248
　　【其他典题4】制作"汽车制造业产量统计图" ·· 249
　　【其他典题5】制作"学院1号餐厅6月份销售情况统计"图表 ···························· 249
　　【其他典题6】创建"物流设备销售状况迷你图" ··· 250

任务14　工具使用和表格打印 ·· 252

　14.1　【帮助】菜单 ··· 252
　　　14.1.1　使用搜索帮助 ··· 252
　14.2　数据文档的保护 ·· 253
　　　14.2.1　工作簿的结构保护 ··· 254
　　　14.2.2　工作表的保护 ··· 254
　　　14.2.3　用密码进行加密 ·· 255
　14.3　打印工作表 ··· 255
　　　14.3.1　页面设置 ·· 256
　　　14.3.2　打印预览 ·· 256
　　　14.3.3　打印输出 ·· 258
　14.4　Excel网络功能 ·· 258
　　　14.4.1　将工作表数据创建Web页 ··· 258
　　　14.4.2　在工作表中建立超链接 ·· 259
　　　14.4.3　将网页数据导入到Excel ·· 260

任务15　制作简单演示文稿 ·· 263

　15.1　PowerPoint 2013概述 ·· 263
　　　15.1.1　PowerPoint 2013简介 ·· 263
　　　15.1.2　PowerPoint 2013的启动和退出 ··· 264
　　　15.1.3　PowerPoint窗口界面 ··· 265
　15.2　PowerPoint 2013的基本操作 ·· 268
　　　15.2.1　保存演示文稿 ··· 268
　　　15.2.2　打开演示文稿 ··· 268
　15.3　编辑演示文稿 ··· 268
　　【任务实战】制作"论文答辩"演示文稿 ·· 272

【其他典题】制作"教学课件" ··· 273

任务16 演示文稿的美化与修饰 ··· 275

16.1 设置幻灯片的主题和背景 ··· 276
　　16.1.1 使用内置主题 ··· 276
　　16.1.2 创建与使用模板 ··· 278
　　16.1.3 幻灯片母版设计 ··· 279
16.2 应用幻灯片版式 ··· 280
16.3 插入多媒体 ··· 281
【任务实战】制作"学生会主席竞选演讲"演示文稿 ················· 282
【其他典题1】制作"古诗欣赏"演示文稿 ································ 284
【其他典题2】制作"公路桥梁技术状况评定标准"演示文稿 ········ 285
【其他典题3】制作"管理沟通的艺术与方法"演示文稿 ············· 287
【其他典题4】制作"电子科技智造未来"演示文稿 ··················· 288
【其他典题5】制作"建筑设计所运用的艺术手段"演示文稿 ······· 289
【其他典题6】制作"汽车与生活"演示文稿 ··························· 290

任务17 演示文稿的特效制作 ··· 292

17.1 幻灯片动画设计 ··· 292
17.2 幻灯片的切换 ··· 295
17.3 幻灯片交互 ··· 296
【任务实战】为"学生会主席竞选演讲"演示文稿增加特效 ········· 298
【其他典题】为"电子科技智造未来"演示文稿增加特效 ············ 298

任务18 输出演示文稿 ··· 299

18.1 放映演示文稿 ··· 299
　　18.1.1 设置放映方式 ··· 300
　　18.1.2 设置排练计时 ··· 301
　　18.1.3 自定义放映幻灯片 ··· 302
　　18.1.4 放映演示文稿 ··· 302
18.2 打包和发布演示文稿 ··· 303
　　18.2.1 打包演示文稿 ··· 303
　　18.2.2 发布幻灯片 ··· 303
18.3 打印演示文稿 ··· 304
18.4 将演示文稿保存为PowerPoint 97-2003格式 ··················· 304
18.5 以只读形式打开演示文稿 ··· 305

任务 19 简单应用网络资源 ……………………………………………………… 306

19.1 计算机网络定义与分类 ……………………………………………………… 306
19.1.1 计算机网络的定义 …………………………………………………… 306
19.1.2 计算机网络分类 ……………………………………………………… 306

19.2 Internet 基础 ……………………………………………………………… 307
19.2.1 IP 地址的设置 ……………………………………………………… 307
19.2.2 设置家庭网络需要哪些技术 ………………………………………… 309
19.2.3 家庭网络中经常使用的硬件 ………………………………………… 309
19.2.4 如何设置无线路由器 ………………………………………………… 310
19.2.5 如何连接到无线网络 ………………………………………………… 312
19.2.6 如何安装网络打印机 ………………………………………………… 313

19.3 Internet 应用综合实战 …………………………………………………… 315
【任务实战】IE 浏览器的使用与网络资源获取 ………………………………… 315
【任务实战】电子邮件的收发 …………………………………………………… 319
【任务实战】远程登录与文件传输 ……………………………………………… 320

任务1　认识计算机

随着信息时代的到来,计算机占据越来越重要的地位,成为人们生活中不可缺少的工具。熟悉计算机的运行机制是学好计算机必备的基础。

计算机(Computer)俗称电脑,是一种用于高速计算的电子计算机器,可以进行数值计算,又可以进行逻辑计算,还具有存储记忆功能。计算机也是一种能够按照程序自动运行、高速处理海量数据的现代化智能电子设备。

目前,计算机的应用已扩展到社会的各个领域。熟悉计算机的基本原理和构成是我们更深入了解计算机的基础。

【工作情景】

张伟是一名大一学生,想买一台计算机,方便生活、学习和娱乐,但手头资金有限,无法购买品牌机,如何才能买到性能好、价位低又适合自己的组装机呢?在购买之前需要我们帮助他了解计算机的主机配件,然后根据个人所需定制配置单,最后进行购买。

【学习目标】

(1) 计算机的起源及发展;
(2) 计算机的组成及工作原理;
(3) 计算机的日常维护知识;
(4) 选购计算机。

【知识准备】

1.1　计算机的发展应用

1.1.1　计算机的起源

人类发明最早的计算机工具要算是中国春秋战国时代的算筹了,继算筹之后,中国人发明了更为方便的算盘。

1620年,欧洲人发明计算尺;1642年,加减法机械计算器出现。1854年英国数学家布尔提出了符号逻辑的思想;19世纪中期,英国数学家巴贝奇(被称为"计算机之父")提出了通用数字计算机的基本设计思想,为20世纪计算机的发明打下了坚实基础。

第一台真正意义上的数字电子计算机是ENIAC,于1946年2月诞生在美国宾夕法尼亚大学莫尔学院。20世纪40年代中期,冯·诺依曼(1903—1957)参加了宾夕法尼亚大学的小组,1945年设计电子离散可变自动计算机EDVAC(Electronic Discrete Variable Automatic Computer),将程序和数据以相同的格式一起储存在存储器中。

1.1.2　计算机的发展

1. 计算机发展的阶段按照不同的规范有不同的分法

通常是按计算机中硬件所采用的电子逻辑器件划分成电子管、晶体管、中小规模集成电路、大规模超大规模集成电路 4 个阶段,如表 1-1 所示。

表 1-1 计算机的发展阶段表

年代	名称	元件	语言	应用
第一代 1946—1957 年	电子管计算机	电子管	机器语言 汇编语言	科学计算
第二代 1958—1964 年	晶体管计算机	晶体管	高级程序 设计语言	数据处理
第三代 1965—1970 年	集成电路计算机	中小规模集成电路	高级程序 设计语言	广泛应用到各个领域
第四代 1971—现在	大规模集成 电路计算机	大规模、超大 规模集成电路	面向对象的 高级语言	网络时代
第五代	未来光子计算机	光子、量子、DNA 等		

另外,也有一种观点把计算机的发展大致分为四个时期,即大型机时期、小型机时期、PC(个人电脑)时期(或客户/服务器、PC/服务器时期)和 Internet(或以网络为中心)时期(或浏览器/服务器时期)。

2. 通常所说的计算机时代从何时开始

1951 年,世界上第一台商品化批量生产的计算机 UNIVA C-I 投产,计算机从此从实验室走向社会,由单纯为军事服务进入为社会公众服务,被认为是计算机时代的真正开始。

3. 未来计算机发展

1) 量子计算机

量子计算机是一类遵循量子力学规律进行高速数学和逻辑运算、存储及处理的量子物理设备。当某个设备是由量子元件组装,处理和计算的是量子信息,运行的是量子算法时,它就是量子计算机。

2) 神经网络计算机

人脑总体运行速度相当于每秒 1 000 万亿次的计算机功能,可把生物大脑神经网络看作一个大规模并行处理的、紧密耦合的、能自行重组的计算网络。从大脑工作的模型中抽取计算机设计模型,用许多处理机模仿人脑的神经元机构,将信息存储在神经元之间的联络中,并采用大量的并行分布式网络就构成了神经网络计算机。

3) 化学、生物计算机

在运行机理上,化学计算机以化学制品中的微观碳分子作信息载体,来实现信息的传输与存储。DNA(脱氧核糖核酸)分子在酶的作用下可以从某基因代码通过生物化学反应转变为另一种基因代码,转变前的基因代码可以作为输入数据,反应后的基因代码可以作为运算结果,利用这一过程可以制成新型的生物计算机。生物计算机最大的优点是生物芯片的蛋白质具有生物活性,能够跟人体的组织结合在一起,特别是可以和人的大脑和神经系统有机的连接,使人机接口自然吻合,免除了烦琐的人机对话,这样,生物计算机就可以听人指挥,成为人脑的外延或扩充部分,还能够从人体的细胞中吸收营养来补充能量,不需要任何外界的能源。由于生物计算机的蛋白质分子具有自我组合的能力,从而使生物计算机具有自调节能力、自修复能力和自再生能力,更易于模拟人类大脑的功能。目前,科学家已研制出了许多生物计算机的主要部件——生物芯片。

4) 光计算机

光计算机是用光子代替半导体芯片中的电子,以光互连来代替导线制成数字计算机。与电的特性相比光具有无法比拟的各种优点:光计算机是"光"导计算机,光在光介质中以许多个波长不同或波长相同而振动方向不同的光波传输,不存在寄生电阻、电容、电感和电子相互作用问题,光器件无电位差。因此,光计算机的信息在传输中畸变或失真小,可在同一条狭窄的通道中传输数量大到难以置信的数据。

1.1.3 计算机的工作原理

现代计算机的基本工作原理均是按冯·诺依曼所提出的存储及程序控制来设计的。这种设计思想有以下3个要点。

(1) 采用二进制。在计算机内部,程序和数据等所有信息均采用二进制代码"1"和"0"表示。

(2) 存储程序。将指令和数据存放在存储器中。

(3) 基本组成。为实现"程序存储控制",计算机的体系结构应包括输入设备、运算器、控制器、存储器和输出设备5个基本部件,如图1-1所示。

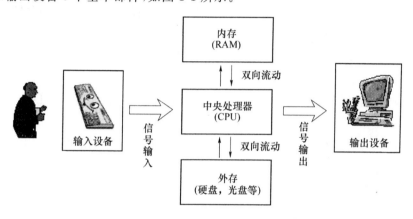

图 1-1 计算机体系结构

1.2 计算机系统的组成

一个完整的计算机系统由硬件系统和软件系统两大部分组成,如图1-2所示。硬件是计算机系统的躯体,软件是计算机的灵魂。硬件的性能决定了软件的运行速度,软件决定了可进行的工作性质。硬件和软件是相辅相成的,只有将两者有效地结合起来,才能使计算机系统发挥应有的功能。

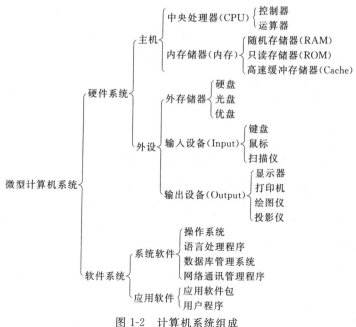

图 1-2 计算机系统组成

1.2.1 计算机硬件系统

组成计算机主要硬件有中央处理器(CPU,包括运算器和控制器)、存储器、基本输入输出设备和其他外部设备等。

(1) 运算器:运算器又称算术逻辑单元。它是完成计算机对各种算术运算和逻辑运算的装置,能进行加、减、乘、除等数学运算,也能作比较、判断、查找、逻辑运算等。

(2) 控制器:控制器是计算机指挥和控制其他各部分工作的中心,其工作过程和人的大脑指挥和控制人的各器官一样。

(3) 存储器:存储器将输入设备接收到的信息以二进制的数据形式存到存储设备中。存储器有两种,分别叫作内存储器和外存储器。常用存储单位有"位"(bit)、"字节"(Byte)、KB、MB、GB、TB,其关系为:1 Byte = 8 bit;1 KB = 1 024 B;1 MB = 1 024 KB;1 GB = 1 024 MB;1 TB = 1 024 GB。

(4) 输入设备:将数据、程序、文字符号、图像、声音等信息输送到计算机中。常用的输入设备有键盘、鼠标、触摸屏等。

(5) 输出设备:将计算机的运算结果或者中间结果打印或显示出来。常用的输出设备有显示器、打印机、绘图仪等。

1.2.2 计算机软件系统

软件是指使计算机运行所需的程序、数据和有关文档的总和。计算机软件通常分为系统软件和应用软件两大类。

1. 系统软件

系统软件分为操作系统、语言处理系统(翻译程序)、服务程序和数据库系统 4 大类别。操作系统(OS)是最基本最重要的系统软件,用来管理和控制计算机系统中硬件和软件资源的大型程序,是其他软件运行的基础。其主要作用就是提高系统的资源利用率,提供友好的用户界面,从而使用户能够灵活、方便地使用计算机。目前,比较流行的操作系统有 Windows(包括 Windows XP、Windows 7、Windows 8、Windows 10)、UNIX、Linux 等。一个操作系统应包括下列五大功能模块:处理器管理、作业管理、存储器管理、设备管理和文件管理。

2. 应用软件

应用软件是用户为解决各种实际问题而编制的计算机应用程序及其有关资料,如 Microsoft Office、Adobe Photoshop 等。

1.2.3 计算机主要性能指标

(1) 字长:一次能并行处理的二进制位数。字长总是 8 的整数倍,如 16 位、32 位、64 位等。

(2) 主频:计算机中 CPU 的时钟周期,单位是兆赫兹(MHz)。

(3) 运算速度:计算机每秒所能执行加法指令的数目。运算速度的单位是百万条指令/秒(MIPS)。

(4) 存储的容量:存储容量包括主存容量和辅存容量,主要指内存储器中能够存储信息的总字节数。

(5) 存储周期:存储器进行一次完整的存取操作所需要的时间。

1.2.4 实物展示

人们使用的计算机中一般都包括以下配件：CPU、主板、内存、硬盘、显卡、显示器、机箱、电源、键盘、鼠标等。

1. 计算机主板

主板又叫主机板(Main Board)、系统板(System Board)或母板(Mother Board)，它安装在机箱内，是计算机最基本的也是最重要的部件之一。主板是计算机中各种设备的连接载体，不管是CPU、内存、显示卡还是鼠标、键盘、声卡、网卡都要通过主板来连接并协调工作。如果把CPU看成是微机的大脑，那么主板就是微机的身躯。一般有BIOS(基本输入/输出系统)芯片、主板芯片组、CPU插槽、DIMM(双重内嵌式内存模块)插槽、PCI-E(新一代总线接口)×16插槽、SATA(串行ATA)接口、PS/2(第二代个人系统)键盘和鼠标接口、USB(通用串行总线)接口等。

主板主要厂家有华硕是主板第一品牌，拥有许多业内先进技术，但价钱是最贵的。技嘉价格比较实惠，稳定性不错，返修率比较低，不怎么容易烧坏。微星三大一线里面价格亲民、稳定性最好的，相对来说性价比比较高。映泰主板主要面向中端的DIY(Do It Yourself,自己动手)用户，为其提供一个比较廉价及稳定的超频解决方案。

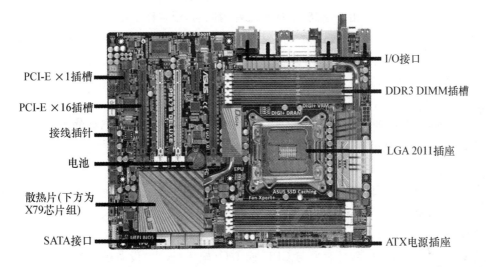

图 1-3 主板结构图

2. CPU

CPU是计算机中最重要的一个部分，由运算器和控制器组成，是计算机完成数据处理的关键部件。它的主要功能就是产生各种控制，完成数据的计算和数据的存储管理，如图1-4所示。目前，生产CPU的公司主要有Intel(英特尔)和AMD(超微半导体)。

图 1-4 CPU

1) Intel 系列 CPU

Intel 公司的芯片主要有面向低端市场的奔腾(Pentium)系列(如 G3260、G4400、G4500)和面向高端市场的酷睿(Core)系列,包括双核、四核及六核 CPU。CPU 中心那块隆起的芯片就是核心,由单晶硅以一定的生产工艺制造出来的,是 CPU 最重要的组成部分。双核处理就是指在一个处理器上两个运算核心,从而提高技术能力。依此类推,四核、六核就是指在一个处理器上集成 4、6 个运算核心。具体型号有:酷睿 i7 5860K(六核心)、酷睿 i7 3960X(六核心)、酷睿 i7 6700(四核心)、酷睿 i5 5200u(双核心)、奔腾 G4400T(双核心)、奔腾 G3260(双核心),嵌入式凌动 Z2520 等,Intel CPU 分为台式机、笔记本电脑、服务器与工作站、嵌入式、网络与通信五大类。大部分系列 CPU 都用于台式机,其中一些低电压版系列 CPU 用于笔记本电脑,至强系列和安腾系列用于服务器与工作站。

2) AMD 系列 CPU

AMD 公司的芯片主要有 FX、APU、闪龙、速龙、羿龙系列和笔记本皓龙系列。具体型号有:AMD FX9590(八核心) FX6300(六核心) 羿龙 II X6 1100T(六核心)、AMD A107870K(四核心)、AMD 速龙 II X2 245(双核心)、AMD 闪龙 140(单核心)等。对 AMD 来说,其最受人欢迎的地方,就是它良好的超频性能和低廉的价格,这是它目前占有处理器市场份额的根本原因,也是它的优势。缺点是发热量相对较高,要选用较好的风扇,稳定性不足。

对比:AMD 重视 3D(三维)处理能力,AMD 同档次处理器 3D 处理能力是 Intel 的 120%。目前,AMD 在功率和发热上来讲都比 Intel 更低。游戏能力尤其优越,浮点运算能力超群。由于内存控制器内置 CPU,所以处理器对内存频率要求更低。同样,内存用在 AMD 上速度比 Intel 上稍微快 10%。

Intel 更重视视频的处理速度,Intel 的优点是视频解码能力优秀和办公能力优秀,并且重视数学运算,在纯数学运算中,Intel 同档次 CPU 比 AMD 快 35%。

AMD 由于设计原因,L2 Cache 小,所以成本更低。因此,在市场货源充足的情况下,AMD 同档次处理器比 Intel 的低 10%~20%的价钱。

3. 内存和外存

内存常称内存储器或主存储器,如图 1-5 所示;外存又称辅助存储器或辅存。CPU 不能像访问内存那样,直接访问外存,外存要与 CPU 或 I/O(输入/输出)设备进行数据传输,必须通过内存进行。

图 1-5 内存

外存通常是磁性介质或光盘,如硬盘(见图 1-6)、DVD 等,能长期保存信息,并且不依赖于电来保存信息,但是由机械部件带动,速度与 CPU 相比就显得慢得多。内存指的就是主板上的存储部件,是 CPU 直接与之沟通,并用其存储数据的部件,存放当前正在使用的(执行中)的数据和程序,它的物理实质就是一组或多组具备数据输入输出和数据存储功能的集成电路,内存只用于暂时存放程序和数据,一旦关闭电源或发生断电,其中的程序和数据就会丢失。

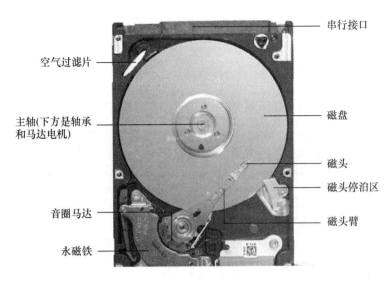

图1-6 硬盘

4. 显卡

显卡全称显示接口卡,又称显示适配器,如图1-7所示,是计算机最基本配置、最重要的配件之一。显卡作为计算机主机里的一个重要组成部分,承担输出显示图形的任务。显卡接在电脑主板上,它将电脑的数字信号让显示器显示出来,同时显卡还是有图像处理能力,可协助CPU工作,提高整体的运行速度。

图1-7 显卡

5. 机箱

机箱作为计算机配件中不可缺少的部分,其主要作用是放置和固定各计算机配件,起到一个承托和保护的作用。此外,机箱还具有屏蔽电磁辐射的重要作用。

6. 键盘

键盘是计算机最基本的输入设备之一。我们在使用计算机的过程中,通常是通过键盘与计算机进行交流的。计算机处理的数据一般都是通过键盘输入的;给计算机下达的命令也可以通过键盘输入;在用计算机进行写作时,键盘就相当于作家手中的笔。因此,学习计算机必须学会使用键盘。

1) 键盘分区

我们按照键盘上按键的多少来给键盘简单分类。早期的键盘有83个按键,陆续出现101、104个按键或者更多按键的键盘。不论按键多少,键盘的基本操作方法都大致相同。

下面以104个按键的键盘为例,学习如何使用键盘。

按照按键的排列位置及功能大致可划分为 4 个区:主键盘区、功能键区、编辑键区和小键盘区(辅助键区),如图 1-8 所示。

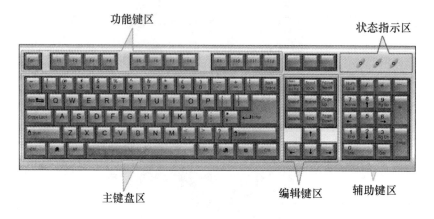

图 1-8　键盘分区图

(1) 主键盘区。主键盘区是键盘的主要使用区。向计算机中输入字符时,就需要在主键盘区中敲击相应的按键。该键区包括了所有的数字键,位于第一排、英文键(中间的三排)、常用的西文运算符(+、-、=、…)、西文标点符号键位于数字键的上档位和字母键的右侧,其他特殊西文符号(%、&、@、…)位于数字键的上方。位于最下面的一排中间的、没有任何标识的长条按键是空格键。除此之外,主键盘区还有若干个特殊控制键(Shift、Enter、…),如表 1-2 所示。

表 1-2　主键盘上的特殊控制键

按键	名称	功能
Enter	回车键	位于主键盘区的右侧,是使用最频繁的特殊按键之一。回车键的功能有很多,例如,在文字处理状态下,按该键表示当前行结束,开始新的一行;在向计算机键入命令时,该按键表示确认操作,使此前键入的命令被计算机接受和执行
Backspace	退格键	常用于删除光标前面的字符
Shift	换挡键	该键有两个,分别位于第四排两边,呈左、右对称状。用于输入上挡字符和中英文转换输入,也可以和其他按键组合使用完成 Windows 制定功能
Caps Lock	大写锁定键	位于第三排左侧,计算机刚启动时,自动处于小写字母状态。按一下该键,键盘右上角的大写灯亮起,此时按一下字母按键将输入相应的大写字母,再次按该键,大写指示灯熄灭,恢复为小写输入状态
Ctrl	控制键	该键通常与其他按键或鼠标组合使用,用于控制操作。在不同的软件系统中可能被定义为不同的功能。例如,在 Windows 中,按下 Ctrl 键不放,再按空格键,可以进入汉字输入状态,拖拉鼠标的同时按下 Ctrl 键将可以进行多个文件选择操作
Esc	强制退出键	位于键盘的左上角,通常被定义为退出功能

(2) 功能键区。功能键区位于键盘最上方的 F1~F12 键。功能键区中的各按键的功能由软件定义,并随软件的不同而不同。通常 F1 键定义为帮助按键,也就是说,按 F1 键可以获得相应软件的帮助信息。

(3) 编辑键区。编辑键区位于主键区的右侧,该区按键主要用来移动光标以及对输入的文字进行编辑修改,如表 1-3 所示。

表1-3 编辑键区的按键功能

按键	功能
光标移动键	用箭头↑、↓、←、→分别表示上、下、左、右移动光标
屏幕翻页键	Page Up 翻回上页；Page Down 下翻一页
Print Screen	打印屏幕键。对整个屏幕进行截图
Pause Break	使正在滚动的屏幕显示停下来，或用于中止某一程序的运行
Home	使光标跳转到该行行首
End	使光标跳转到该行行尾
Delete	删除键，删除光标所在位置的字符并使其后面的字符向前移

(4) 小键盘区。小键盘区也称辅助键盘区，位于键盘最右侧，主要用于方便大量数字的输入。利用该区左上角的数字锁定键 Num lock，可以在两种功能之间切换。还有一些转换按键称双态键如表1-4所示。

表1-4 转换按键功能

按键	功能
双态键	包括 Insert 键和3个切换键。Insert 的双态是插入状态和改写状态 Caps Lock 是切换大写字母状态和小写状态 Num Lock 在这个键的键盘指示灯关闭的情况下，小键盘的按键用来移动光标(上、下、左、右，行首、行尾，等等)；否则，在这个键的键盘指示灯打开的情况下，即锁定数字键，小键盘的按键用来输入数字 Scroll Lockscroll lock (滚动锁定键)计算机键盘上的功能键，按下此键后在 Excel 等按上、下键滚动时，会锁定光标而滚动页面；如果放开此键，则按上、下键时会滚动光标而锁定页面

2) 正确地操作键盘

为了便于高效率的使用键盘，通常规定主键盘区第三排的几个字母按键为基本键(a、s、d、f、g、h、j、k、l、;)，用户在操作键盘时，手应该轻轻放置在相应的基本按键上，当敲击了别的按键后，应立即回到初始的基本键位上，如图1-9所示。

图1-9 手指与键盘基本按键的对应关系

在正确使用键盘的方法中，并不是任何一个手指都可以随便去按任何一个按键的。为了提高键盘的敲击速度，在基本按键的基础上，通常将主键盘划分为几个区域，每个手指专门负责一个区域，如图1-10所示。

3) 使用中文输入法(键盘操作法)

按下 Ctrl 键不放，接着按 Shift 键，即可选择输入法。每按一次 Ctrl＋Shift 组合键就可切换一种输入法。按 Ctrl＋Space 组合键，即可在中英文输入状态间进行切换。

图 1-10　使用键盘时的手指分工图

4）标准正确的键盘打字姿势
（1）屏幕及键盘应该在身体的正前方，不应该让脖子及手腕处于斜的状态。
（2）屏幕的中心应比眼睛的水平低，屏幕离眼睛最少要有一个手臂的距离。
（3）要坐就坐直，不要半坐半躺，不要让身体处于角度不正的姿势。
（4）大腿应尽量保持与前手臂平行的姿势。
（5）手、手腕及手肘应保持在一条直线上。
（6）双脚轻松平稳放在地板或脚垫上。
（7）椅座高度应调到手肘接近 90°弯曲，使手指能够自然的架在键盘的正上方。
（8）腰背贴在椅背上，背靠斜角保持在 10°～30°左右。

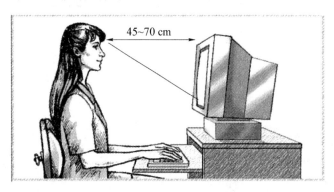

图 1-11　击键时的正确姿势

1.3　计算机的日常维护

计算机最好能工作在 10～30 ℃的温度范围、20%～30%的湿度环境中。另外，还需定期对计算机主机箱内部进行清洁，避免灰尘等引起短路。

计算机要经常使用，不要长期闲置。开机与关机之间最好能间隔 10 s 以上。

由于系统在开机和关机的瞬间会有较大的冲击电流，因此在开关机时应按以下步骤进行。
（1）开机步骤：先开显示器，然后开主机（先外设，后主机）。
（2）关机步骤：先退出所有运行的程序，然后关主机，最后关外部设备（先主机，后外设）。

开机通电后，机器及各种设备不要随意搬运，不要插拔各种接口卡，不要连接或断开主机和外部设备之间的电缆。

【任务实战 1】配置个人计算机

(1) 收集市场信息,做相应的调查,制定装机计划,明确使用目的。
(2) 制定个人计算机配置清单,具体要求如下。
① 列出所需设备项目。
② 确定相应硬件具体型号及价格。
(3) 操作步骤如下。
① 根据个人所需列出所需硬件设备。
a. 确定计算机的主要用途。
b. 列出所需硬件设备:CPU、主板、内存、硬盘、显卡、光驱、显示器、机箱、键盘和鼠标。
② 确定相应硬件具体型号及价格,制定计算机配置单,如表 1-5 所示。

表 1-5 组装计算机配置清单

配置项目	品牌型号	数量	单价/元
CPU	Intel 酷睿 i5 4590	1	1 389
主板	技嘉 A-B85-HD3(rev.1.x)	1	849
内存	金士顿 8GB DDR3 1600(KVR16N11/8)	1	239
硬盘	希捷 Barracuda 1TB 7200 转 64 MB 单碟	1	315
显卡	七彩虹 iGame 950 烈焰战神 U-2GD5	1	1 199
机箱	游戏悍将刀锋-变形金刚 3 至尊版	1	258
电源	游戏悍将刀锋 50 AK450	1	228
显示器	飞利浦 224E5QSB/93(21.5 英寸)(1 英寸=25.4 毫米)	1	850
键鼠装	雷柏 8200P 无线键鼠套装	1	129
音箱	漫步者 R201T06	1	180
合计金额:5 636.00 元			

问题:品牌机与组装机买哪一种更好?
答:品牌机经过严格的测试具有更加稳定、高效的特性,服务好,适合企业、政府、家庭等应用主体。组装机与同等价位品牌机比较,其性能价格比更高,配置可选范围广,升级维护容易。适合资金有限又想获得良好性能的用户。众多计算机发烧友往往更喜欢自己组装兼容计算机,其最大的优势和乐趣就是 DIY,组装出自己梦想的配置来满足自己的需求。

【任务实战 2】指法练习

1. 操作要求

(1) 启动写字板程序。
(2) 输入如下内容:
① Gaoxiaojiaowu@sina.com
② A:Nice to meet you.
　B:Nice to meet you, too.
　A:I am Lin Qiang.

B：I am Nanny.

A：Good bye.

B：Bye bye.

③ 145＋352＊2％－48/4＝？

④ 先输入 light，然后更改为 flight（要求使用键盘移动光标）。再将 flight 更改为 fhight（要求使用 Insert 键）。

⑤ 汉字输入：

每一句话、每一个动作都会让心灵有所感触，感触总让人回忆、思索，忍不住让人思考人生的真谛。

今年我实现了初中的梦想，考取了高中，到了高中我却没有很快地投入到学习中，而是与同学聊天、玩耍，完全忘记了自己的大学梦，在梦想的道路上停止了前进的步伐。今天我重新踏上寻梦的旅程，在此我很想感谢我的班主任，如果不是他精心地组织这场演讲，也许我会一直这样颓废下去，与我的大学梦从此告别。同时我也很想感谢那三位学姐在百忙中抽出时间与我们谈论她们的感悟，将她们的经历与我们分享，从中让我也有所感悟。她们临走时留下这样一句话："吃得苦中苦，方为人上人；做事要有信心、决心、恒心。"我早已听过这些话，可是那天我却深深地感觉到那几个字的分量，它们很重，因为它们包含了古人的"汗水、心血、泪水、青春"。这几个字是古人根据自己的亲身感悟而写出来的，俗言"苦得"。是啊！苦，才会得，不苦又怎么会得呢？"信心、决心、恒心"，大家看到这几个字都看不起他们，因为大家都觉得自己拥有着三颗心，其实不是，大家没有。信心就是相信自己，大家相信自己了吗？当然没有，当你们在某件事上失败时你会说这个我做不了，这就是不相信自己。决心，这个很容易吗？它不容易，因为你没信心，所以你下不了决心，你总是想决定太大做不到怎么办。恒心，长久不变的意志，坚持不懈、坚强不屈、坚韧不拔的精神。这是一个人最难得的心，因为它需要很坚强的毅力，学姐与我们交流时，我感觉到了她们的伤心和悔意，她们用亲身的体会让我从心的打算努力学习，无论以后有多苦我都会坚持让自己有信心，有决心，有恒心，让自己像圆高中梦一样，圆自己的大学梦。

我真心感谢我的班主任和三位学姐，同时也祝三位学姐考取自己内心向往的大学，祝班主任永远幸福，开心。在此也为自己日后高中学习加油。

（教师评语）：人生的道路由自己选择，既然自己选择了远方，便只顾风雨兼程，每个人都有自己的梦想，但在圆梦的路上难免遇到这样那样的困惑和不解，甚至会走一些弯路、盲路，这些都很正常，关键是自己不能灭了心中那盏前行的灯，因为相信这盏灯会去散所有的黑暗和迷茫，请把自己心中那盏灯点燃照亮自己的前程，努力改变自己但必须做一个真实的自己，加油！

2. 操作步骤

（1）执行【开始】|【所用程序】|【Windows 附件】|【写字板】命令，启动【写字板】程序。

（2）①②③步骤省略。④输入单词 light，然后将光标移动到字母 l 前面，输入字母 f，将单词改为 flight。按下键盘上的 Insert 键，然后将光标移动到字母 l 前面，输入字母 h，将单词变为 fhight。

（3）汉字输入练习⑤。

任务2 设定个性化工作环境

【工作情景】

张伟终于配置了一台适合自己的计算机,现在他面临的问题是如何设置一个适合自己的工作环境,即如何设置桌面墙纸、分辨率、系统配色方案、桌面图标、快捷方式、鼠标指针等问题。

【教学目标】

(1) 桌面背景及分辨率、屏幕刷新率的设置;
(2) 任务栏及开始菜单的设置方法;
(3) 管理用户账户;
(4) 设置鼠标指针;
(5) 磁盘清理、碎片整理。

【知识准备】

2.1 Windows 7 硬件安装环境要求

(1) 内存:2 GB 以上。
(2) CPU:双核,主频为 2 GB 以上。
(3) 硬盘空间:20 GB 以上(主分区,NTFS 格式)。
(4) 显卡:最好是独立显卡,显存为 256 MB 以上支持 DirectX 9(A 卡 3850 或 N 卡 8600 GT 以上)。

2.2 设置任务栏和【开始】菜单

2.2.1 启动 Windows 7 操作系统

(1) 打开打印机、显示器等外部设备的电源。
(2) 启动主机,计算机进入自检过程和引导过程,然后进入登录界面,如图 2-1 所示。选择用户名,输入密码后进入 Windows 7 操作系统的桌面,即进入 Windows 7 操作系统的工作环境。Windows 7 操作系统的桌面如图 2-2 所示。

 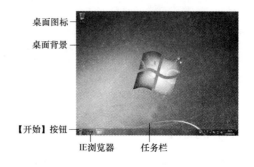

图 2-1　Windows 7 启动用户选择　　　　图 2-2　Windows 7 操作系统的桌面

2.2.2　关闭 Windows 7 操作系统

首先关闭所有正在运行的应用程序然后进行以下操作。

(1) 单击任务栏中的【开始】按钮,选择右侧【关机】选项。

(2) 如果还有没关闭的应用程序,将出现该应用程序名称和【强制关闭】、【取消】按钮。如果用户不理会该提示,系统将自动关闭正在运行的应用程序,并继续执行关机操作。

(3) 当单击【取消】按钮时,将放弃"关闭计算机"的操作。

(4) 如果正在进行更新,Windows 将首先完成更新,然后再关闭计算机。

2.2.3　设置任务栏

(1) 启动【任务栏和「开始」菜单属性】对话框:右击任务栏的空白处,在快捷菜单中单击【属性】命令,弹出【任务栏和「开始」菜单属性】对话框,如图 2-3 所示。

(2) 隐藏任务栏:如果需要完整的屏幕,不想让任务栏占据桌面空间,可以将它隐藏起来。

① 单击【任务栏和「开始」菜单属性】对话框中的【任务栏】标签,显示【任务栏】选项卡。

② 选择【自动隐藏任务栏】复选框。

③ 单击【确定】按钮,完成隐藏任务栏设置。

图 2-3　Windows 7 启动任务栏

(3) 恢复显示任务栏。

启动【任务栏和「开始」菜单属性】对话框。在【任务栏】选择卡中,取消选择【自动隐藏任务栏】复选框,任务栏将重新显示在桌面底部。

(4) 设置通知区域图标。

在【任务栏】选项卡单击【自定义】按钮,弹出【通知区域图标】对话框。拖动滚动条,可以选择在通知区域显示的图标及行为。

(5) 改变任务栏的位置与大小。

根据个人喜好,可以将任务栏拖动到桌面的任一边缘。首先【取消锁定任务栏】,然后将鼠标指针指向任务栏的上边界,当鼠标指针形状变为双向箭头时,向上拖动将使任务栏变宽;向下拖动将使任务栏变窄。

（6）将常用应用程序锁定到任务栏。

右击任务栏上的打开的应用程序或快捷方式图标。在快捷菜单中单击【将此程序固定到任务栏】命令。

（7）解锁任务栏上的应用程序。

在任务栏上用鼠标右击应用程序或快捷方式图标。在快捷菜单中单击【将此程序从任务栏解锁】命令。

（8）在任务栏上添加新的工具栏。

在任务栏的空白处右击启动快捷菜单。通过【工具栏】子菜单可以添加【地址】、【链接】等工具。

在快捷菜单中单击去掉【工具栏】子菜单中相应选项前的"√"标志,则该工具将从任务栏上消失。

【任务实战1】设置任务栏和个性桌面

1. 操作要求

（1）改变任务栏的显示位置至屏幕左侧。
（2）增加任务栏高度,并查看任务栏中有几个图标。
（3）设置任务栏,使任务栏中只有【Windows 资源管理器】、【IE 浏览器】、【计算机】三个图标。
（4）将设置的结果以图片的形式发给老师。

2. 操作步骤

（1）改变任务栏的显示位置至屏幕左侧。

将鼠标光标指向任务栏的空白处,按下鼠标左键不放,并向显示屏左侧拖动鼠标,当任务栏移动到合适位置后放开鼠标。

（2）增加任务栏高度,并查看任务栏中有几个图标。

将鼠标光标指向任务栏的右侧边缘线。当光标变成双向箭头状时,按下鼠标左键不放,并向右拖动鼠标,可使任务栏变高,若向左拖动可使任务栏变矮。放开鼠标,任务栏将以新的高度显示。此时快速启动区将显示所有图标。

（3）参见"将常用应用程序锁定到任务栏"的方法,使任务栏中只有【Windows 资源管理器】、【IE 浏览器】、【计算机】三个图标。

（4）将你现在所设置的结果以图片的形式发给老师。

① 按 Print Screen 键,复制全屏幕画面。

② 执行【开始】|【所有程序】|【附件】|【画图】命令,按 Ctrl＋V 组合键将刚刚复制的全屏幕画面粘贴到"画图"文件中。

③ 执行【文件】菜单|【另存为】命令,弹出【另存为】对话框,保存位置选择桌面,文件名为自己的名字,然后单击【保存】按钮,并关闭【画图】程序。

④ 将以自己姓名命名的文件传给老师。

（5）将任务栏设置成自动隐藏。

右击任务栏空白处,在弹出的快捷菜单中单击【属性】命令,弹出【任务栏和「开始」菜单属性】对话框后,在【任务栏】选项卡下,单击【自动隐藏任务栏】复选框,然后单击【确定】或者【应用】按钮。

2.2.4 自定义【开始】菜单

1. 增加或减少程序显示数目

【开始】菜单显示最频繁使用的程序的快捷方式。可以更改显示的程序快捷方式的数量(这可能会影响【开始】菜单的高度)。

右击任务栏空白处,在弹出的快捷菜单中单击【属性】命令,弹出【任务栏和「开始」菜单属性】对话框。

单击「开始」菜单】选项卡,然后单击【自定义】按钮。

单击【自定义「开始」菜单】对话框中的【要显示的最近打开过的程序的数目】微调按钮中(见图 2-4)所示,选择想在【开始】菜单中显示的程序数目,单击【确定】按钮,然后再次单击【确定】按钮。

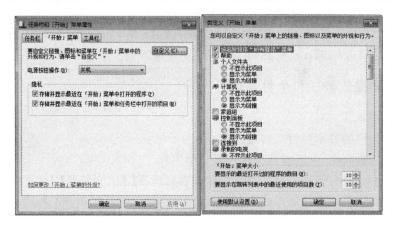

图 2-4　设置【开始】菜单中显示的程序数

2. 将程序图标锁定到【开始】菜单

如果定期使用程序,可以通过将程序图标锁定到【开始】菜单以创建程序的快捷方式。锁定的程序图标将出现在【开始】菜单的左侧。

右击想要锁定到【开始】菜单中的程序图标,然后单击【附到「开始」菜单】命令。

若要更改固定的项目的顺序,请将程序图标拖动到列表中的新位置。

操作方法:单击【开始】按钮,打开【开始】菜单。光标指向【所有程序】|【附件】|【记事本】,右击【记事本】,弹出快捷菜单,单击【附到「开始」菜单命令】,如图 2-5 所示。这时单击【开始】按钮,打开【开始】菜单就可以看到指定的记事本程序已经出现在顶部位置。

图 2-5　将程序图标锁定到【开始】菜单

3. 从【开始】菜单中删除程序图标

从【开始】菜单中删除程序图标不会将它从【所有程序】列表中删除或卸载该程序。

单击【开始】按钮,右击要从【开始】菜单中删除的程序图标,然后单击【从列表中删除】。

4. 还原【开始】菜单默认设置

可以将【开始】菜单还原为其最初的默认设置。

单击打开【任务栏和「开始」菜单属性】对话框。

单击【「开始」菜单】选项卡,然后单击【自定义】按钮。

在【自定义「开始」菜单】对话框中,单击【使用默认设置】按钮,单击【确定】按钮,然后再次单击【确定】按钮。

【任务实战 2】整理【开始】菜单

1. 操作要求

(1) 将【开始】菜单中的程序数目设定为 15。
(2) 将附件中的【录音机】程序添加到【开始】菜单。
(3) 将【纸牌】从【开始】菜单中移除。
(4) 将【开始】菜单中的图标以小图标的形式显示。

2. 操作步骤

参考"2.2.4 自定义【开始】菜单"。

2.3 改变屏幕显示

为使自己的桌面更加漂亮,不妨试着改变一下自己的工作环境,即调整桌面图案、改变屏幕配色方案、选择一个屏幕保护程序,等等。

1. 更改桌面背景

(1) 找到一张自己喜欢的图片,右击该图片,在弹出的快捷菜单中单击【设为桌面背景】命令。

(2) 右击桌面空白处,在弹出的快捷菜单中单击【个性化】命令,打开【外观和个性化】文件夹窗口,单击【桌面背景】链接,在背景列表框单击选择背景图片,如图 2-6 所示。

图 2-6 选择桌面背景

如果要使用的图片不在桌面背景图片列表中,单击窗口上端【图片位置】下拉列表中的选项查看其他类别,或单击【浏览】按钮搜索计算机上的图片。找到所需的图片后,双击该图片。它将成为桌面背景。

在计算机上的其他位置查找图片,单击【图片位置】下的箭头,可以选择填充、适应、拉伸、平铺、居中 5 种方式显示,然后单击【保存更改】。

注意:如果选择自适合或居中的图片作为桌面背景,还可以为该图片设置颜色背景。在"图片位置"下,单击"适应"或"居中"。单击【更改背景颜色】链接,单击某种颜色,然后单击【确定】按钮。

2. 设置屏幕保护程序

在一段时间内如果不使用键盘或鼠标操作计算机,屏幕保护程序能够产生不断运动、变换的图案,是为了计算机待机时候,使屏幕进入保护状态,节能又能使计算机屏幕的寿命延长。

方法:右击桌面空白处,在弹出的快捷菜单中单击【个性化】命令,在弹出的【外观和个性化】文件夹窗口中单击【屏幕保护程序】链接,弹出【屏幕保护程序设置】对话框,打开【屏幕保护程序】下拉列表框,通过鼠标单击选择可以浏览每一个屏幕保护程序,单击选定屏幕保护程序在【等待】后面的文本框中直接输入延迟时间,也可通过单击右侧的上下箭头选定时间,单击【确定】或者【应用】按钮,如图 2-7 所示。也可通过执行【开始】|【控制面板】|【外观和个性化】|【个性化】命令进行设置。

3. 更改窗口主题配色方案

方法:右击桌面空白处,在弹出的快捷菜单中单击【个性化】命令,在弹出的【个性化】窗口中单击【窗口颜色】链接,在【窗口和颜色】窗口中单击【项目】左侧的下拉箭头,可以选择配置颜色的项目,在右侧【颜色】下拉箭头选择喜欢的颜色,最后单击【确定】或者【应用】按钮,如图 2-8 所示。

图 2-7 设置屏幕保护程序

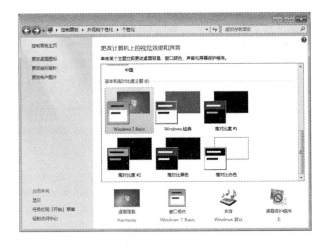

图 2-8 设置窗口颜色

4. 更改屏幕分辨率

屏幕分辨率是指在某一特定显示方式下,计算机屏幕上最大的显示区域,以水平方向和垂直方向的像素乘积表示。分辨率越高,屏幕中的像素点就越多,可显示的内容就越多,所显示的对象就越小,图像显示越清晰,如图 2-9 所示。通常比较常用的分辨率有 1 600×900(单位:像素)、1 400×900、1 366×768、1 280×1 024、1 024×768 等。

操作方法:右击桌面空白处,在弹出的快捷菜单中单击【屏幕分辨率】命令,在弹出的【更改显示的外观】窗口中单击【分辨率】链接,通过滑动【屏幕分辨率】下的滑块选择合适的屏幕分辨率,

最后单击【确定】或者【应用】按钮完成操作,如图 2-9 所示。也可通过执行【开始】|【控制面板】|【外观和个性化】|【显示】|【屏幕分辨率】命令进行设置。

图 2-9　更改屏幕分辨率

5. 设置屏幕刷新频率

刷新频率是指屏幕的扫描频率。大多数显示器的整个图像区域每秒刷新大约 60 次,即默认的刷新率为 60 Hz。较高的刷新率会减少屏幕闪动,有效的防治眼睛过度疲劳。

操作方法:右击桌面空白处,在弹出的快捷菜单中单击【屏幕分辨率】命令,在弹出的【屏幕分辨率】中单击【高级设置】链接,单击【监视器】选项卡,打开【屏幕刷新率】下拉列表框,选择合适的刷新频率,两次单击【确定】按钮完成操作,如图 2-10 所示。

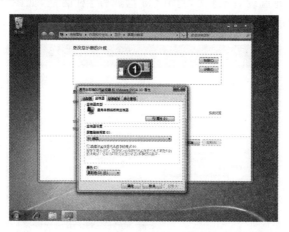

图 2-10　屏幕刷新率设置图

注意:一台计算机能够选择的刷新率取决于所使用的显示器性能。虽然较高的刷新频率会减少屏幕的闪烁,对眼睛有保护作用,但如果选择对显示器来说过高的设置,将会使显示器无法使用从而损坏硬件。所以,在选择刷新频率前,应该保证【隐藏该监视器无法显示的模式】选项处于选中状态,如图 2-10 所示,这样,刷新频率列表中就只列出那些适用于当前显示器的选项。

2.4　管理用户账户

1. 创建用户账户

(1)在桌面找到【计算机】,右击打开【计算机管理】窗口,找到【本地用户和组】菜单,选中【用户】之后,单击选择【新用户】命令,在【新用户】对话框中输入用户名和密码,单击【创建】按钮,则创建该账户,添加用户账户成功后,想要把用户加到管理员组账号中,需要设置用户账号属性,选中新添加成功的账户,在 admin 2 账户属性中,找到【隶属于】选项卡中【添加】,在选择组里单击【高级】按钮来查找 administrators 组。把用户添加到管理员组中设定好后单击【应用】按钮,即设置完成。

(2) 执行【开始】|【控制面板】|【用户账户与家庭安全】|【用户账户】|【添加或删除用户账户】|【创建一个新账户】命令,在中间的白框中可以输入要创建的账户名,例如,Lenovo,类型可以选择"标准账户"和"管理员"两种。输入完成之后,单击【创建账户】按钮即可。

2. 删除用户账户

方法:以计算机管理员或拥有计算机管理权限的账户登录本机,执行【开始】菜单|【控制面板】命令,找到控制面板中的【用户账户】,再单击打开用户。在用户账户窗口上面只显示出管理员的账户,注意这个管理员账户是一定不能删除的,单击【管理其他账户】在窗口上有管理员一般默认有 Administrator 或者有 Guest 账户,单击要删除的用户进入到用户账户的设置,然后在上面找到【删除账户】按钮,弹出"是否保留××的文件",这里根据用户的情况而定来查看是否保留文件,再单击【删除文件】或者【保留文件】其中一个选项即可。

2.5 设置鼠标键盘

1. 设置键盘

执行【开始】|【控制面板】|【轻松访问】命令,单击【更改键盘工作方式】链接,在弹出的窗口中,移动到最下方单击【键盘设置】链接,打开【键盘属性】对话框,如图 2-11 所示,单击【重复速度】标签,可以通过拖动滑块,分别改变键盘的响应速度。

图 2-11 键盘属性对话框

- 【重复延迟】:表示按下一个键后多长时间等同于再次按了该键。
- 【重复速度】:表示长时间按住一个键后重复录入该字符的速度。
- 【光标闪烁频率】:可以改变光标显示的快慢。

2. 设置鼠标

执行【开始】|【控制面板】|【轻松访问】命令,单击【更改鼠标工作方式】链接,在弹出的窗口中,移动到最下方单击【鼠标设置】链接,打开【鼠标属性】对话框。

或者执行【开始】|【控制面板】|【硬件和声音】|【设备和打印机】命令,在弹出的窗口中右击

【鼠标】属性中【鼠标设置】链接，打开【鼠标属性】对话框，如图 2-12 所示。

图 2-12　鼠标属性对话框

● 单击【鼠标】标签，可以通过拖动滑块，改变鼠标双击的时间间隔，并在右侧的【文件夹图标】上进行测试。

● 单击【指针】标签，可以更改鼠标指针方案。

● 单击【指针选项】标签，可以设置指针移动的速度和精度，设置是否显示鼠标移动的轨迹等。

● 单击【轮】标签，可以设置滚动滑轮一个齿格时，屏幕滚动行数。

2.6　磁盘管理

1. 磁盘清理

在使用计算机的过程中，经常会遇到磁盘空间不够用的问题，这是由于一些无用文件占用了磁盘，因此需要定期清理磁盘。

操作方法：执行【开始】|【所有程序】|【附件】|【系统工具】|【磁盘清理】命令，如图 2-13 所示，将显示【选择驱动器】对话框，在下拉列表中选择要进行清理的磁盘驱动器，单击【确定】按钮，弹出【磁盘清理】确认对话框，确定要删除则单击【确定】按钮即可，如图 2-14 所示。

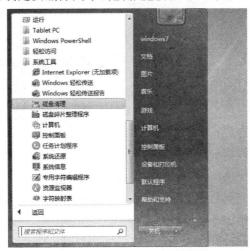

图 2-13　打开磁盘清理程序

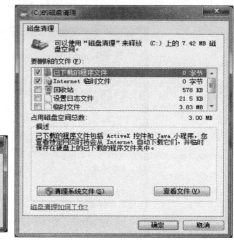
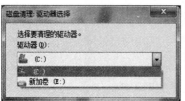

图 2-14 选择要进行清理的磁盘

2. 整理磁盘碎片

磁盘碎片整理程序是一个解决磁盘文件碎片问题的系统工具,它可以将东零西落的文件碎片组合到一起,使所有文件紧凑的组合在一起,而空余的碎片则汇集到磁盘尾部。在这样井然有序的磁盘环境工作,系统性能必然得到提高。

操作方法:执行【开始】|【所有程序】|【附件】|【系统工具】|【磁盘碎片整理程序】命令,打开【磁盘碎片整理程序】对话框,选择任意一个磁盘,单击【分析】按钮,如图 2-15 所示,系统对该磁盘的空间占用情况进行分析。系统根据分析结果给出是否要进行磁盘碎片整理的建议。单击【碎片整理】按钮,即可开始整理磁盘碎片,碎片整理完成后单击【关闭】按钮即可。

图 2-15 磁盘碎片整理对话框

2.7 附件的应用

1. 记事本

在 Windows 操作系统中,记事本是一个小的应用程序,采用一个简单的文本编辑器进行

文字信息的记录和存储。它只能用于编辑纯文本格式的文件,如批处理文件、源程序代码、网页文件等。执行【开始】|【所有程序】|【附件】|【记事本】命令,即可打开记事本窗口,如图 2-16 所示。

2. 画图

Windows 操作系统中自带有画图功能,在 Windows 7 系统中,其界面和功能又得到进一步提升,可在空白绘图区域或在现有图片上创建绘图,上面是工具栏,下面是绘图区,如图 2-17 所示。

图 2-16 记事本窗口

图 2-17 画图窗口

Windows 7 自带画图工具查看图片的技巧。

1) 快速缩放图片的技巧

使用【画图】程序打开图片后,若是该图片的原始尺寸较大,可以直接向左拖动右下角滑块,将显示比例缩小,非常方便于在画图界面查看整个图片。比起在画图的查看菜单中直接单击放大或缩小来调整图片显示大小的操作便捷很多,如图 2-18 所示。

图 2-18 快速缩放图片设置

2) 标尺和网格线的使用技巧

当需要了解图片部分区域的大致尺寸时,可以在查看菜单中,勾选【标尺】和【网格线】,便可方便用户更好地利用画图功能,如图 2-19 所示。

图 2-19　图片标尺效果

3）放大镜的功能使用

画图中的【放大镜】工具，放大图片的某一部分，方便查看图片局部文字或者需放大的图像位置。

操作方法：单击【放大镜】按钮，直接将放大镜移至需要放大的区域，单击方块中显示的图像部分将其放大即可，如图 2-20 所示。

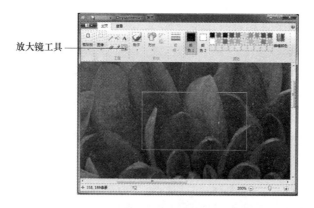

图 2-20　图片放大镜效果

4）全屏方式看图

Windows 7 画图工具还提供了【全屏】的功能，可以在整个屏幕上以全屏方式查看图片，如图 2-21 所示。

图 2-21　图片放大镜效果

操作方法:打开【画图】程序,在【查看】选项卡的【显示】栏目中单击【全屏】按钮,即可全屏查看图片,需要退出全屏时,单击显示的图片即可返回【画图】窗口,非常方便。画图窗口页面如图 2-22 所示。

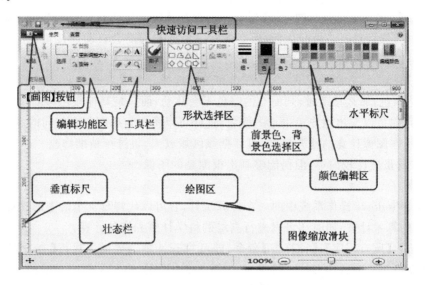

图 2-22 【画图】窗口

● 铅笔工具:首先在工具箱中选中铅笔,然后在画布上拖曳鼠标,就可以画出线条了,还可以在颜色板上选择其他颜色画图,鼠标左键选择的是前景色,右键选择的是背景色,在画图的时候,左键拖曳画出的就是前景色,右键画的是背景色。

● 刷子工具:选择刷子工具,它不像铅笔只有一种粗细,而是可以选择笔尖的大小和形状,在这里单击任意一种笔尖,画出的线条就和原来不一样了。

● 橡皮工具:图画错了就需要修改,这时可以使用橡皮工具。橡皮工具选定后,可以用左键或右键进行擦除,这两种擦除方法适用于不同的情况。左键擦除是把画面上的图像擦除,并用背景色填充经过的区域。

课堂练习:先用蓝色画上一些线条,再用红色画一些,然后选择橡皮,让前景色是黑色,背景色是白色,然后在线条上用左键拖曳,可以看见经过的区域变成了白色。现在把背景色变成绿色,再用左键擦除,可以看到擦过的区域变成绿色了。右键擦除:将前景色变成蓝色,背景色还是绿色,在画面的蓝色线条和红色线条上用鼠标右键拖曳,可以看见蓝色的线条被替换成了绿色,而红色线条没有变化。这表示,右键擦除可以只擦除指定的颜色——就是所选定的前景色,而对其他的颜色没有影响。这就是橡皮的分色擦除功能。

思考:这里的红色线条怎样变成绿色?

其他画图工具:

● 用颜色填充:就是把一个封闭区域内都填上颜色。

● 喷枪:它画出的是一些烟雾状的细点,可以用来画云或烟等。

● 文字:文字工具是在画面上拖曳出写字的范围,就可以输入文字了,而且还可以选择字体和字号。

● 直线:用鼠标拖曳可以画出直线。

● 曲线:它的用法是先拖曳画出一条线段,然后再在线段上拖曳,可以把线段上从拖曳的起点向一个方向弯曲,然后再拖曳另一处,可以反向弯曲,两次弯曲后曲线就确定了(画曲线时必须拖曳两次且只能拖曳两次才能完成)。

● 多边形工具:矩形、多边形、椭圆、圆角矩形的用法是一样的。选中形状后拖曳即可。这四种工具都有三种模式,就是线框、线框填色和只有填色。

● 选择工具:选择工具有两种,任意形状的裁剪和选定。星形是任意形状的裁剪,用法是按住鼠标左键拖曳,然后只要一松开鼠标,那么最后一个点和起点会自动连接形成一个选择范围。选定图形后,可以将图形移动到其他地方,也可以按住 Ctrl 键拖曳,将选择的区域复制一份移动到其他地方。选择工具有两种模式:全部选择和透明选择。如果选择透明选择不包括背景色模式,如背景色是绿色,那么移动时,画面上的绿色不会移动,而只是其他颜色移动。

● 取色器:它可以取出用户单击点的颜色,这样可以画出与原图完全相同的颜色。

● 放大镜:在图像任意的地方单击,可以把该区域放大,再进行精细修改。

● 画图工具虽然比较简单,但仍能够画出很漂亮的图像。

3. 计算器

计算器是 Windows 操作系统中的一个计算工具,它可以代替日常生活中的计算器。它不仅可以用于基本的算术计算,同时还可以进行高级的科学计算和统计计算。

执行【开始】|【所有程序】|【计算器】命令,即可打开计算器界面。执行【查看】|【科学型】命令,可以将计算器切换到科学形计算器界面,如图 2-23 所示。在科学型中可以使用函数、统计等按钮进行相关运算,也可以进行整数的数制转换运算。

图 2-23 计算器科学型界面

【任务实战 3】画图程序的应用一

1. 操作要求

使用【画图】程序绘制奥运五环,如图 2-24 所示。

2. 操作步骤

(1) 打开【画图】程序:执行【开始】|【所有程序】|【附件】|【画图】命令,打开【画图】窗口。

(2) 绘制 1 个粗线框(黑线框)圆形:在调色板中单击"黑色"作为前景色,在工具箱中单击【粗细】工具,然后选择较粗的线条,在工具箱中切换到【椭圆形】工具,并选择第 1 种填充形式(线框)。然后在绘图区拖动鼠标指针,即可绘制出 1 个黑色线条的圆形。

(3) 复制 4 个圆形:单击【选定】工具,并选择【透明选择】,选定所画的圆形,使用 Ctrl+C 和

Ctrl+V 组合键复制粘贴四个相同圆形(5 个圆形距离稍远,以免再次选定、挪位时影响其他圆形)。

(4) 未移动前编辑 5 个圆形的颜色(红、蓝、黄、黑、绿):单击【用颜色填充】工具,更改圆形的颜色,使圆形的黑色线框变为其他颜色;如此方法更改其他圆形线框颜色。

(5) 通过【选定】工具挪动各个圆形位置。

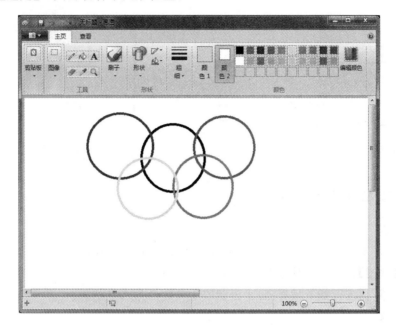

图 2-24　奥运五环图

【任务实战 4】画图程序的应用二

1. 操作要求

使用【画图】程序绘制雨伞。

2. 操作步骤

(1) 打开画图程序:执行【开始】|【所有程序】|【附件】|【画图】命令,打开【画图】窗口。

(2) 绘制 3 个大小不一的圆形(不一定是正圆),并通过【选定】工具挪动圆形位置,如图 2-25 所示。

(3) 通过【选定】工具截取上半部分,移动到另一个位置,如图 2-26 所示。

图 2-25　移动圆形位置　　　　　　图 2-26　截取上半部分并移动位置

(4) 绘制伞身:用直线将 3 个半圆纵向一分为二,并用【曲线】工具将相邻的两条曲线连接起来,如图 2-27 所示。

(5) 绘制伞柄：用较粗的直线绘制伞柄上半部分，再绘制一个圆形，并用【选定】工具截取下半部分作为伞柄的弯曲段，如图 2-28 所示。

(6) 填充颜色：单击【用颜色填充】工具，并在调色板中选取喜欢的前景色为不同的区域填充不同的颜色。

图 2-27　绘制伞身　　　　　　　　图 2-28　绘制伞柄

【任务实战 5】计算机附件应用

1. 操作要求

(1) 使用记事本编辑文字，如图 2-16 所示，并以自己的名字命名保存在桌面。

(2) 使用【画图】程序绘制月牙儿，效果如图 2-17 所示。

(3) 使用计算器进行如下计算：将十进制数 100 转换为八进制数；计算 5 的阶乘(5!)。

2. 操作步骤

(1) 执行【开始】|【所有程序】|【附件】|【记事本】命令，打开【记事本】窗口，录入图 2-16 所示文字。执行【文件】|【保存】命令，在打开的【另存为】对话框中，选择保存路径为 D 盘，文件名为自己的名字，文件类型为".txt"，设置完成后单击【保存】按钮。

(2) ①执行【开始】|【所有程序】|【附件】|【画图】命令，打开【画图】窗口。②在调色板中单击"黄色"作为前景色，在工具箱中单击【椭圆】图标，并选择第三种填充形式。然后在绘图区拖动鼠标指针同时按住 Shift 键，即可绘制出一个黄色的正圆。③在调色板中单击"白色"作为前景色，再画一个圆，并用该圆覆盖第一个黄色的圆，直到留下黄色的月牙儿让你满意为止。④在工具箱中单击【文字】图标，按住鼠标左键在绘图区拖出一个矩形的文本框。单击调色板中的"黑色"作为前景色，然后在文本框中输入"弯弯的月亮"，最后调整文字的字形和字号。也可按图再绘制一颗星星或多颗星星。

【任务实战 6】设置工作环境

1. 操作要求

(1) 选择一张心仪的图片设置为桌面背景。

(2) 设置屏幕保护为字幕形式，字幕内容为"班级＋学号＋姓名"，不可启用【在恢复时显示登录屏幕】选项。

(3) 更改窗口边框开始菜单和任务栏颜色为银色。

(4) 更改屏幕分辨率为 1 280×1 024 像素。

(5) 设置屏幕刷新频率为 60 赫兹。

(6) 练习设置键盘【重复延迟】、【重复速度】及【光标闪烁频率】。

(7) 为鼠标设置合适的指针移动速度，并设定滚动滑轮一个齿格滚动行数为 3 行。

2. 操作步骤

(1) 选择一张心仪的图片设置为桌面背景。

找到一张自己喜欢的图片,右击该图片,在弹出的快捷菜单中单击【设为桌面背景】命令。

(2) 设置屏幕保护为字幕形式,字幕内容为"班级＋学号＋姓名",不可启用【在恢复时显示登录屏幕】选项。

右击桌面空白处,在弹出的快捷菜单中单击【个性化】命令,打开【外观和个性化】文件夹窗口,单击【屏幕保护程序】链接,进入相应窗口,单击【屏幕保护程序】下拉列表框右侧的向下箭头,打开可选程序列表,通过鼠标单击选择【三维文字】命令,单击【设置】按钮,弹出【三维文字设置】对话框,在【三维文字设置】对话框中【自定义文字】右侧的文本框中输入"班级＋学号＋姓名",单击【确定】按钮,检查【在恢复时显示登录屏幕】前面的复选框是否有"√",如果有,单击取消"√",单击【确定】或者【应用】按钮。

(3) 更改窗口主题配色方案为银色。

右击桌面空白处,在弹出的快捷菜单中单击【个性化】命令,打开【外观和个性化】文件夹窗口,单击【窗口颜色】链接,单击【更改窗口主题配色方案为银色】,选择银色,最后单击【确定】或者【应用】按钮。

(4) 更改屏幕分辨率为1 280×1 024像素。

右击桌面空白处,在弹出的快捷菜单中单击【屏幕分辨率】命令,在弹出的【更改显示外观】对话框中单击【分辨率】选项,通过滑动【屏幕分辨率】下的滑块选择1 280×1 024像素,最后单击【确定】或者【应用】按钮。

(5) 设置屏幕刷新频率为60赫兹。

右击桌面空白处,在弹出的快捷菜单中单击【屏幕分辨率】命令,在弹出的【更改显示外观】窗口中单击【高级设置】按钮,选择【监视器】选项卡,单击【屏幕刷新率】右侧的下拉三角箭头,选择60赫兹,两次单击【确定】按钮完成操作。

(6) 练习设置键盘【重复延迟】、【重复速度】及【光标闪烁频率】。

参考"2.5 设置鼠标键盘"。

(7) 为鼠标设置合适的指针移动速度,并设定滚动滑轮一个齿格滚动行数为3行。

参考"2.5 设置鼠标键盘"。

任务 3 整理工作文件

【工作情景】

今年暑假,张伟在材料科实习,负责科室的信息管理工作,面对着成百上千、杂乱无章的文件,他经常为了查找某条信息,连信息所在的文件在哪都找不到,从而耗掉了大量的工作时间,如何能有序地管理文件是他现在最为迫切解决的问题。

【教学目标】

(1) Windows 7 文件管理【计算机】和【资源管理器】功能;
(2) 库的建立和使用;
(3) 建立文件及文件夹;
(4) 重命名文件及文件夹;
(5) 复制、移动、删除文件与文件夹的不同方法;
(6) 查找特定文件的方法。

【知识准备】

3.1 计算机和资源管理器

【计算机】和【资源管理器】程序是 Windows 7 操作系统中最常用的文件和文件夹管理工具,它除了可以完成以前【我的电脑】中的所有功能外,还具有其他许多独特的功能,可以使用库组织和访问文件,而不管其存储位置如何。

3.1.1 【计算机】和【资源管理器】的操作

1.【计算机】窗口(见图 3-1)的打开方法

(1) 双击桌面【计算机】图标。
(2) 单击【开始】按钮,选择【计算机】。

2.【资源管理器】窗口(见图 3-2)的打开方法

(1) 右击【开始】按钮,在出现的快捷菜单中选择【打开 Windows 资源管理器】。
(2) 单击【开始】按钮,选择【所有程序】,然后指向【附件】中的【Windows 资源管理器】。

【计算机】和【资源管理器】的窗口功能很相似,只是常用工具栏的工具不同,和默认打开的窗口不同,相互之间可直接切换。

【计算机】窗口可从工具栏直接打开【系统属性对话框】来查看计算机的软硬件的配置的基本情况;还可从工具栏直接打开【卸载或更改程序】对话框来管理计算机的程序。

【资源管理器】窗口默认打开的是库管理界面,可直接创建库。

图 3-1　我的电脑窗口

图 3-2　资源管理器窗口

3.1.2　了解 Windows 7 窗口的组成部分

在打开文件夹或库时，用户可以在窗口中看到它。此窗口的各个不同部分旨在帮助用户围绕 Windows 进行导航，或更轻松地使用文件、文件夹和库。下面是一个典型的 Windows 7 窗口及其所有组成部分，如图 3-3 所示。

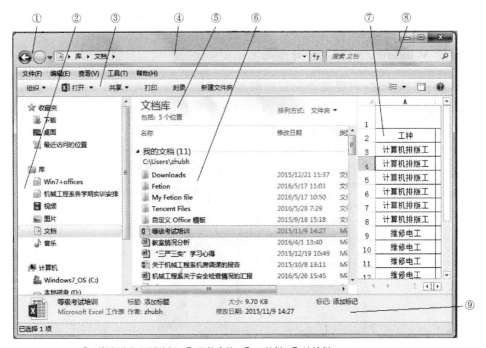

①【前进】和【后退】按钮　②导航窗格　③工具栏　④地址栏
⑤库窗格　⑥文件列表　⑦预览窗格　⑧搜索框　⑨【详细信息】窗格

图 3-3　Windows 7 窗口组成

Windows 7 的窗口名称和用途如表 3-1 所示。

表 3-1 窗口名称和用途

窗口部件	用 途
【后退】和【前进】按钮	使用【后退】按钮和【前进】按钮,可以导航至已打开的其他文件夹或库,而无需关闭当前窗口。这些按钮可与地址栏一起使用;例如,使用地址栏更改文件夹后,可以使用【后退】按钮返回到上一文件夹
导航窗格	使用导航窗格可以访问库、文件夹保存的搜索结果,甚至可以访问整个硬盘。使用【收藏夹】部分可以打开最常用的文件夹和搜索;使用【库】部分可以访问库。用户还可以使用【计算机】浏览文件夹和子文件夹
工具栏	使用工具栏可以执行一些常见任务,如更改文件和文件夹的外观、将文件刻录到 CD 或启动数字图片的幻灯片放映。工具栏的按钮可更改为仅显示相关的任务。例如,如果单击图片文件,则工具栏显示的按钮与单击音乐文件时不同
地址栏	使用地址栏可以导航至不同的文件夹或库,或返回上一文件夹或库
库窗格	仅当用户在某个库(如文档库)中时,库窗格才会出现。使用库窗格可自定义库或按不同的属性排列文件
文件列表	此为显示当前文件夹或库内容的位置。如果用户通过在搜索框中键入内容来查找文件,则仅显示与当前视图相匹配的文件(包括子文件夹中的文件)
预览窗格	使用预览窗格可以查看大多数文件的内容。例如,如果选择电子邮件、文本文件或图片,则无须在程序中打开即可查看其内容。如果看不到预览窗格,可以单击工具栏中的【预览窗格】按钮打开预览窗格
搜索框	在搜索框中键入词或短语可查找当前文件夹或库中的项。一开始键入内容,搜索就开始了。例如,当用户键入"B"时,所有名称以字母 B 开头的文件都将显示在文件列表中
【详细信息】窗格	使用细节窗格可以查看与选定文件关联的最常见属性。文件属性是关于文件的信息,如作者上一次更改文件的日期,以及可能已添加到文件的所有描述性标记

3.1.3 设置 Windows 7 窗口结构布局

在打开文件夹或库时,可以更改窗口中的显示内容。通过单击【组织】下拉菜单,选择【布局】,打开【布局】下一级菜单(见图 3-4),就可以设置菜单栏、细节窗格、预览窗格、导航窗格和库窗格的显示与隐藏,通过此处可以改变窗口的显示结构。

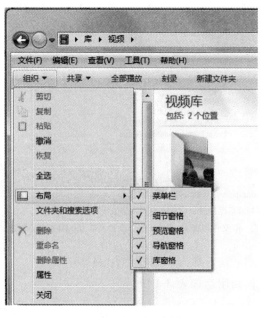

图 3-4 设置窗口结构

3.1.4 【资源管理器】和树形结构

在打开的【资源管理器】窗口中清楚地显示了驱动器、文件夹、文件、外部设备以及网络驱动器的结构,如图 3-5 所示。【资源管理器】采用双窗格显示结构,系统中所有资源以分层树形的结构显示出来。当用户在左窗口中选择一个驱动器或文件夹后,该驱动器或文件夹所包含的全部内容都会显示在右窗口中。若将鼠标指针置于左、右窗口分界处,指针形状会变成双向箭头↔,此时按下鼠标左键拖动分界线可改变左、右窗口的大小。

图 3-5 资源管理器

操作系统为每个存储设备设置了一个文件列表,称为目录。目录包含存储设备上每个文件的相关信息,比如文件名、文件扩展名、文件创建时间和日期、文件大小等。每个存储设备上的主目录又称为根目录,如果根目录包含了成千上万个文件,那么在其中查找所需文件的效率将会很低。为了更好地组织文件,大多数文件系统都支持将目录分成更小的列表,称为子目录或文件夹。文件夹还可以进一步细分为其他文件夹(又可以成为子文件夹)。

这种由存储设备开始,层层展开,直至最后一个文件夹的结构,如同一棵大树,由树根到树干不断分支,因此称之为"树形结构"。

3.2 Windows 7 操作系统新功能库的功能

3.2.1 使用库访问文件和文件夹

整理文件时,用户无须从头开始。用户可以使用库来访问文件和文件夹并且可以采用不同的方式组织它们,库是 Windows 7 的一项新功能。以下是四个默认库及其通常用于哪些内容的列表,如图 3-6 所示。

● 文档库。使用该库可组织和排列字处理文档、电子表格、演示文稿以及其他与文本有关的文件。默认情况下,移动、复制或保存到文档库的文件都存储在【我的文档】文件夹中。

● 图片库。使用该库可组织和排列数字图片,图片可从照相机、扫描仪或者从其他人的电子邮件中获取。默认情况下移动、复制或保存到图片库的文件都存储在【我的图片】文件夹中。

● 音乐库。使用该库可组织和排列数字音乐,如从音频 CD 翻录或从 Internet 下载的歌曲。默认情况下,移动、复制或保存到音乐库的文件都存储在【我的音乐】文件夹中。

● 视频库。使用该库可组织和排列视频,例如,取自数字相机、摄像机的剪辑,或者从 Internet 下载的视频文件。默认情况下,移动、复制或保存到视频库的文件都存储在【我的视频】文件夹中。

若要打开文档、图片或音乐库,单击【开始】菜单,然后单击【文档】、【图片】或【音乐】命令。

可以从【开始】菜单快速打开常见库,如图 3-7 所示。

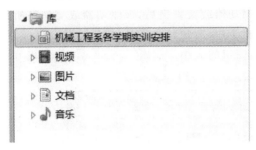

图 3-6 常见库列表

图 3-7 开始库列表

【库】还具有其他许多独特的功能,可以使用库组织和访问文件,而不管其存储位置如何。同一库中的文件或文件可以在不同的磁盘分区,组建库不一定要移动文件或文件夹。

3.3 Windows 7 操作系统库操作

3.3.1 库的创建

创建新库的方法一:

(1) 单击【开始】按钮,单击用户名(这样将打开个人文件夹)(或打开资源管理器窗口或打开计算机窗口),然后单击左窗格中的【库】。

(2) 在【库】中的工具栏上,单击【新建库】命令。

(3) 键入库的名称,然后按 Enter 键。

若要将文件复制、移动或保存到库,必须首先在库中包含一个文件夹,以便让库知道存储文件的位置。此文件夹将自动成为该库的"默认保存位置"。

创建新库的方法二:

对着要创建库的文件夹右击,打开快捷菜单,选择【包含到库中】打开下一级菜单,可选择现在的库包含到其中,也可选择创建新库来创建一个新库(见图 3-8)。通过此功能,可将不同分区的文件包含到一个库中,方便文件的查找和使用,这是 Windows 7 操作系统的一个新功能。

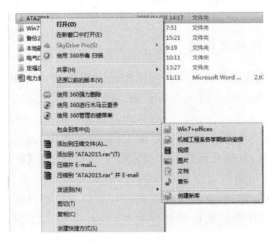

图 3-8 创建新库

创建库方法三：

在计算机窗口的常用工具栏中单击【包含到库中】命令，在下拉菜单中选【创建新库】命令即可创建新库。

3.3.2 包含到库中

若想把现有的文件夹包含到库中，有如下两种方法。

方法一：选择要包含的文件夹，右击从快捷菜单中选包含到库中命令，打开现有的库列表（见图 3-8），选择要包含到的库即可。

方法二：在计算机窗口的常用工具栏中单击【包含到库中】命令，在下拉菜单中选择要包含到的库即可。

3.4 文件、文件夹

3.4.1 文件和文件夹

文件是包含信息（如文本、图像或音乐）的项。文件打开时，非常类似在桌面上或文件柜中看到的文本文档或图片。在计算机上，文件用图标表示，这样便于通过查看其图标来识别文件类型。下面是一些常见文件图标，如图 3-9 所示。

图 3-9 常见文件图标

文件夹是可以在其中存储文件的容器。如果在桌面上放置数以千计的纸质文件，要在需要时查找某个特定文件几乎是不可能的。这就是人们时常把纸质文件存储在文件柜内文件夹中的原因。计算机上文件夹的工作方式与此相同。下面是一些典型的文件夹图标，如图 3-10 所示。

图 3-10 文件夹图标

文件夹还可以存储其他文件夹。文件夹中包含的文件夹通常称为"子文件夹"。可以创建任何数量的子文件夹，每个子文件夹中又可以容纳任何数量的文件和其他子文件夹。

3.4.2 查看和排列文件与文件夹

在打开文件夹或库时，可以更改文件在窗口中的显示方式。例如，可以首选较大（或较小）图标或者首选允许查看每个文件的不同种类信息的视图。若要执行这些更改操作，右击文件窗口空白处，打开快捷菜单选项看，从查看的下一级菜单中选择文件的各种显示方式和图 3-11 所示。

每次单击【视图】按钮的左侧时都会更改显示文件和文件夹的方式，在五个不同的视图间循环切换：大图标、列表、称为"详细信息"的视图（显示有关文件的多列信息）、称为"图块"的小图标视图以及称为"内容"的视图（显示文件中的部分内容）。

如果单击【视图】按钮右侧的箭头，则还有更多选项。向上或向下移动滑块可以微调文件和文件夹图标的大小。随着滑块的移动，可以查看图标更改大小，如图 3-12 所示。

图 3-11　设置文件显示方式　　　　　图 3-12　图标更改大小

在库中，用户可以通过采用不同方法排列文件更深入地执行某个步骤。例如，用户希望按流派（如爵士和古典）排列音乐库中的文件。

（1）说单击【开始】按钮，然后单击【音乐】命令。

（2）在库窗格（文件列表上方）中，单击【排列方式】旁边的菜单，然后单击【流派】命令，如图3-13 所示。

图 3-13　排列方式

3.4.3　路径

在多级目录的文件系统中，用户要访问某个文件时，除了文件名外，通常还要提供找到该文件的路径信息。所谓路径是指从根目录出发，一直到所要找的文件，把途径的各个子文件夹连接在一起而形成的，两个子目录之间用分隔符"\"分开。例如，"C:\WINDOWS\system32\Setup"就是一个路径，如图 3-14 所示。

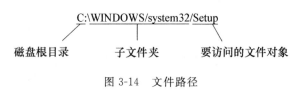

图 3-14　文件路径

3.5　文件、文件夹的属性

（1）只读：只能查看其内容，不能修改。如果要保护文件或文件夹以防被改动，就可以将其标记为"只读"。

（2）隐藏：表示该文件或文件夹是否被隐藏，隐藏后如果不知道其名称就无法查看或使用此文件或文件夹。

(3) 显示或修改文件及文件夹属性的方法。

① 右击要显示和修改的文件。

② 从快捷菜单中选取【属性】命令,弹出【属性】对话框,如图 3-15 所示。

③ 若要修改属性,单击相应的属性复选框。当复选框带有选中标记时,表示对应的属性被选中。

④ 单击【确定】按钮。

(4) 控制隐藏属性的文件或文件的显示或隐藏方法。

① 单击【工具】下拉菜单,选择【文件夹选项】命令,打开【文件夹选项】对话框,如图 3-16 所示。

② 在文件夹选项对话框中选【查看】选项,在【隐藏文件和文件夹】选项中选择【不显示隐藏文件和文件夹或驱动器】,单击【确定】按钮,隐藏属性的文件和文件夹就不可见了;如果选择【显示隐藏文件和文件夹或驱动器】,单击【确定】按钮,隐藏的文件或文件夹就可见了。

图 3-15　文件属性对话框

图 3-16　文件夹选项查看对话框

3.6　文件与文件夹的命名

3.6.1　文件的命名规则

(1) 文件名一般形式是:主文件名+扩展名,主文件名与扩展名之间用"."分隔;

(2) 在同一存储位置,不能有文件名(包含扩展名)完全相同的文件;

(3) 文件名不区分字母的大小写;

(4) 文件命名最长不超过 255 个字符,可以包含英文字母、数字、汉字及一些特殊符号,不可以包含"/、\、*、?、<、>、|、"、:"等非法字符。

3.6.2　通配符

当用户要对某一类或某一组文件进行操作时,可以使用通配符来表示文件名中不同的字符。在 Windows XP 中引入两种通配符:"?"和"*"。

"?"表示任意一个字符,例如,"?p.txt"表示文件名由两个字符组成,且第二个字符是 p 的 txt

文件。

"*"表示任意长度的任意字符,例如,"*.mp3"表示磁盘上所有的 mp3 文件。

3.6.3 文件夹的命名规则

文件夹的命名规则与文件的命名规则相同,唯一不同的是文件夹只有名称,没有扩展名。

3.7 文件及文件夹的操作

3.7.1 新建文件夹

(1)新建文件夹的步骤如下。

① 打开要在其中创建新文件夹的驱动器或文件夹。

② 右击右边窗格的空白处,从弹出的快捷菜单中选取【新建】子菜单下的【文件夹】选项,如图 3-17 所示。或单击工具栏中的【新建文件夹】按钮。这时右边窗格的底部将出现一个名为【新建文件夹】的文件夹图标。

③ 键入新文件夹的名字,按 Enter 键或用鼠标单击其他地方确认。

(2)创建新文件的操作步骤如下。

① 打开要在其中创建新文件的驱动器或文件夹。

② 右击右边窗格的空白处,从弹出的快捷菜单中选取【新建】子菜单中的文件类型,如果想创建一个文本文件,就选取【文本文档】选项,这时右边窗格的底部将出现一个名为【新建××文件】的文件图标。

③ 键入新的文件名,按 Enter 键或用鼠标单击其他地方确认。

图 3-17 新建文件夹示图

3.7.2 复制文件或文件夹

复制文件或文件夹的方法有如下 4 种。

（1）首先选定要复制的文件或文件夹，执行【编辑】|【复制】命令。然后选定目标位置，执行【编辑】|【粘贴】命令，即可将选定的文件或文件夹复制到目标位置。

（2）使用鼠标左键拖动。若被复制的文件和文件夹与目标位置在同一驱动器，则用鼠标直接将其拖动到目标位置即可（资源管理器打开状态下）；否则，按住 Ctrl 键再拖动文件或文件夹到目标位置。

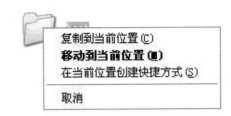

图 3-18　移动文件或文件夹

（3）使用右键拖动。选取要复制的文件或文件夹，用鼠标右键将其拖动到目标位置，此时弹出快捷菜单，在菜单中根据需要选择【复制到当前位置】命令，如图 3-18 所示。

（4）快捷键。Ctrl＋C 组合键功能是复制，Ctrl＋V 组合键功能是粘贴。

3.7.3　移动文件或文件夹

移动与复制的不同在于：移动时文件或文件夹从原位置被删除并被放到新位置，而复制时文件或文件夹在原位置仍然保留，仅仅是将副本放到新位置。

移动文件或文件夹的方法有如下 4 种。

（1）首先选定要移动的文件或文件夹，执行【编辑】|【剪切】命令。然后选定目标位置，执行【编辑】|【粘贴】命令，即可将选定的文件或文件夹移动到目标位置。

（2）使用鼠标左键拖动。若被移动的文件和文件夹与目标位置在同一驱动器，则用鼠标直接将其拖动到目标位置即可；否则，按住 Shift 键再拖动文件或文件夹到目标位置（资源管理器打开状态）。

（3）使用右键拖动。选取要移动的文件或文件夹，用鼠标右键将其拖动到目标位置，此时弹出快捷菜单，在菜单中根据需要选择【移动到当前位置】命令，如图 3-18 所示。

（4）快捷键。Ctrl＋X 组合键功能是剪切，Ctrl＋V 组合键功能是粘贴。

3.7.4　删除文件或文件夹

选取要删除的文件和文件夹后，使用下列 4 种方法均可将其删除。

（1）用鼠标直接拖动到【回收站】图标上即可。

（2）直接按 Delete 键，弹出【确认文件删除】对话框，单击【确定】按钮，即可将文件和文件夹放入回收站。

（3）按 Shift＋Delete 组合键可以永久地删除文件和文件夹，而不放入回收站中，文件也不能被还原。

（4）右击要删除的文件或文件夹，在弹出的快捷菜单中单击【删除】命令，可将文件或文件夹放入回收站中。

提示：(1)从移动磁盘、软盘、网络驱动器中删除对象时，它们不是放入回收站，而是直接被删除，是无法还原的。(2)回收站使用的存储资源是硬盘，当回收站空间已满，系统将自动清除较早进来的对象，因此对很久以前被删除的文件可能无法实现还原。

3.7.5 选定文件或文件夹

1. 选定文件或文件夹

(1) 选定一个:单击。

(2) 选定多个(连续):单击第一个文件或文件夹后,按住 Shift 键后单击最后一个文件或文件夹。

(3) 选定多个(不连续):按住 Ctrl 键后逐个单击每一个文件或文件夹。

(4) 全部选定:按 Ctrl+A 组合键,或执行【编辑】|【全部选定】命令。

2. 取消选定

(1) 取消选定一个:按住 Ctrl 键后单击要取消项。

(2) 全部取消选定:单击其他任意地方。

3.7.6 重命名文件或文件夹

选定要改名的文件或文件夹,右击,在弹出的快捷菜单中选择【重命名】命令,输入新的名称。注意,一次只能为一个文件或文件夹重命名。

修改扩展名:在菜单栏中单击【工具】菜单,选择【文件夹选项】命令,打开【文件夹选项】对话框,再单击【查看】选项卡清除对【隐藏已知文件类型的扩展名】的选择,即去掉其前面的"√",按 Enter 键,这样以后的文件列表将显示所有文件的扩展名。

3.8 查找文件或文件夹

以下几种方法可以执行【查找】命令。

(1) 在【开始】菜单下方的【搜索】文本框中输入要查找的对象名称。

(2) 在【Windows 资源管理器】或【计算机】窗口左上角搜索框中,单击【搜索】工具,输入要查找的对象。可打开搜索对话框,查找搜索内容。

3.9 文件的压缩

对文件或文件夹进行压缩处理,可减小它们的大小,并可减少它们在卷或可移动存储设备上占用的空间。

操作方法:选定要压缩的文件夹图标,右击,在弹出的快捷菜单中单击【添加到压缩文件(A)】命令或【添加到"xx.rar"(T)】命令。两个命令的区别:【添加到压缩文件(A)】命令可以对压缩文件压缩方式进行详细的设定:是否改名、是否更改保存路径、是否更改压缩格式、压缩方法、是否进行分卷压缩、是否设定密码、是否要添加注释……;而【添加到"xx.rar"(T)】命令则直接压缩到该文件夹里,压缩属性都是默认的,如图 3-19 所示。【压缩并 E-mail…】命令和【压缩到到"xx.rar"并 E-mail】命令是先采用相关的压缩参数进行压缩,然后通过 E-mail 把压缩的文件发送出去。

WinRAR 也提供了更简单的解压缩方法:右击压缩文件,在系统右键菜单中包括了三个 WinRAR 提供的命令,如图 3-20 所示,其中【解压到当前文件夹】表示扩展压缩包文件到当前路径;【解压到××】表示在当前路径下创建与压缩包名字相同的文件夹,然后将压缩包文件扩展到这个路径下;【解压文件】表示扩展压缩包文件到任意设定的路径。可见无论使用哪个,都是很方便的。

图 3-19 压缩文件夹

图 3-20 解压文件

【任务实战】文件夹及文件管理

1. 操作要求

（1）启动资源管理器。

（2）在 D 盘建立文件夹"学院超市资料"，并将该文件夹属性设置为【存档】。

（3）在"学院超市资料"文件夹下建立 3 个文件夹，分别命名为"销售数据"、"销售策略"、"客户信息"。

（4）在"销售策略"文件夹下新建文件"2016 年学院内部销售方案.doc"、"学院内部总代理资料——2015 年 6 月调整.doc"、"2015 年 8 月校外销售数量.xls"、"校外试点门面装修效果图.bmp"。

（5）将"学院内部总代理资料——2015 年 6 月调整.doc"移动至"客户信息"文件夹。

（6）将"2015 年 8 月校外销售数量.xls"移动至"销售数据"文件夹。

（7）将"销售策略"文件夹中的"校外试点门面装修效果图.bmp"复制至"学院超市资料"文件夹，并将复制后的文件重命名为"试点门面装修参考效果图.bmp"，如图 3-21 所示。

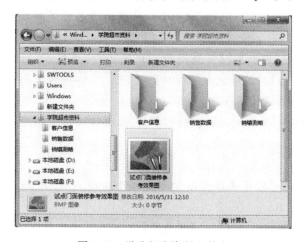

图 3-21 学院超市资料文件夹

(8) 查找"校外试点门面装修效果图.bmp",并将它移入回收站。

(9) 将"学院超市资料"文件夹用【资源管理器】打开,将该窗口以图片的形式保存到桌面,并命名为自己的姓名.jpg,如"张伟.jpg"。

2. 操作步骤

(1) 启动资源管理器。

参考"3.1.1【资源管理器】的打开"。

(2) 在 D 盘建立文件夹"学院超市资料",并将该文件夹属性设置为【存档】。

打开 D 盘根目录,新建 1 个文件夹并重命名为"学院超市资料",右击该文件夹,在弹出的快捷菜单中选择【属性】命令,在弹出的【学院超市资料属性】对话框中勾选【存档】复选框,单击【确定】按钮。

(3) 在"学院超市资料"文件夹下建立 3 个文件夹,分别命名为"销售数据"、"销售策略"、"客户信息"。

打开"学院超市资料"文件夹,分别新建 3 个文件夹,并分别命名为"销售数据"、"销售策略"、"客户信息"。

(4) 在"销售策略"文件夹下新建文件"2016 年学院内部销售方案.doc"、"学院内部总代理资料——2015 年 6 月调整.doc"、"2015 年 8 月校外销售数量.xls"、"校外试点门面装修效果图.bmp"。

打开"销售策略"文件夹,右击该文件夹内的空白处,从弹出的快捷菜单中选取【新建】子菜单中【Microsoft Word 文档】命令,并将该文件命名为"2016 年学院内部销售方案.doc",新建其他 3 个文件参考此方法。

(5) 将"学院内部总代理资料——2015 年 6 月调整.doc"移动至"客户信息"文件夹。

剪切"学院内部总代理资料——2015 年 6 月调整.doc"文件,并粘贴到"客户信息"文件夹内部。

(6) 将"2015 年 8 月校外销售数量.xls"移动至"销售数据"文件夹。

方法同步骤(5)。

(7) 将"销售策略"文件夹中的"校外试点门面装修效果图.bmp"复制至"学院超市资料"文件夹,并将复制后的文件重命名为"试点门面装修参考效果图.bmp"。

打开"销售策略"文件夹,复制"校外试点门面装修效果图.bmp"文件,打开"学院超市资料"文件夹,并按 Ctrl+V 组合键粘贴"校外试点门面装修效果图.bmp";右击"校外试点门面装修效果图.bmp"文件,单击【重命名】命令,输入"试点门面装修参考效果图.bmp",按 Enter 键。

(8) 查找"校外试点门面装修效果图.bmp",并将它移入【回收站】。

打开【Windows 资源管理器】或【计算机】窗口,输入"校外试点门面装修效果图.bmp"。此时可打开【搜索】对话框,显示"校外试点门面装修效果图.bmp",右击此文件,在弹出的快捷菜单中单击【删除】命令或将其拖到【回收站】中即可。

(9) 将"学院超市资料"文件夹以资源管理器打开,将该窗口以图片的形式保存到桌面,并命名为自己的姓名。

图片保存步骤提示:

(1) 将"学院超市资料"文件夹以资源管理器打开后按 Alt+Printscreen 组合键,截取当前窗口;

(2) 执行【开始】|【所有程序】|【附件】|【画图】命令,按 Ctrl+V 组合键将剪贴板上的图片粘贴到画图文件中;

（3）执行【文件】|【另存为】命令，弹出【另存为】对话框，在【文件名】右侧文本框中输入自己的姓名，在【保存类型】右侧的文本框中单击下拉三角箭头选取【JPEG】，在【保存在】右侧的文本框中选择【桌面】位置，最后单击【保存】按钮，如图3-22所示。（回忆并思考：Alt＋Printscreen 组合键与 Printscreen 键有什么区别？）

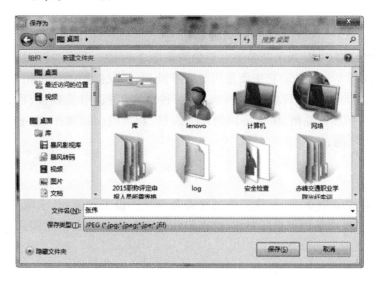

图 3-22 【另存为】对话框

【其他典题】文件及文件夹操作

（1）在"我的文档"文件夹下创建如图3-23所示的文件夹结构。

（2）分别创建记事本和画图文件，并分别保存在"工作文件"文件夹和"个人照片"文件夹下。

（3）打开"个人照片"文件夹，观察该文件夹所在路径。

（4）连续查找符合下列条件的文件：

① 文件名以 A 打头、扩展名为".bat"的文件；

② 扩展名为".txt"的文件；

③ 文件中包含词组"计算机"，扩展名为".doc"的所有文件。

图 3-23 文件夹结构示意图

任务 4　制作简单 Word 文档

Office 2013 是 Microsoft（微软）公司发行的用于办公自动化的集成软件，Word 2013 是 Office 2013 办公组件之一，是当今办公不可缺少的软件之一，是一种集文字处理、表格处理、图文混排和打印于一体的办公软件。它主要是用于文字处理，不仅能够制作常用的文本、信函、备忘录，还专门为国内用户定制了许多应用模板，如各种公文模板、书稿模板、档案模板等。Word 2013 具有全新风格的操作界面、简洁易用的任务窗格、新增的阅读视图、更加安全的文档保护、快捷的网络共享等功能。

【工作情景】

张伟马上就要大学毕业了，在找工作之前需要制作一份求职简历，求职简历包括封面的制作、自荐书的制作和求职简历表格的制作，现在张伟首先要制作一份精美端庄的自荐书，将自己的学习能力、实践能力等进行介绍。

【学习目标】

（1）Word 2013 的特性及窗口界面；
（2）Word 2013 创建、打开、保存等基本操作；
（3）Word 2013 字符格式设置；
（4）Word 2013 段落格式设置；
（5）Word 2013 文档的页面设置、页眉/页脚的设置以及打印方法等。

【效果展示】

"自荐信"效果图，如图 4-1 所示。

图 4-1　"自荐信"文档效果图

【知识准备】

4.1 Word 2013 概述

4.1.1 Word 2013 简介

1. 软件命名

Office 2013 办公软件代号为 Office 15(其实是第 13 个版本),名称为 Office 2013。命名符合微软对产品的命名习惯,很多操作系统和 Office 都以年份来命名,比如 Windows 95/98、Office 2003/2007/2010。

2. 启动界面

微软为 Office 设计了 Modern UI 风格的 Office 启动界面,颜色鲜艳。

3. 应用组件

在 Office 2013 的开发进程中,Outlook 2013、Access 2013、Share 移动图册 Point 2013 和 Excel 2013 处在同步进行中。其中,Excel 15 包括一个"重大的新功能"——PowerPivot,而 Word 2013 也在协作和通信方面上升一个层次,为用户提供更强大的共同编辑服务。值得一提的是,Office 2013 的自动化架构也得到了进一步完善。同时,更多的软件也在其中。

4. 软件特点

1) 操作界面

相较而言,Office 2010 的操作界面看上去略显冗长甚至还有点过时的感觉,不过,新版的 Office 2013 套件对此作出了极大的改进,将 Office 2010 文件打开起始时的 3D 带状图像取消了,增加了大片的单一的图像。新版 Office 套件的改善并非仅做了一些浅表的工作。其中的文件选项卡已经是一种新的面貌,用户们操作起来更加高效。例如,当用户想创建一个新的文档,他就能看到许多可用模板的预览图像。

2) PDF 文档

PDF 文档实在令人头疼,因为这种文档在工作中使用有诸多不便。即使用户想从 PDF 文档中截取一些格式化或非格式化的文本都令人抓狂。不过有新版的 Office 套件,这种问题已经不再是问题了。套件中的 Word 打开 PDF 文件时会将其转换为 Word 格式,并且用户能够随心所欲地对其进行编辑。可以以 PDF 文件保存修改之后的结果或者以 Word 支持的任何文件类型进行保存。

3) 自动创建书签

这是一项新增的功能,对于那些与篇幅巨大的 Word 文档打交道的人而言,这无疑会提高他们的工作效率。用户可以直接定位到上一次工作或者浏览的页面,无需拖动"滚动条"。早期版本中可以在再打开文档时按 Shift+F5 组合键将光标定位于上次关闭文档时的位置。

4) 图像搜索功能

Office 2010 中,想要插入网络图片,需要打开网页浏览器搜索图片后插入 PowerPoint 演示文稿,或者使用【插入】|【剪切画】功能搜索 Office 剪切画官方网站的图片。微软考虑到了用户这方面的需求,在 PowerPoint 中,用户只需在 Office 中就能搜索找到合适的图片,然后将其插入到任何 Office 文档中(增加了【插入】|【联机图片】功能)。

5) 快速分析工具

对于大多数用户而言,用最好的方法来分析数据和呈现出数据一直是一个令人头疼的问题。

有了 Excel 快速分析工具,这问题就变得简单多了,用户输入数据后,Excel 将会提供一些建议来更好地格式化、分析以及呈现出数据等。即使是一些资深 Excel 用户也会非常喜欢这一功能。

5. 界面介绍

Office 2013 在延续了 Office 2010 的 Ribbon 菜单栏外,融入了 Metro 风格。整体界面趋于平面化,显得清新简洁。流畅的动画和平滑的过渡,带来不同以往的使用体验。Office 2013 只提供白色、浅灰色、深灰色 3 种主题颜色,主题颜色不能像 Windows 7、Windows 8 系统一样自定义,但可自定义右上方的花纹样式。

6. 开发版本

2011 年 3 月 18 日泄露 15.0.2703.1000(M2)版本,在该版本中,Excel、Word、Visio 组件都出现了新的功能。Excel 中新增了一个数据过滤工具,但是在当前的版本中还无法使用,似乎只是一个占位符;图表输入时采用了新的对话框;数据输入也支持自动补全;支持罗马数字转换成阿拉伯数字;支持数字与三角函数、反差系数、高斯函数等之间的换算。Word 支持插入在线视频和音频;将文档广播到网上,就像 PowerPoint 一样;新增动画效果,选定文本和滚动都更加平滑。Visio 支持图表素描操作。添加一个新组件 Moorea,它是 RSS 聚合一类的应用程序,用户可以在这里添加并管理文档、图片等。微软于 2012 年 1 月 30 日释出 Office 15 Technical Preview 技术预览版,但并未对外界公开,只有少数合作伙伴、OEM 厂商、企业可抢先玩到最新版本。The Verge 也进一步对 Office 15 做了深入介绍,除了看出抛弃 Ribbon UI 改走简化风格、类似 Metro UI 的接口之外,Office 15 还加入了许多新功能、改进功能,以及针对触控操作加入的新元素。2012 年 7 月 16 日,微软前 CEO(首席执行管)史蒂夫·鲍尔默宣布推出客户预览版(Consumer Preview),这版本正式命名为 Office 2013。

7. 新增特性

作为 Windows 8 的官方办公室套装软件,Office 2013 在风格上保持一定的统一之外,功能和操作上也向着更好支持平板电脑以及触摸设备的方向发展。微软此前已经演示 ARM 版 Windows 8 中将会内置 Office 2013 组件,仍是以桌面版软件的形式存在。微软下一代办公软件 Office 2013 于 2012 年夏天放开公测,国外媒体 The Verge 得知 Office 2013 的一些全新特点。正如用户期待的那样,新一代 Office 具备 Metro 界面,简洁的界面和触摸模式也更加适合平板,使其浏览文档同 PC(个人计算机)一样方便。

8. 系统要求

计算机和处理器:1 GHz 或更高主频的 x86/x64 处理器,具有 SSE2 指令集。

内存:1 GB RAM(32 位)/2 GB RAM(64 位)。

硬盘:3.5 GB 可用磁盘空间。

操作系统:32 位或 64 位 Windows 7 或更高版本;Windows Server 2008 R2 或更高版本,带有.Net 3.5 或更高版本。无法在运行 Windows XP 或 Vista 操作系统的计算机上安装。

4.1.2 Word 2013 的启动和退出

1. 启动

(1)执行【开始】|【程序】|【Microsoft Office】|【Microsoft Office Word 2013】命令,即可启动 Word 2013,如图 4-2 所示。

(2)如果【开始】菜单左侧的最近使用的程序区中有 Word 2013,则可单击 Word 2013。

(3)如果桌面上有 Word 2013 应用程序的快捷方式,即可在桌面上双击 Word 2013 快捷方式图标启动。

图 4-2　启动 Word 2013

启动 Word 程序就打开 Word 窗口,同时新建名为"文档 1"的空文档。

2. 退出

(1) 单击【文件】按钮,从弹出的菜单中选择【关闭】命令。

(2) 单击 Word 2013 窗口右上角的【关闭】按钮"×"。

(3) 按 Alt+F4 组合键关闭 Word 2013 应用程序。

4.1.3　Word 2013 窗口界面

Word 2013 的工作界面主要由快速访问工具栏、标题栏和窗口控制按钮、功能区、文档编辑区、标尺、滚动条、状态栏、视图按钮、任务窗格等几个部分组成,如图 4-3 所示。

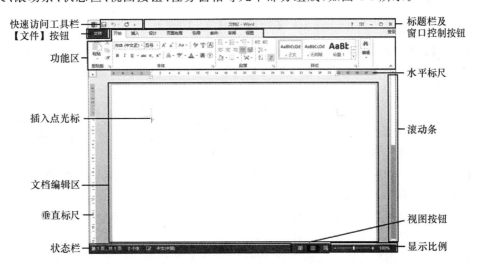

图 4-3　Word 2013 窗口界面

1. 快速访问工具栏

快速访问工具栏位于工作界面的顶部,用于快速执行某些操作。

2. 标题栏和窗口控制按钮

标题栏位于快速访问工具栏右侧,用于显示文档和程序的名称,窗口控制按钮位于标题栏右侧,单击窗口控制按钮,可以最小化、最大化/恢复或关闭程序窗口。

3. 文件按钮

在 Word 2013 文档中,【文件】按钮是一个类似于菜单的按钮,位于 Word 2013 文档窗口的左上角。单击【文件】按钮可以打开【文件】窗口,其中包括信息、新建、打开、保存、另存为、打印、共享、关闭、选项、导出和账户选项。

● 【信息】选项:在默认打开的"信息"选项卡中,用户可以进行旧版本格式转换、保护文档(包含设置 Word 文档密码)、检查问题和管理自动保存的版本,如图 4-4 所示(只有在 Word 2013 中打开旧版本创建的 Word 文档时,即文档标题上标有"兼容模式"字样时,【信息】选项卡中才会显示旧版本格式转换功能)。

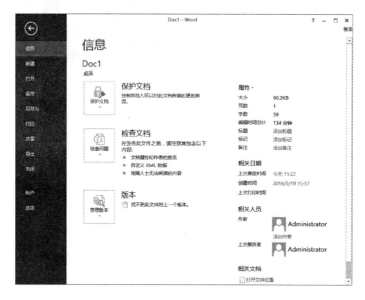

图 4-4 【文件】按钮【信息】选项卡

● 【新建】选项:用户可以看到丰富的 Word 2013 文档类型,包括"空白文档"、"书法字帖"等 Word 2013 内置的文档类型。用户还可以通过 Office 网站提供的模板新建诸如"活动传单"、"新闻稿"、"简历"等实用 Word 文档。

● 【打开】选项:在面板右侧可以查看最近使用的 Word 文档列表,用户可以通过该面板快速打开使用的 Word 文档。在每个历史 Word 文档名称的右侧含有一个固定按钮,单击该按钮可以将该记录固定在当前位置,而不会被后续历史 Word 文档名称替换。

● 【另存为】选项:用户可以在这个选项卡中选择 Word 文档的保存位置。Word 2013 新增了将 Word 文档保存到 SkyDrive 云位置的功能。

● 【打印】选项:在该面板中可以详细设置多种打印参数,例如,双面打印、指定打印页等参数,从而有效控制 Word 2013 文档的打印结果。

● 【共享】选项,用户可以在面板中将 Word 2013 文档发送到博客、发送电子邮件,或者将 Word 文档保存到 SkyDrive 云位置,并邀请他人共同编辑该 Word 文档。

● 【导出】选项:在该选项卡中可以将 Word 文档导出为 PDF 文件,还可以将当前 Word 文档保存为网页、纯文本文件。

● 【账户】选项:由于 Word 2013 增加了将 Word 文档云存储功能,因此用户可以在【账户】

选项卡中登录到 Microsoft 账户,以便于将当前 Word 文档保存到 SkyDrive 云位置或者共享 SkyDrive 云位置中的文档。

● 【选项】选项:单击【选项】选项卡可以打开【Word 选项】对话框,在对话框中可以开启或关闭 Word 2013 中的许多功能或设置参数。

4. 功能区

功能区位于标题栏下方,几乎包括了 Word 2013 所有的编辑功能,单击功能区上方的选择卡,下方显示与之对应的编辑工具,每个功能区根据功能的不同又分为若干个组,单击选项卡名称可切换到其他选项卡,如图 4-5 所示是【开始】选项卡。

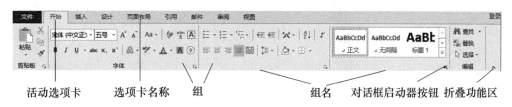

图 4-5 【开始】选项卡

5. 文档编辑区

窗口中部大面积的区域为文档编辑区,用户输入和编辑的文本、表格、图形都是在文档编辑区中进行,排版后的结果也在编辑区中显示。文档编辑区中,不断闪烁的竖线"|"是插入点光标,输入的文本将出现在此处。

6. 标尺

标尺包括水平标尺和垂直标尺两种,标尺上有刻度,用于对文本位置进行定位。利用标尺可以设置页边距、字符缩进和制表位。标尺中部白色区域表示版面的实际宽度,两端浅灰色的部分表示版面与页面四边的空白宽度,单击【视图】选项卡,在【显示】组中选中【标尺】复选框,标尺将显示在文档编辑区上方和左侧。

7. 滚动条

滚动条中的方形滑块指示出插入点在整个文档中的相对位置,拖动滚动块,可快速移动文档内容,同时滚动条附近会显示当前移到内容的页码。

8. 状态栏

状态栏显示当前编辑的文档窗口和插入点所在页的信息,以及某些操作的简明提示。可以单击状态栏上的这些提示按钮。

9. 视图按钮

Word 2013 提供了 5 种视图方式,包括页面视图、阅读视图、Web 版式视图、大纲视图、普通视图和草稿视图,关于各视图的功能及操作后面会详细介绍。

10. 显示比例

状态栏右侧有一组显示比例按钮的滑块,可改变编辑区域的显示比例。单击【缩放级别】(如 100%)可打开【显示比例】对话框,在对话框里可详细设置视图显示比例。

11. 任务窗格

Office 应用程序中提供的常用命令窗口,一般出现在窗口的左侧,用户可以一边使用这些任务窗格中的命令,一边继续处理文档。例如,单击【开始】选项卡,在【剪贴板】组单击右下角的对话框启动器按钮,将在 Word 窗口左侧显示【剪贴板】任务窗格,如图 4-6 所示。

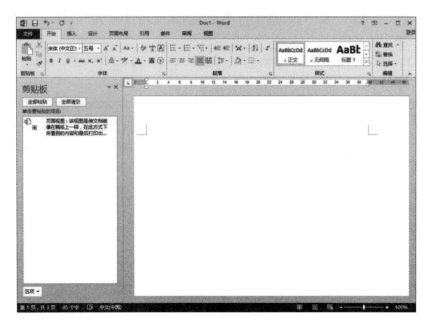

图 4-6 任务窗格

4.1.4 设置工作环境

为了方便用户操作,可以对 Word 2013 进行自定义设置,例如,自定义快速访问工具栏、更改界面背景和主题、自定义功能区等。

1. 自定义快速访问工具栏

对于一些经常使用的命令,可将其放置到快速访问工具栏中,操作方法如下。

(1) 单击【文件】按钮,在弹出的下拉列表中选择【选项】选项,打开【Word 选项】对话框。

(2) 在对话框中选择【快速访问工具栏】选项卡,在【从下列位置选择命令】后选择需要显示的命令,单击【添加】按钮,将所选命令添加到【自定义快速访问工具栏】列表框中,如图 4-7 所示。

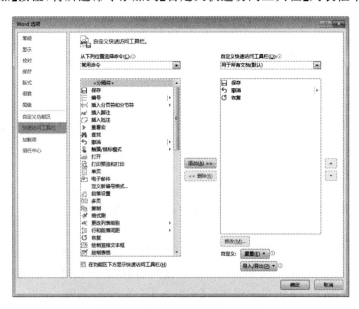

图 4-7 自定义快速访问工具栏

(3) 单击【确定】按钮,将会在【快速访问工具栏】中显示出相应命令。

2. 更改界面背景和主题

默认情况下,Word 2013 工作界面的颜色为白色,为了让界面更美观,用户可以对界面背景及主题进行设置,设置方法如下。

(1) 单击【文件】按钮,在弹出的下拉列表中选择【选项】选项,打开【Word 选项】对话框。

(2) 在【Word 选项】对话框中单击【常规】选项卡,单击【Office 主题】右侧下拉按钮,选择需要的主题颜色(以选择"深灰色"为例),如图 4-8 所示。

(3) 然后单击【确定】按钮。设置完成后,所有 Office 2013 组件中的主题都会变成深灰色。

3. 自定义功能区

功能区将 Word 2013 中所有功能巧妙地集中在一起,为了便于用户查找和使用,Word 2013 可以自定义功能区,可以让用户在 Word 2013 界面中自定义添加新的选项卡或命令到窗口界面上,在 Word 2013 中添加新选项卡、新组、新按钮方法如下。

(1) 单击【文件】按钮,在弹出的下拉列表中选择【选项】选项。

(2) 打开【Word 选项】对话框,单击【自定义功能区】选项卡,或者右击功能区任何位置,在弹出的快捷菜单中选择【自定义功能区】命令,如图 4-9 所示。

图 4-8 更改 Office 界面主题

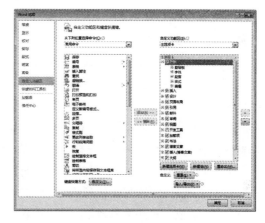
图 4-9 自定义功能区

(3) 单击右下方的【新建选项卡】按钮。在右侧【主选项卡】列表中会显示【新建选项卡(自定义)】和【新建组(自定义)】。

(4) 选中【新建选项卡(自定义)】选项,单击【重命名】按钮,输入"绘图",单击【确定】按钮。

(5) 选中【新建组(自定义)】选项,单击【重命名】按钮,输入"插图",单击【确定】按钮。

(6) 然后在左侧选择命令,如"形状"、"图片"、"艺术字"等,然后单击【添加】按钮。

(7) 单击【确定】按钮返回 Word 文档中,添加了【绘图】选项卡【插图】组形状按钮、图片按钮、艺术字按钮,添加完成后的效果如图 4-10 所示。

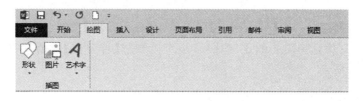

图 4-10 自定义功能区

⑧ 在【自定义功能区】，选中需要删除的命令或组，单击【删除】按钮，然后单击【确定】按钮，即可将添加的命令从功能区删除。

4.1.5 Word 2013 的视图模式

视图就是文档的显示方式。Word 提供了多种视图方式，用户可根据自己的需要设置不同的视图方式，以方便对文档进行查看。

1. 设置视图方式

设置文档视图方式有以下两种方法。

（1）单击视图快捷方式图标：在状态栏右侧单击视图快捷方式图标，即可选择相应的视图模式。

（2）在【视图】选项卡下设置：单击【视图】选项卡，在【视图】组中单击需要的视图模式按钮。

2. 视图功能

Word 2013 提供了 5 种视图方式，包括页面视图、阅读视图、Web 版式视图、大纲视图、普通视图和草稿视图。各种视图的功能如下。

（1）页面视图：该视图是使文档就像在稿纸上一样，在此方式下所看到的内容和最后打印出来的结果几乎完全一样。要对文档对象进行各种操作，要添加页眉、页脚和页码等附加内容，都应在页面视图方式下进行。

（2）阅读视图：在该视图模式下，可在屏幕上分为左右两页显示文档内容，使文档阅读起来清晰、直观。进入阅读视图后，按 Esc 键，即可返回页面视图。

（3）Web 版式视图：该视图是以网页的形式来显示文档中的内容，文档内容不再是一个页面，而是一个整体的 Web 页面。Web 版式具有专门的 Web 页编辑功能，在 Web 版式下得到的效果就像是在浏览器中显示的一样。如果使用 Word 编辑网页，就要在 Web 版式视图下进行，因为只有在该视图下才能完整显示编辑网页的效果。

（4）大纲视图：该视图比较适合较多层次的文档，在大纲视图中用户不仅能查看文档的结构，还可以通过拖动标题来移动、复制和重新组织文本。

3. 导航窗格视图

该视图是一个独立的窗格，能显示文档的标题列表，使用导航视图可以方便用户对文档结构进行快速浏览，单击【视图】选项卡，在【显示】组中选中【导航窗格】复选框，打开导航窗格视图，如图 4-11 所示。

4. 视图显示比例

为了在编辑文档时观察得更加清晰，需要调整文档的显示比例，将文档中的内容放大或缩小。这里的放大并不是将文字或图片本身放大，而是在视觉上变大，打印文档时仍然是采用的原始大小。设置文档显示比例的常用方法有以下两种。

（1）直接在文档右下方的状态栏中调节显示比例滑块，设置需要的显示比例即可。

（2）单击【视图】选项卡，在【显示比例】组中单击【显示比例】按钮，打开【显示比例】对话框，在【显示比例】选项区中选择需要的比例选项，也可以调节【百分比】数值框，设置完成，单击【确定】按钮，如图 4-12 所示。

图 4-11　导航窗格视图　　　　　　　　图 4-12　显示比例

4.2　Word 2013 的基本操作

4.2.1　新建文档

如果要在 Word 2013 中创建一篇新的文档内容,首先需要新一个文档对象。新建文档的方法包括创建空白文档和根据模板创建新文档。

1. 新建空白文档

空白文档是指文档中没有任何内容的文档,创建空白文档有以下几种方法。

(1) 在启动 Word 2013 后,单击【空白文档】命令,新建空白文档,并取名为"文档 1",如图 4-13 所示。

(2) 如果正在编辑一个文档或者已经启动 Word 程序,单击【文件】按钮,在弹出的下拉列表中选择【新建】选项,在【新建】选项区域中单击【空白文档】选项,可新建一个空白文档,如图 4-14 所示。

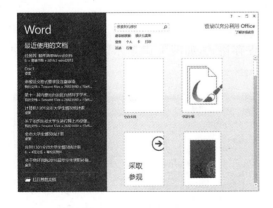
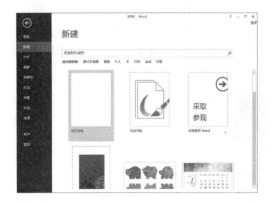

图 4-13　新建空白文档　　　　　　　　图 4-14　新建空白文档

(3) 单击 Word 2013 快速访问工具栏中的【新建】按钮,可新建一个空白文档。

(4) 使用 Ctrl+N 组合键,可新建一个空白文档。

(5) 在桌面或硬盘指定位置,右击打开快捷菜单,选择【新建】命令,在子菜单中选择【Microsoft Word 文档】,可新建一个空白 Word 文档。

2. 使用模板创建文档

模板是 Word 2013 预先设置好内容格式的文档。Word 2013 中为用户提供了多种具有统一规格、统一框架的文档模板,如传真、信函和简历等,根据需要单击选择相应模板,即可根据模板新建文档,创建方法如下。

启动 Word 程序,单击【文件】按钮,在弹出的下拉列表中选择【新建】选项,在【新建文档】选项区域中选择需要的模板单击,可根据模板创建文档,如图 4-15 所示为根据商业信函模板新建文档。在联网的情况下用户可以在打开的【新建】选项区域中的文本框内输入关键字搜索更多模板。

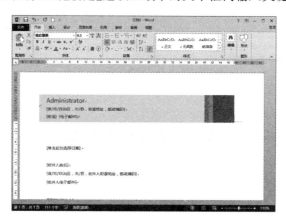

图 4-15　商业信函模板

4.2.2　保存文档

在编辑文档的过程中,一切工作都是在计算机内存中进行的,如果突然断电或系统出现错误,所编辑的文档就会丢失,因此就要经常保存文档。

1. 保存新建文档

(1) 单击【文件】按钮,在弹出的下拉列表中选择【保存】选项,或者单击快速访问工具栏中的【保存】按钮。

(2) 打开【另存为】窗口,如图 4-16 所示。

(3) 选择【计算机】选项,单击【浏览】按钮。

(4) 打开【另存为】对话框,设置保存路径、名称及保存格式,如图 4-17 所示。

(5) 单击【保存】按钮。

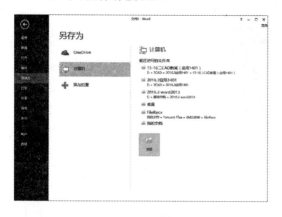

图 4-16　【另存为】窗口

图 4-17　【另存为】对话框

2. 保存已有的文档

保存已有的文档有两种形式：第一种是将文稿依然保存到原文档中；第二种是另建文件名进行保存。

(1) 如果将以前保存过的文档打开修改后，想要保存修改，直接按 Ctrl＋S 组合键或者单击快速访问工具栏中的【保存】按钮即可。

(2) 如果不想破坏原文档，但是修改后的文档还需要进行保存，可以直接单击【文件】按钮，在弹出的下拉列表中选择【另存为】选项，在打开的【另存为】窗口中，选择【计算机】选项，单击【浏览】按钮，为文档另外命名，然后保存即可。

3. 自动保存文档

Word 2013 提供了自动保存的功能，隔一段时间系统自动保存文档，需要用户来设置文档保存选项，设置方法如下。

(1) 单击【文件】按钮，在弹出的下拉列表中选择【选项】选项，打开【Word 选项】对话框。

(2) 在【Word 选项】对话框中单击【保存】选项卡，选中【保存自动恢复信息时间间隔】复选框，在其右侧的微调框中输入时间，如图 4-18 所示。

图 4-18　设置自动保存时间

(3) 单击【确定】按钮，完成设置。

4.2.3　打开文档

要对一个已经保存在磁盘上的文档进行编辑，就需要将该文档再次打开，使这个文档出现在 Word 2013 窗口中，打开文档方法如下。

(1) 单击【文件】按钮，在弹出的下拉列表中选择【打开】选项，打开【打开】窗口。

(2) 窗口右侧最近使用的文档列表框中显示最近使用过的文档，单击文档名，可直接打开该文档，列出的文档个数（默认 25 个）可在【Word 选项】对话框中的【高级】选项卡的【显示】项中更改，如图 4-19 所示。

图 4-19　设置最近使用的文档数目

(3) 选择【计算机】选项,单击【浏览】按钮,如图 4-20 所示。
(4) 在【打开】对话框中选中要打开的文档,单击【打开】按钮即可打开相应文档,如图 4-21 所示。

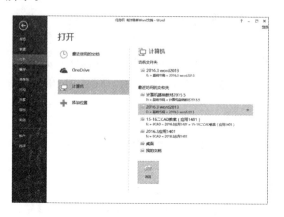

图 4-20　打开窗口

图 4-21　【打开】对话框

4.3　编辑 Word 2013 文档

4.3.1　文本的录入

在当前活动的文档窗口里,一个闪烁的竖型光标"|"被称为"插入点"它标识着文字输入的位置,输入的文本会在插入点之后出现。

1. 移动插入点

闪烁的光标,即插入点标识着当前的输入位置,当输入文字时,插入点将不断向后移动。用户还可以通过鼠标或者键盘来移动插入点。

1) 利用鼠标移动插入点

在 Word 2013 中,用户可以在文档编辑区的任何位置进行输入操作,其操作方法是将鼠标指针移到想要输入文字的位置双击即可。这种便捷的输入方式称为"即点即输"。在编辑过的 Word 文档(非空白 Word 文档)中,单击即可定位插入点光标的位置。

2) 利用键盘移动插入点

在 Word 2013 中,用户不仅可以通过鼠标单击来移动插入点,还可以使用键盘上的方向键、Page Up、Page Down、Home、End 等键位来移动插入点,利用键盘移动插入点的常用键位的功能如表 4-1 所示。

表 4-1　常用键位的功能

按键	移动插入点	按键	移动插入点
方向键↑	插入点从当前位置上移一行	Page Down	插入点从当前位置下移一屏
方向键↓	插入点从当前位置下移一行	Home	插入点从当前位置移到本行的开头
方向键←	插入点从当前位置向左移一个字符	End	插入点从当前位置移到本行的末尾
方向键→	插入点从当前位置向右移一个字符	Ctrl + Home	插入点从当前位置移到文档的开头
Page Up	插入点从当前位置上移一屏	Ctrl + End	插入点从当前位置移到文档的末尾

2. 字符的插入

打开 Word 2013 文档编辑窗口后,即可输入英文、中文、数字、符号等。如果要输入中文,先要进行输入法转换。单击任务栏右边的输入法按钮,弹出输入法菜单,根据需要选择一种汉字输入法。切换输入法还有以下一些快捷方式。

(1) 中英文输入法切换:Ctrl+空格组合键。

(2) 各种输入法之间切换:Ctrl+Shift 组合键。

(3) 字符全角与半角的切换:Shift+空格组合键。

(4) 标点符号全角与半角的切换:Ctrl+. 组合键。

当输入完一段该文档后,按 Enter 键分段。删除输入过程中错误的文字,将插入点定位到文本处,按 Delete 键可删除插入点前面的字符,按 Backspace 键可删除插入点后面的字符。

3. 插入特殊字符

1) 插入符号

单击【插入】选项卡,在【符号组】单击【符号】下拉按钮选择【其他符号】命令,如图 4-22 所示。打开【符号】对话框,切换【符号】选项卡【特殊字符】选项卡,在其中可以选择相应符号,单击【插入】按钮,即可将其插入到文档中,如图 4-23 所示。

图 4-22 选择符号

图 4-23 【符号】对话框

2) 软键盘法

打开任意一种中文输入法,右击输入法状态条右侧的小键盘,在随后弹出的快捷菜单中,选择需要的符号菜单项(如"数字序号"等),打开相应的软键盘,选择输入即可,如图 4-24 所示。

4. 插入日期和时间

使用 Word 2013 编辑文档时,可以使用插入日期和时间功能来输入当前日期和时间,插入方法如下。

(1) 将插入点光标定位到需要插入时间的位置。

(2) 单击【插入】选项卡,在【文本】组单击【日期和时间】按钮,打开【日期和时间】对话框,如图 4-25 所示。

(3) 在【可用格式】列表框中选择插入的时间日期格式,单击【确定】按钮,此时日期按照选择的格式插入文档中。

在日期和时间对话框中,各选项功能如下。

● 【可用格式】列表框:用于选择日期和时间的显示格式。

● 【语言】下拉列表框:用于选择日期和时间应用的语言,如中文或英文。

- 【使用全角字符】复选框:选择该复选框可用全角方式显示插入的日期和时间。
- 【自动更新】复选框:选择该复选框可对插入的日期和时间进行自动更新。
- 【设为默认值】按钮:单击该按钮可将当前设置的日期和时间格式保存为默认的格式。

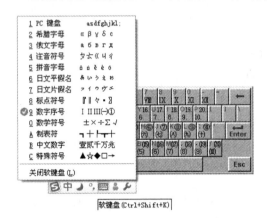

图 4-24　软键盘效果图

图 4-25　【日期和时间】对话框

5. 文本的插入与改写

Word 2013 有插入和改写两种录入状态。在【插入】状态下,键入的文本将插入到当前光标所在位置,光标后面的文字将按顺序后移;而【改写】状态下,键入的文本将把光标后的文字替换掉,其余的文字位置不改变。设置文本的插入与改写状态方法如下。

(1) Word 2013 状态栏不显示插入和改写状态,可以在状态栏上右击,在弹出的快捷菜单中选择【改写】命令,这时候状态栏就显示了输入状态。单击状态栏的【插入】即可变为【改写】状态,改写状态时候,单击状态栏【改写】即可变为【插入】状态。

(2) 切换状态还可以使用快捷键,按键 Insert 键进行切换。

4.3.2　文本的选定

1. 运用鼠标选取文本

(1) 将光标置于要选取的文本前,按下鼠标向后拖曳,可将文本选取。

(2) 在一个词内或文本上双击,可将整个词和文本选取。

(3) 在一段文本内三次单击,可将整个段落选取。

(4) 将光标置于句首,将光标变为白色向右箭头时,单击,可将整行文本选取。

(5) 将光标置于句首,将光标变为白色向右箭头形状时,双击,可将整段文本选取。

(6) 选择不连续文本,选中要选择的第一处文本,再按住 Ctrl 键,同时拖动鼠标依次选中其他文本。

(7) 选择连续文本,单击要选中文本的开始位置,再按住 Shift 键,同时单击要选中文本的结束位置。

2. 运用键盘选取文本

(1) 将光标置于被选文本的前(后)面,按 Shift 键的同时,敲击键盘中的→或←方向键,可向后或向前选定文本。

(2) 如果要实现文本的竖向选择,按 Shift 键的同时,敲击键盘中的↑或↓方向键。

(3) 按 Ctrl+A 组合键,可将整篇文档选取。

4.3.3 文本的移动、复制

1. 文本的移动

（1）选中文本，然后将鼠标指向该文本块的任意位置，鼠标光标变成一个空心的箭头，然后按鼠标左键拖动鼠标到新位置后再松开鼠标。

（2）选中文本，右击，在弹出的快捷菜单中单击【剪切】命令或者按 Ctrl+X 组合键，将插入点定位到目标位置，右击，在弹出的快捷菜单中单击【粘贴】命令或者按 Ctrl+V 组合键，完成文本移动操作。

2. 文本的复制

（1）选定文本，然后将鼠标指向该文本块的任意位置，鼠标光标变成一个空心的箭头，按住 Ctrl 键，同时拖动鼠标到新位置后再松开 Ctrl 键和鼠标。

（2）选定文本，右击，在弹出的快捷菜单中选择【复制】命令或者按 Ctrl+C 组合键，将插入点定位到目标位置，右击，在弹出的快捷菜单中单击【粘贴】命令或者按 Ctrl+V 组合键，完成文本复制操作。

4.3.4 文本的删除

（1）键盘中的 Backspace 键，可以将光标前面的字符删除。

（2）键盘中的 Delete 键，可以将光标后面的字符删除。

（3）如果大量字符需要删除，先将文本选取，敲击键盘中的 Delete 键或者 Backspace 键将其删除。

4.3.5 文本的查找与替换

Word 2013 提供的查找替换功能可以快速地在文档中进行文字和符号的查找或替换操作，从而无须反复地查找文本，使操作变得简单易行。

1. 文本的查找和替换

查找文本是指从当前文档中查找指定的内容。查找的主要目的是定位，以便对其进行相应的查看、修改等操作，其操作方法如下。

（1）选择要查找的范围，如果不选择查找范围，则将对整个文档进行查找。

（2）单击【开始】选项卡，在【编辑】组中单击【查找】按钮，或者使用 Ctrl+F 组合键，打开导航窗口。

（3）在导航窗格的搜索框中输入要查找的关键字，此时系统将自动在选中的文本中进行查找，并将找到的文本以高亮显示，如图 4-26 所示。

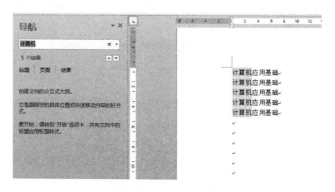

图 4-26 文本的查找

（4）单击【开始】选项卡，在【编辑】组中单击【替换】按钮，或者使用 Ctrl＋H 组合键，打开【查找和替换】对话框，打开【替换】选项卡，输入相应内容，单击【替换】按钮进行替换，也可单击【全部替换】按钮，一次将所有符合查找条件的文本全部替换，如图 4-27 所示。

图 4-27　文本的替换

（5）替换完成后，打开完成替换提示框，提示完成了几处替换，单击【确定】按钮。
（6）返回至【查找和替换】对话框，单击【关闭】按钮，返回文档窗口，查看替换的文本，如图 4-28 所示。

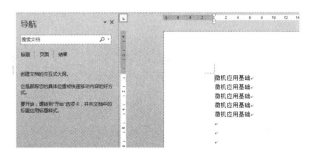

图 4-28　查看替换文本

2．高级查找

在 Word 2013 中使用高级查找功能不仅可以在文档中查找普通文本，还可以对特殊格式的文本、符号等进行查找。

（1）单击【开始】选项卡，在【编辑】组中单击【查找】下拉按钮。
（2）从弹出的下拉列表中选择【高级查找】选项，打开【查找和替换】对话框中的【查找】选项卡。
（3）输入查找文本，单击【更多】按钮，打开该对话框用来设置文档的高级选项，如图 4-29 所示。

图 4-29　展开查找高级选项

在【查找和替换】对话框中,各个查找高级选项的功能如下。
- 【搜索】下拉列表框:用于选择文档的搜索范围,选择【全部】选项,将在整个文档中进行搜索;选择【向下】选项,可从插入点处向下搜索;选择【向上】选项,可从插入点处向上进行搜索。
- 【区分大小写】复选框:可在搜索时区分大小写。
- 【全字匹配】复选框:可在文档中搜索符合条件的完整单词,而不搜索长单词中的一部分。
- 【使用通配符】复选框:可搜索查找内容中的通配符、特殊字符或特殊搜索操作符。
- 【同音(英文)】复选框:可搜索与查找内容发音相同但是拼写不同的英文单词。
- 【查找单词的所有形式(英文)】复选框:可搜索与查找内容中英文单词相同的所有形式。
- 【区分全/半角】复选框:可以在查找时区分全角与半角。
- 【格式】按钮:设置查找文本的格式,如字体、段落、制表位等。
- 【特殊格式】按钮:可选择要查找的特殊格式,如段落标记、省略号、制表符等。

4.3.6 撤销与恢复

在编辑文档的过程中,如果删除错误,可以使用撤销与恢复操作。Word 2013 支持多级撤销和多级恢复。

1. 撤销

在操作过程中,如果对先前所做的工作不满意,可用下面方法之一撤销操作,恢复到原来的状态。
- 单击快速访问工具栏上的【撤销】按钮(或按 Ctrl+Z 组合键),可取消对文档的最后一次操作。
- 多次单击【撤销】按钮(或按 Ctrl+Z 组合键),依次从后向前取消多次操作。
- 单击【撤销】按钮右边的下箭头,打开可撤销操作的列表,可选定其中某次操作,一次性恢复此操作后的所有操作。撤销某操作的同时,也撤销了列表中所有位于它上面的操作。

2. 恢复

在撤销某操作后,如果认为不该撤销该操作,又想恢复被撤销的操作,可单击快速访问工具栏上的【恢复】按钮(或按 Ctrl+Y 组合键)。如果不能重复上一项操作,该按钮将变为灰色。

4.3.7 自动更正文本

Word 2013 中提供了自动更正功能,在文本输入过程中,有时会出现一些输入错误,可以通过更正字库对一些常见的拼写错误进行自动更正,设置文本自动更正方法如下。

(1) 单击【文件】按钮,在弹出的下拉列表中选择【选项】选项,打开【Word 选项】对话框。

(2) 在【Word 选项】对话框中,打开【校对】选项卡,在右侧的【自动更正选项】区域中,单击【自动更正选项】按钮,打开【自动更正】对话框【自动更正】选项卡。

(3) 选中【键入时自动替换】复选框,并在【替换】文本框中输入"其他",在【替换为】文本框中输入"其它",单击【添加】按钮,如图 4-30 所示。

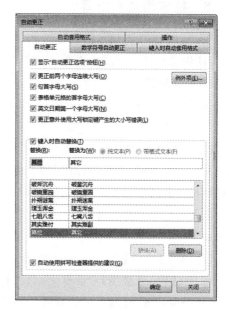

图 4-30 【自动更正】对话框

（4）将其添加到自动更正词条中并显示在列表中，单击【确定】按钮，关闭【自动更正】对话框。

（5）打开 Word 文档，并在文档中输入"其他"，确认后即可看到输入的词组"其他"被替换为"其它"。

（6）如果要撤销自动更正的效果，将鼠标指针移动到更正的词组左下角出现一个小蓝框，单击该按钮，从弹出的下拉列表中选择【改回至"其他"】或【停止自动更正"其他"】命令，如果选择【停止自动更正"其他"】命令相当于在自动更正中删除该词条，如图 4-31 所示。

在【自动更正】对话框【自动更正】选项卡中，各项的功能如下。

图 4-31　撤销自动更正

● 【显示"自动更正选项"按钮】复选框：可显示【自动更正选项】按钮。

● 【更正前两个字母连续大写】复选框：可将前两个字母连续大写的单词更正为首字母大写。

● 【句首字母大写】复选框：可将句首字母没有大写的单词更正为首字母大写。

● 【例外项】按钮：可设置不需要 Word 进行自动更正的缩略语。

● 【表格单元格的首字母大写】复选框：可将表格单元格中的单词设置为首字母大写。

● 【英文日期第一个字母大写】复选框：可以将英文日期首字母设置为大写。

● 【更正意外使用大写锁定键产生的大小写错误】复选框：可对由于误按 Caps lock 键产生的大小写错误进行更正。

● 【键入时自动替换】复选框：可打开自动更正和替换功能，并在文档中显示【自动更正】图标。

● 【自动使用拼写检查器提供的建议】复选框：可在键入时自动用拼写检查功能词典中的单词替换拼写有误的单词。

4.3.8　检查语法和拼写

Word 2013 中提供了检查语法和拼写功能，在文本输入过程中，有时会出现一些语法和拼写错误，使用该功能可以减少文档中的单词拼写错误以及中文语法错误。

1. 检查功能

如果文档中存在错别字、错误的单词或者语法，Word 2013 会自动将这些错误内容以波浪线的形式显示出来。

2. 设置检查选项

在输入文本时自动进行拼写和语法检查是 Word 2013 默认的操作，但若是文档中包含有较多特殊拼写或特殊语法时，启用键入时自动检查拼写和语法功能，就会对编辑文档产生一些不便。因此在编辑一些专业性较强的文档时，可暂时将输入时自动检查拼写和语法功能关闭，关闭方法如下。

（1）单击【文件】按钮，在弹出的下拉列表中选择【选项】选项，打开【Word 选项】对话框。

（2）在【Word 选项】对话框中，打开【校对】选项卡，在右侧的【在 Word 中更正拼写和语法时】区域中取消选中【键入时检查拼写】和【键入时标记语法错误】复选框。

（3）单击【确定】按钮，即可暂时关闭自动检查拼写和语法功能，如图 4-32 所示。

图 4-32　关闭自动检测拼写和语法功能

4.3.9　字数统计

在 Word 2013 中一个汉字算一个字,英文每个单词算一个字,统计字数的操作方法如下。

选中需要统计字数的文本,单击【审阅】选项卡,在【校对】组中单击【字数统计】按钮。Word 2013 会弹出【字数统计】对话框给出一个统计结果。

4.4　Word 2013 文档排版

4.4.1　字符格式化

在 Word 2013 文档中文本的默认字体为"宋体",字号为"五号",为了使文档更美观,条理更清晰,需要对文本进行格式化设置,包括字符格式化、段落格式化等,字符格式包括字符的字体、字号、字形、字体颜色、字符间距、文字效果等各种字符表现形式。在设置字符格式之前,选取需要设置格式的字符,即遵循"先选取,后设置"的规则,设置字符格式有以下几种方法:

1.【开始】选项卡【字体】组

选中要更改的文本后,单击【开始】选项卡,在【字体】组中单击相应按钮,即可设置文本格式,如图 4-33 所示。

【字体】组中可以对文本进行字体、字形、字号、下划线、着重号、效果等设置,各按钮功能如下。

● 【字体】按钮:字体是指字符的形体。Word 提供了多种字体,常用的字体有宋体、仿宋体、楷体、黑体、隶书、幼圆等。默认的是"宋体"。

图 4-33　【开始】选项卡【字体】组

● 【字形】按钮:字形是指加于字符的一些属性。如常规、倾斜、加粗等。默认的是"常规"

字形。

● 【字号】按钮:字号是指字符的大小。字号从"八号"到"初号"或者"5 磅"到"72 磅","八号"字到"初号"字越来越大,"5 磅"字到"72 磅"字越来越大。默认的是"五号"字。
● 【字符边框】按钮:为选中文本添加边框。
● 【带圈字符】按钮:可在选中字符周围放置圆圈或边框加以强调。
● 【拼音指南】按钮:可在选中字符上方添加拼音以标明其发音。
● 【文本效果和板式】按钮:为文本添加特殊效果,可以设置文本轮廓、阴影、映像和发光等效果。
● 【字体颜色】按钮:可以设置字体颜色。
● 【字符缩放】按钮:增大或者缩小字符。
● 【字符底纹】按钮:为选中文本添加底纹背景效果。
● 【以不同颜色突出显示文本】按钮:用亮色突出显示文本以让文本更加醒目。

2. 使用浮动工具栏设置

选中要更改的文本后,浮动工具栏会自动出现,然后将指针移到浮动工具栏上,如图 4-34 所示。当选中文本并单击右键时,它还会与快捷菜单一起出现。

图 4-34　浮动工具栏

3. 使用【字体】对话框设置

选中要更改的文本,单击【开始】选项卡,在【字体】组右下角单击对话框启动器按钮,打开【字体】对话框,在【字体】对话框【字体】选项卡中可以设置字体、字形、字号、文字颜色等,单击【文字效果】按钮还可以设置文本的填充颜色和边框效果,如图 4-35 所示。在【字体】对话框【高级】选项卡中可以设置字符间距、字符缩放及位置等,如图 4-36 所示。

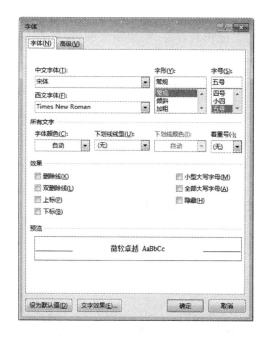

图 4-35 【字体】对话框【字体】选项卡　　　　图 4-36 【字体】对话框【高级】选项卡

4．设置首字下沉

在报纸杂志上经常可以看到文章开头第一个字会放大显示，以便文档看起来更引人注目，在 Word 2013 中，也可以容易地设置这种首字下沉效果。

在要设置首字下沉的段落中单击，单击【插入】选项卡，在【文本】组中单击【首字下沉】下拉按钮，在弹出的下拉列表中选择下沉类型，选择【首字下沉选项】选项，弹出【首字下沉】对话框，详细设置下沉字符的位置、字体格式、下沉行数和下沉首字距段落正文的距离等，如图 4-37 所示。

4.4.2 段落格式化

段落是构成整个文档的骨架，它由正文、图表和图形等

图 4-37 【首字下沉】对话框

加上一个段落标记构成，为了使文档的结构更清晰、层次更分明，Word 2013 提供了段落格式设置功能，段落格式包括段落对齐方式、段落的缩进量以及段落的间距等内容。在设置段落格式之前，选中需要设定格式的段落，或者将光标定位在该段落中，然后再开始对此段落进行格式设置。

1．【开始】选项卡【段落】组

选中需要设置格式的段落，或者将光标定位在该段落中，单击【开始】选项卡，在【段落】组中单击相应按钮，即可设置段落格式，如图 4-38 所示。

1）段落的对齐方式

● 左对齐：文本靠左边排列，段落左边对齐。

● 右对齐：文本靠右边排列，段落右边对齐。

● 居中对齐：文本由中间向两边分布，

图 4-38 【开始】选项卡【段落】组

始终保持文本处在行的中间。

● 两端对齐：段落中除最后一行以外的文本都均匀地排列在左、右边距之间，段落左、右两边都对齐。

● 分散对齐：将段落中的所有文本（包括最后一行）都均匀地排列在左、右边距之间。

2）段落的缩进

缩进是表示一个段落的首行、左边和右边距离页面左边和右边以及相互之间的距离关系。缩进有以下 4 种。

● 左缩进：段落的左边距离页面左边距的距离。

● 右缩进：段落的右边距离页面右边距的距离。

● 首行缩进：段落第一行由左缩进位置向内缩进的距离，中文习惯首行缩进一般两个汉字宽度。

● 悬挂缩进：段落中除第一行以外的其余各行由左缩进位置向内缩进的距离。

3）段间距与行间距

● 行间距是指段落中相邻两行间的间隔距离。

● 段间距是指相邻两段间的间隔距离，段间距包括段前间距和段后间距两种。段前间距是指段落上方的间距量，段后间距是指段落下方的间距量，因此两段间的段间距应该是前一个段落的段后间距与后一个段落的段前间距之和。

2. 使用浮动工具栏设置

选中要设置格式的文本后，浮动工具栏会自动出现，然后将指针移到浮动工具栏上，如图 4-39 所示。当选中文本并右击该文本时，它还会与快捷菜单一起出现。

图 4-39　浮动工具栏

3. 使用【段落】对话框设置

选中需要设置格式的段落，或者将光标定位在该段落中，单击【开始】选项卡，在【段落】组中单击右下角的对话框启动器按钮，打开【段落】对话框，在该对话框中包含了【缩进和间距】、【换行和分页】、【中文版式】3 个选项卡,它可以一次性的更改多项设置,如图 4-40 所示。

1)【缩进和间距】选项卡

单击【缩进和间距】选项卡,可以对段落对齐方式、缩进量、间距和行距等进行设置。

- 【对齐方式】选项:对齐方式下拉列表中提供了 5 种段落文字的对齐方式,包括左对齐、居中、右对齐、居中对齐、两端对齐和分散对齐。默认是"左对齐"。
- 【缩进】选项:定义段落距离纸张左右边界的距离,段落缩进包括左缩进、右缩进、首行缩进和悬挂缩进。默认是"两端对齐"。
- 【间距】选项:设置所选段落与前后段落之间的距离,用行宽来衡量。
- 【行距】选项:设置所选段落中各行文字之间的间距,以单倍行距的倍数来衡量。

另外,使用标尺也可以设置段落缩进,左缩进控制段落左边界的位置;右缩进控制段落右边界的位置;首行缩进控制段落的首行第一个字符的起始位置;悬挂缩进控制段落中的第一行以外的其他行的起始位置。

2)【换行与分页】选项卡

单击【换行与分页】选项卡,列有 4 个分页选项,如图 4-41 所示。

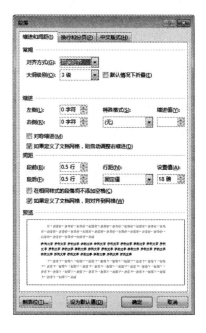

图 4-40 【段落】对话框

图 4-41 【段落】对话框【换行与分页】选项卡

- 【孤行控制】选项:防止在一页的开始位置留有段落的最后一行,或在一页的结束位置留有段落的第一行,称为首页孤行或末页孤行。
- 【段中不分页】选项:强制一个段落的内容必须放在同一页上,保持段落的可读性。
- 【段前分页】选项:从新的一页开始输出段落。
- 【与下段同页】选项:用来确保当前段落与它后面的段落处于同一页。

4. 设置制表位

制表位是用来规范字符所处的位置的。虽然没有表格,但是利用制表位可以把文本排列得像有表格一样规矩,所以把它称为制表位。

默认状态下,Word 每隔 0.75 厘米设置一个制表位,用户也可以利用空格键来规范字符的位置,但是一键一键地输入操作烦琐,而且也不能保证能排得很工整。利用制表位就可以克服以上缺点,如果在每一个项目间设置适当的制表位,那么在输入一个项目后只需要按一次 Tab 键,光标就可以立即移动到下一个项目位置。

1) 使用水平标尺设置制表位

制表位是水平标尺上的位置,指定文字缩进的距离或文字开始之处。默认状态下,每两个字符有一个制表位,设置制表位方法如下。

(1) 单击水平标尺最左端的方形按钮,如图 4-42 所示。

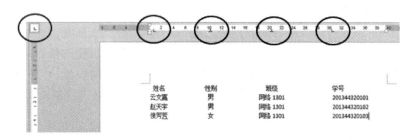

图 4-42　使用水平标尺设置制表位

(2) 直到它更改为所需要制表符类型,制表符类型如下。

● 左对齐:从制表位开始向右扩展文字。

● 右对齐:从制表位开始向左扩展文字,文字填满制表位左边的空白后,会向右扩展。

● 居中对齐:使文字在制表位处居中。

● 小数点对齐:在制表位处对齐小数点,文字或没有小数点的数字会向制表位左侧扩展。

● 竖线对齐:此符号不是真正的制表符,其作用是在段落中该位置的各行中插入一条竖线,以构成表格的分隔线。

(3) 在水平标尺的下边框上单击要插入制表位的位置,刚才选定的制表位符号将出现在该处,一行可以设置多个制表位。

(4) 若需要多行相同的制表位,按 Enter,设置的制表位将被应用到新行,按 Tab 键,直到光标移动到该制表位处,这时输入的新文本在此对齐。

2) 使用对话框设置制表位

如果需要精确设置制表位,可以使用【制表位】对话框来完成操作。

(1) 单击【开始】选项卡,在【段落】组中单击右下角的对话框启动器按钮,打开【段落】对话框。

(2) 在【段落】对话框中单击【制表位】按钮,打开【制表位】对话框,如图 4-43 所示。

(3) 在【制表位】文本框中输入一个制表位位置,在【对齐方式】区域下设置制表位的对齐方式,在【前导符】区域下选择制表位的前导字符。

(4) 单击【确定】按钮完成设置。

5. 使用格式刷

使用【开始】选项卡【剪贴板】上的【格式刷】按钮,

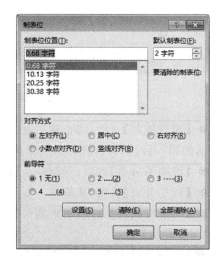

图 4-43　【制表位】对话框

可以把已有格式复制到目标对象上,包括文本格式和一些基本图形格式,如边框和填充。使用【格式刷】复制格式非常简便,是最常用的工具之一,如果在文档中频繁使用某种格式,就可以将这种格式复制，从而简化操作，具体操作方法如下。

(1) 选中需要复制格式的文本。

(2) 单击【格式刷】按钮，此时鼠标变成刷子形状。

(3) 按住鼠标左键并扫过要进行格式化的文本，然后松开鼠标，该格式将自动应用到扫过的文本上，鼠标也还原成原来的形状。

单击【格式刷】按钮只能完成一次格式的复制，如果双击【格式刷】按钮，可以进行多次复制，复制完成后，再单击【格式刷】按钮或者按 Esc 键，即可退出使用格式刷操作。

4.4.3 边框和底纹

在文档中可以对选中的文本、段落和页面设置边框和底纹效果，通过给文本添加边框底纹可以使文字看起来更加美观、引人注目。

1. 文字边框

(1) 选中需要添加边框的段落或者文本，单击【开始】选项卡，在【段落】组中单击【边框】下拉按钮。

(2) 在弹出的下拉列表中选择边框样式，如果需要详细设置则选中【边框和底纹】选项，打开【边框和底纹】对话框，如图 4-44 所示。

(3) 在【边框和底纹】对话框中，在右下角选择应用于文字或者段落，【设置】栏可以选择添加边框的类型，【样式】栏可以选择边框的线型，【颜色】栏可以选择边框的颜色，【宽度】栏可以选择边框线的宽度，在预览中单击图示或者使用按钮可应用边框。

(4) 设置完成后单击【确定】按钮。

2. 页面边框

设置页面边框可以使文档更加美观。

(1) 在要设置页面边框的文本中任意位置单击。单击【开始】选项卡，在【段落】组单击【边框】下拉按钮，在弹出的下拉列表中选择【边框和底纹】选项，打开【边框和底纹】对话框。

(2) 在【边框和底纹】对话框中，选择【页面边框】选项卡，或者单击【设计】选项卡【页面背景】组中的【页面边框】按钮，可直接打开【页面边框】选项卡，如图 4-45 所示。

图 4-44 【边框和底纹】对话框【边框】选项卡

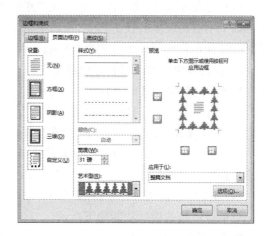

图 4-45 【边框和底纹】对话框【页面边框】选项卡

(3) 在【页面边框】选项卡中，在右下角选择需要应用页面边框的位置，【设置】栏可以选择添加边框的类型，【样式】栏可以选择边框的线型，【颜色】栏可以选择边框的颜色，【宽度】栏可以选择边框线的宽度,在预览中单击图示或者使用按钮可应用边框,如果想使用图案做边框就在【艺术型】一栏里选择图案类型。

(4) 设置完成后单击【确定】按钮。

3. 设置底纹

设置底纹不同于设置边框,底纹只能对文字段落进行设置,不能对页面进行设置。

(1) 选中需要添加底纹的段落或者文本,单击【开始】选项卡,在【段落】组单击【边框】下拉按钮,在弹出的下拉列表中选择【边框和底纹】选项,打开【边框和底纹】对话框。

(2) 在【边框和底纹】对话框中,选择【底纹】选项卡,如图4-46所示。

(3) 在【底纹】选项卡中,在右下角选择应用于文字或者段落,然后设置填充颜色或者图案样式。

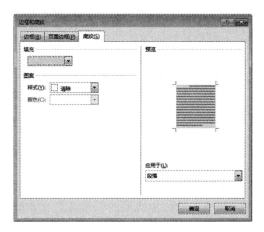

图 4-46 【边框和底纹】对话框【底纹】选项卡

(4) 设置完成后单击【确定】按钮。

4.4.4 项目符号和编号

项目符号和编号的使用可使文档内容更加层次分明,Word 2013可在输入时自动创建项目符号和编号,也可在输入完成后再次添加。

1. 自动创建项目符号或编号列表

默认情况下,如果段落以星号"*"或者数字"1."开始,Word会认为开始项目符号或编号列表,按Enter键后,下一段前将自动加上项目符号或者编号,具体方法如下。

(1) 输入星号"*"或者数字"1."。
(2) 按空格键或者Tab键,输入所需要的文本。
(3) 按回车键,Word会自动插入下一个项目符号或者编号。
(4) 右击可以选择【重新开始于"1."】【继续编号】或者【设置编号值】。

如果不想将文本转换为列表,可以单击出现的【自动更正】按钮,从列表中选择【撤销自动编号】或者【停止自动创建编号列表】选项。

2. 在列表中添加项目符号或编号

1)【开始】选项卡【段落】组

(1) 选中要添加项目符号或编号的一个或多个段落。
(2) 单击【开始】选项卡,在【段落】组中单击【项目符号】按钮或者【编号】按钮。
(3) 在弹出的下拉列表中选择需要的项目符号或编号格式,完成设置。或者选择【定义新项目符号】命令,打开【定义新项目符号】对话框。
(4) 在【定义新项目符号】对话框中,可以自定义一种项目符号,如图4-47所示。

对话框中各选项的功能如下所示。

- 【符号】按钮:单击打开【符号】对话框,可以选择合适的符号作为项目符号。
- 【图片】按钮:单击打开【插图图片】窗口,可以浏览或者搜索选择合适的图片作为项目符号。
- 【字体】按钮:单击打开【字体】对话框,可设置项目符号的字体格式。
- 【对齐方式】下拉列表:在该下拉列表框中列出了3种项目符号的对齐方式左对齐、右对齐和居中对齐。

● 【预览】框：可以预览用户设置的项目符号效果。

同样，在【编号】按钮下拉列表中选择【定义新编号格式】命令，打开【定义新编号格式】对话框，在【定义新项目符号】对话框中，在【编号样式】下拉列表中选择编号样式，在【编号格式】文本框中输入起始编号，单击【字体】按钮，可以在打开的对话框中设置项目编号的字体，在【对齐方式】下拉列表中选择编号的对齐方式，如图 4-48 所示。

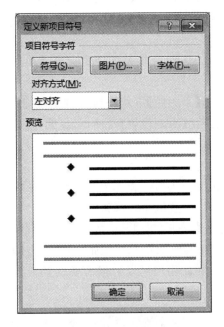

图 4-47 【定义新项目符号】对话框

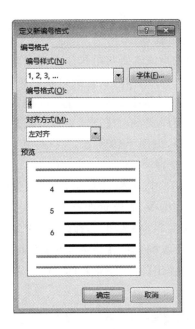

图 4-48 【定义新编号格式】对话框

2）使用浮动工具栏设置

选定要更改的文本后，浮动工具栏会自动出现，然后将指针移到浮动工具栏上，单击【项目符号】按钮或者【编号】按钮。

3．设置多级列表样式

多级符号可以清晰地表明各层次之间的关系，Word 2013 可给任意多级列表应用样式，具体方法如下。

（1）将光标定位到要添加多级符号列表的位置。

（2）单击【开始】选项卡，在【段落】组中单击【多级列表】按钮。

（3）在弹出的下拉列表中选择需要的项目符号或编号格式，完成设置。

4．单级列表转换为多级列表

通过更改列表项的分层级别，可将现有列表转换为列表库中多级列表，选择要移到其他级别的任何项目，单击【开始】选项卡，在【段落】组中单击【项目符号】下拉按钮或【编号】下拉按钮，从下拉列表中选择【更改列表级别】选项，选择所需的级别则改变级别。

5．取消项目符号和编号

单击或者选择多行列表中的项，单击【开始】选项卡，在【段落】组中单击【项目符号】下拉按钮或【编号】下拉按钮，从下拉列表中【项目符号库】或【编号库】中选择"无"。或者单击【开始】选项卡，在【字体】组中单击【清除格式】按钮，可取消项目符号和编号。

4.5 页面设置和预览打印

4.5.1 页面设置

在处理 Word 文档过程中,为了使文档页面更美观,用户可以根据需要规范文档的页面,如页边距、纸张大小、文档网格等。页面设置可在新建文档后,输入内容前设置。也可以在文档内容输入完毕后进行设置。

1. 页边距设置

页边距是指文本区与纸张边缘的距离。页边距如果设置的太宽会影响美观并且浪费纸张,如果太窄则会影响装订,设置页边距方法如下。

单击【页面布局】选项卡,在【页面设置】组中单击【页边距】下拉按钮,在弹出的下拉列表中选择一种页边距样式,单击【自定义页边距】命令则会弹出【页面设置】对话框,在此用户可以根据需要设置页边距,如图 4-49 所示。

2. 纸张设置

Word 2013 中,默认的页面方向为"纵向",纸张大小为"A4 纸",在制作某些特殊文档时,如名片、贺卡、收据等,需要对纸张大小及方向进行设置,设置纸张方法如下。

单击【页面布局】选项卡,在【页面设置】组中单击【纸张方向】下拉按钮,在弹出的下拉列表中选择横向或者纵向,单击【纸张大小】按钮,在弹出的下拉列表中选择纸张大小,单击【其他页面大小】命令则会弹出【页面设置】对话框【纸张】选项卡,在此用户可以根据需要设置纸张大小,如图 4-50 所示。

图 4-49 【页面设置】对话框

图 4-50 【页面设置】对话框【纸张】选项卡

3. 版式设置

单击【页面布局】选项卡,在【页面设置】组右下角单击对话框启动器按钮,在打开的【页面设置】对话框中,选择【版式】选项卡,可以对页眉、页脚距边界的距离以及页面的垂直对齐方式进行修改,如图 4-51 所示。

4. 文档网格设置

文档网格用于设置文档中文字排列的方向、每页的行数、每行的字数等内容。

单击【页面布局】选项卡，在【页面设置】组右下角单击对话框启动器按钮，在打开的【页面设置】对话框中，选择【文档网格】选项卡，可以对文本排列方向、每页行数、每行字符数及网格进行设置，如图 4-52 所示。

图 4-51 【页面设置】对话框【版式】选项卡

图 4-52 【页面设置】对话框【文档网格】选项卡

5. 分栏

在很多报纸杂志上分栏版面随处可见分栏效果，在 Word 2013 中可以很容易的进行分栏操作，设置分栏方法如下。

单击【页面布局】选项卡，在【页面设置】组中单击【分栏】按钮，在弹出的下拉列表中选择分栏样式，单击【更多分栏】命令，打开【分栏】对话框，在此用户可以根据需要设置分栏栏数、宽度和间距等，如图 4-53 所示。

6. 稿纸页面设置

Word 2013 提供了稿纸设置的功能，可以生成空白的稿纸样式文档。

单击【页面布局】选项卡，在【稿纸】组中单击【稿纸设置】按钮，在打开的【稿纸设置】对话框中，可以设置稿纸格式、网格颜色、稿纸行数列数、纸张大小、纸张方向及页眉、页脚等内容，如图 4-54 所示。

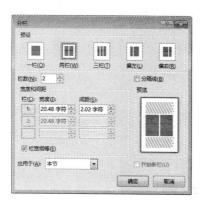

图 4-53 【分栏】对话框

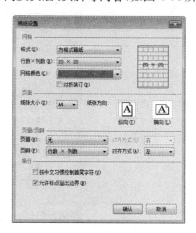

图 4-54 【稿纸设置】对话框

7. 页面背景设置

为了使文档更改生动美观,可以为文档设置丰富多彩的背景和主题。

1) 水印设置

水印是指在页面上的一种透明花纹,可以是一幅图画、一个图表或一种字体,创建的水印以灰色显示,成为页面背景。

单击【设计】选项卡,在【页面背景】组中单击【水印】按钮,在弹出的下拉列表中选择一种水印样式,单击【自定义水印】命令,则会弹出【自定义水印】对话框,在此用户可以根据需要设置文字或者图片水印效果,如图 4-55 所示。

2) 页面颜色设置

单击【设计】选项卡,在【页面背景】组中单击【页面颜色】按钮,在弹出的下拉列表中选择一种页面颜色,单击【其他颜色】命令,则会弹出【颜色】对话框,在此用户可以根据需要设置页面背景颜色,单击【填充效果】命令,则会弹出【填充效果】对话框,在此用户可以根据需要设置页面背景渐变色、纹理样式、图案样式或使用图片设置页面背景,如图 4-56 所示。

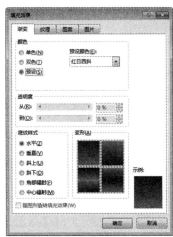

图 4-55 【水印】对话框   图 4-56 【填充效果】对话框

3) 主题设置

主题是一套统一的设计方案,为文档提供一套完整的格式,利用主题可以轻松创建精美的文档。

单击【设计】选项卡【文档格式】组【主题】按钮,在弹出的下拉列表中选择一种主题样式,如图 4-57 所示。用户还可以自定义设置主题样式,设置内容包括主题颜色、主题字体、主题效果等。

图 4-57 【主题】下拉列表

- 主题颜色:包括4种文本和背景颜色、6种强调文字颜色和两种超链接颜色,单击【设计】选项卡【文档格式】组【颜色】按钮,在弹出的下拉列表中选择一种主题颜色,单击【自定义颜色】命令,打开【新建主题颜色】对话框,在此可以自定义主题颜色,如图4-58所示。
- 主题字体:包括标题字体和正文字体,单击【设计】选项卡【文档格式】组【字体】按钮,在弹出的下拉列表中选择一种字体样式,单击【自定义字体】命令,打开【新建主题字体】对话框,在此可以自定义主题字体,如图4-59所示。

图 4-58 【新建主题颜色】对话框　　　　　图 4-59 【新建主题字体】对话框

- 主题效果:包括线条和填充效果,单击【设计】选项卡【文档格式】组【效果】按钮,在弹出的下拉列表中选择一种效果样式。

4.5.2 插入页眉、页脚

页眉是位于页面顶部,可以添加一些关于书名或者章节的信息。页脚处于最下端,通常会把页码放在页脚里。

1. 插入页眉、页脚

在插入页眉、页脚的过程中,可以使用 Word 提供的预设页眉样式,包括空白、边线型、传统型、瓷砖型、堆积型、反差型等。

单击【插入】选项卡,在【页眉和页脚】组中单击【页眉】或【页脚】下拉按钮,在弹出的下拉列表中选择页眉、页脚样式,返回到文档中,在页眉、页脚处输入内容,即可完成插入页眉、页脚的操作。

2. 编辑页眉、页脚

用户可以对已经插入的页眉、页脚进行编辑,单击【插入】选项卡,在【页眉和页脚】组中单击【页眉】按钮,在弹出的下拉列表中选择【编辑】页眉选项,在出现的【页眉和页脚工具设计】选项卡中进行设置,或者在页眉、页脚处双击,也可以进入页眉、页脚的编辑状态,如图4-60所示。

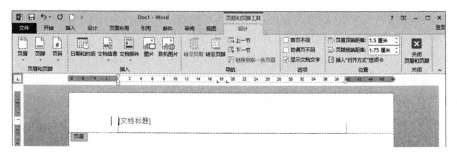

图 4-60 设置页眉、页脚格式

3. 给奇偶页设置不同的页眉

（1）单击【插入】选项卡，在【页眉和页脚】组中单击【页眉】按钮，在弹出的下拉列表中选择【编辑】页眉选项，进入页眉页脚编辑状态。

（2）在【页眉页脚工具设计】选项卡【选项】组选中【首页不同】和【奇偶页不同】复选框。

（3）返回到页眉编辑区，此时，页眉编辑区左上角出现"奇数页页眉"字样以提醒。在"奇数页页眉"编辑区中输入奇数页页眉内容，在"偶数页页眉"编辑区中输入偶数页页眉内容。

（4）单击【关闭页眉和页脚】按钮，完成设置，如图4-61所示。

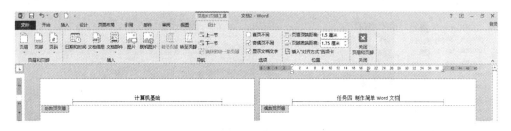

图4-61 奇偶页插入不同页眉

4.5.3 插入页码

页码是给文档每页所编的号码，就是书籍每一页面上标明次序的号码或其他数字，用于统计书籍的面数，以便于读者阅读和检索。在日常的文档编辑中，插入页码是非常必要的操作，尤其对于长文档的处理。页码一般都被添加在页眉或页脚中，页码也可以被添加到其他位置，插入页码的方法如下。

单击【插入】选项卡，在【页眉和页脚】组中单击【页码】按钮，从弹出的列表中选择页码的位置和样式，或者单击【设置页码格式】命令，打开【页码格式】对话框，在该对话框中可以进行页码的格式设置，如图4-62所示。

图4-62 【页码格式】对话框

4.5.4 插入分页符、分节符

使用正常模板编辑一个文档时，Word 2013将整个文档作为一个章节来处理，但在一些特殊情况下，例如，要求前后两页、一页中两部分之间有特殊格式时，操作起来相当不便。此时可在其中插入分页符或分节符。

分页符是分隔相邻页之间文档内容的符号，用来标记一页终止并开始下一页的点。分节符可以把一个较长的文档分成几节，就可以单独设置每节的格式和版式，从而使文档的排版和编辑更加灵活。在Word 2013中，可以很方便地插入分页符、分节符，设置方法如下。

单击【页面布局】选项卡，在【页面设置】组中单击【分隔符】按钮，从弹出的下拉列表中选择相应的分页符或分节符，分页符或分节符会插入到文档中，如图4-63所示。

要显示插入的分页符、分节符可以单击【文件】按钮选择【选项】选项，打开【Word选项】对话框【显示】选项卡，选中【显示所有格式标记】复选框，单击【确定】按钮即可，如果要删除分隔符，只需将光标定位在分隔符之前或者选中分隔符,然后按 Delete 键即可。

图 4-63　选择分隔符命令

4.5.5　文档预览打印

用户在对文档进行打印之前,可以先通过打印预览操作查看文档的打印效果,如果有不满意之处,可以在预览窗格中对文档进行编辑,直到满意再进行打印。

1. 预览文档

要预览文档可以单击【文件】按钮选择【打印】选项,在打开界面右侧的预览窗格中,可以预览打印文档的效果,可以拖动右下角的滑块对文档的显示比例进行调整,如图 4-64 所示。

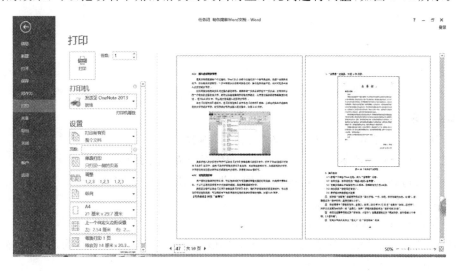

图 4-64　打印预览

2. 打印文档

要打印文档可以单击【文件】按钮选择【打印】选项,在打开界面中,可以设置打印文档的份数、打印机属性、打印页数和双面打印等,在【打印所有页】下拉列表中可以设置仅打印奇数页或仅打印偶数页,还可以设置打印所选定的内容或者打印当页,设置完成后,单击【打印】按钮,即可开始打印文档,如图 6-64 所示。

【任务实战】制作"自荐信"

1. 效果图

"自荐信"效果图,如图 4-65 所示。

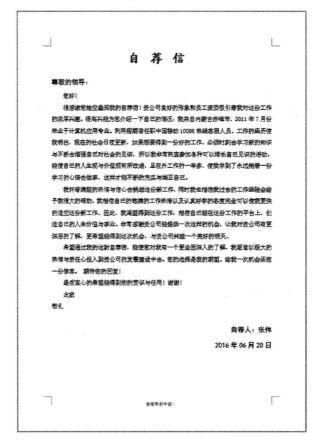

图 4-65 "自荐信"效果图

2. 操作要求

（1）新建一个空白 Word 文档。录入"自荐信"内容。

（2）保存文档,保存名称为"学号＋姓名＋自荐信",如"12 张伟自荐信"。

（3）设置页边距上、下、左、右都为"2.5 厘米",设置纸张大小为"A4 纸"。

（4）添加页脚"谢谢您的审阅！"。

（5）字符格式和段落格式设置。

① 将标题"自荐信"设置字符格式为"华文行楷、一号、加粗,字符间距为加宽 10 磅"。段落格式为"居中对齐、段后间距 0.5 行"。

② 将自荐信中"尊敬的领导"设置为"黑体、四号",对齐方式设置为"左对齐"。将"自荐人：张伟、2016 年 06 月 20 日"设置为"黑体、四号",对齐方式设置为"右对齐"。将"自荐人：张伟"所在的段落设置为"段前间距 20 磅"。

③ 将正文设置字符格式为"新宋体、小四号",设置段落格式为"两端对齐、首行缩进 2 个字符、1.5 倍行距"。

④ 利用水平标尺将正文"敬礼！"的"首行缩进"取消。

3. 操作步骤

(1) 新建空白文档。

(2) 保存文档,保存名称为"学号+姓名+自荐信"。

(3) 页面设置。

单击【页面布局】选项卡,在【页面设置】组中单击【页边距】按钮,在弹出的下拉列表中选择【自定义页边距】选项,打开【页面设置】对话框,设置页边距上、下、左、右都为"2.5厘米",设置纸张大小为"A4纸"。

(4) 设置页脚。

单击【插入】选项卡,在【页眉和页脚】组中单击【页脚】按钮,在弹出的下拉列表中选择"空白",返回到文档中,在页脚处输入"谢谢您的审阅!",单击【关闭页眉和页脚】按钮,完成操作。

(5) 录入自荐信的文字。

(6) 编辑文档。

① 单击【开始】选项卡,在【编辑】组中单击【替换】按钮,弹出【替换】对话框。

② 在【查找内容】文本框中输入"你",在【替换为】文本框中输入"您"。

③ 单击【全部替换】按钮,完成对文档的搜索并且完成8处替换。

(7) 字符格式设置。

① 选中标题"自荐信",单击【开始】选项卡,在【字体】组中设置字体格式为"华文行楷、一号、加粗";单击【开始】选项卡【字体】组右下角的对话框启动器按钮,打开【字体】对话框,在【字体】对话框【高级】选项卡中可以设置字符间距为"加宽10磅"。

② 选中"尊敬的公司领导、自荐人:张伟、2013年04月20日",单击【开始】选项卡,在【字体】组中设置字体格式为"黑体、四号字"。

③ 选中正文文字"您好"开始到"敬礼!",单击【开始】选项卡,在【字体】组中设置字体格式为"新宋体、小四号"。

(8) 段落格式设置。

① 选中标题"自荐信",单击【开始】选项卡【段落】组右下角的对话框启动器按钮,打开【段落】对话框,段落格式为"居中对齐、段后间距0.5行"。

② 选中正文文字"您好"开始到"敬礼!"结束,单击【开始】选项卡【段落】组右下角的对话框启动器按钮,打开【段落】对话框,设置段落格式为"两端对齐、首行缩进2个字符、1.5倍行距"。

③ 选中"自荐人:张伟、2013年04月20日",单击【开始】选项卡【段落】组右下角的对话框启动器按钮,打开【段落】对话框,设置为"右对齐",将"自荐人:张伟"所在的段落设置为"段前间距20磅"。

(9) 水平标尺。

利用水平标尺将正文"敬礼!"的"首行缩进"取消。

(10) 保存文档。

单击【文件】按钮选择【保存】选项,或者单击快速访问工具栏中的【保存】按钮。

【其他典题1】制作"关于组织观看电视新闻纪录片的通知"文档

1. 效果图

"关于组织观看电视新闻纪录片的通知"文档效果图,如图4-66所示。

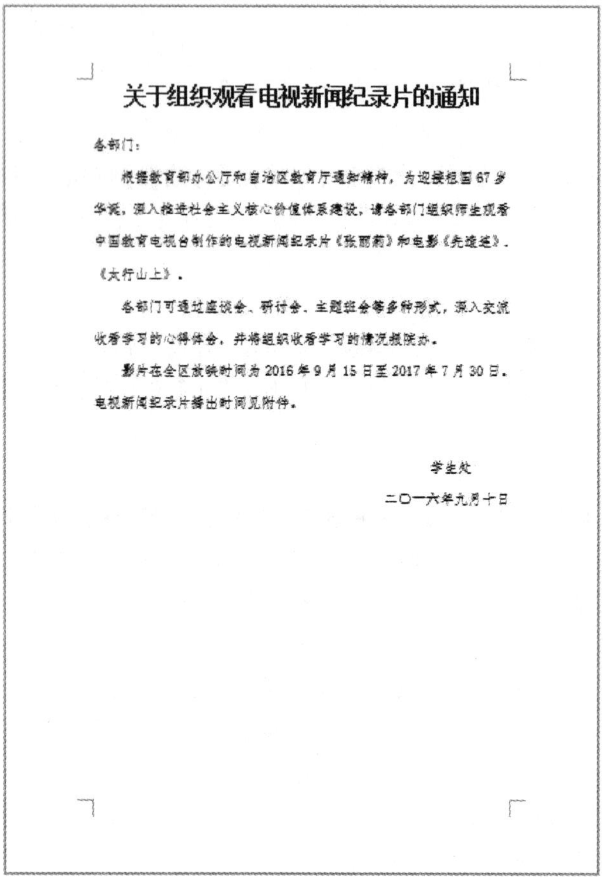

关于组织观看电视新闻纪录片的通知

各部门：

根据教育部办公厅和自治区教育厅通知精神，为迎接祖国67岁华诞，深入推进社会主义核心价值体系建设，请各部门组织师生观看中国教育电视台制作的电视新闻纪录片《张丽莉》和电影《先遣连》、《太行山上》。

各部门可通过座谈会、研讨会、主题班会等多种形式，深入交流收看学习的心得体会，并将组织收看学习的情况报院办。

影片在全区放映时间为2016年9月15日至2017年7月30日。电视新闻纪录片播出时间见附件。

学生处

二〇一六年九月十日

图 4-66 “关于组织观看电视新闻纪录片的通知”效果图

2. 操作要求

(1) 新建一个空白 Word 文档。录入“关于组织观看电视新闻纪录片的通知”内容。

(2) 保存文档，保存名称为“学号＋姓名＋关于组织观看电视新闻纪录片的通知”。

(3) 设置页边距上、下、左、右都为“2.5 厘米”，设置纸张大小为“A4 纸”。

(4) 文档排版。

① 将标题“关于组织观看电视新闻纪录片的通知”设置字符格式为“宋体、二号、加粗”。段落格式为“居中对齐、段后间距 0.5 行”。

② 将正文设置字符格式为“仿宋、四号”，设置段落格式为“两端对齐、首行缩进 2 个字符、1.5 倍行距”。

③ 将最后两段“学生处、二〇一六年九月十日”设置字符格式为“仿宋、四号”，段落格式为“右对齐”，参照效果图调整“学生处”位置。将“学生处”所在的段落设置为“段前间距 10 磅”。

【其他典题 2】制作“公寓安全文明月活动方案”文档

1. 效果图

“公寓安全文明月活动方案”文档效果图，如图 4-67 所示。

2. 操作要求

(1) 新建一个空白 Word 文档。录入“公寓安全文明月活动方案”内容。

(2) 保存文档，保存名称为“学号＋姓名＋公寓安全文明月活动方案”。

(3) 设置页边距上、下、左、右都为“2.5 厘米”，设置纸张大小为“A4 纸”。

(4) 添加页眉“公寓安全文明月活动”。

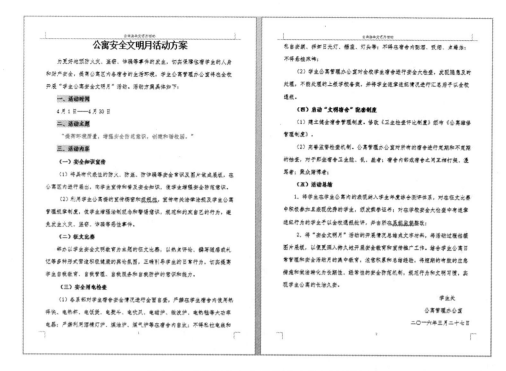

图 4-67 "公寓安全文明月活动方案"效果图

(5) 文档排版。

① 将标题"公寓安全文明月活动方案"设置字符格式为"宋体、二号、加粗"。段落格式为"居中对齐、段后间距 0.5 行"。

② 将正文设置字符格式为"仿宋、四号",设置段落格式为"两端对齐、首行缩进 2 个字符、1.5 倍行距"。

③ 对"一、活动时间,二、活动主题,三、活动内容"。设置字体格式"加粗",加"灰色"底纹。

④ 对"(一)安全知识宣传,(二)征文比赛,(三)安全用电检查,(四)启动"文明宿舍"配套制度,(五)活动总结"设置字体格式"加粗"。

⑤ 将"提高环境质量,增强安全防范意识,创建和谐校园。"设置字体格式"加粗",字体颜色为"红色"。

⑥ 将最后三段"学生处、公寓管理办公室、二〇一六年三月二十七日"设置段落格式为"右对齐",参照效果图调整"学生处、公寓管理办公室"位置。将"学生处"所在的段落设置为"段前间距 10 磅"。

【其他典题 3】制作"加入学生会申请书"文档

1. 效果图

"加入学生会申请书"文档效果图,如图 4-68 所示。

2. 操作要求

(1) 新建一个空白 Word 文档。录入"加入学生会申请书"内容。

(2) 保存文档,保存名称为"学号+姓名+加入学生会申请书"。

(3) 设置页边距上、下、右都为"2.5 厘米",左为"2.7 厘米",设置纸张大小为"A4 纸"。

(4) 文档排版。

① 将标题"加入学生会申请书"设置字符格式为"宋体、二号、加粗"。段落格式为"居中对齐、段后间距 0.5 行"。

② 将正文设置字符格式为"仿宋、三号",设置段落格式为"两端对齐、首行缩进 2 个字符、1.5 倍行距"。

③ 将最后两段"申请人:王磊,2016 年 6 月 24 日"设置段落格式为"右对齐",将"申请人:王磊"所在的段落设置为"段前间距 10 磅"。

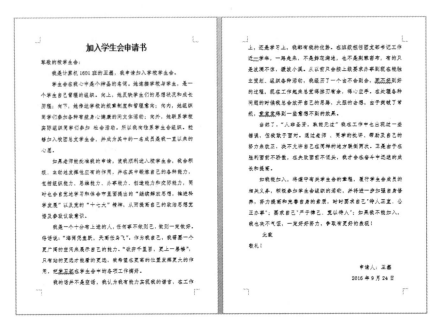

图 4-68 "加入学生会申请书"效果图

【其他典题 4】制作"请假条"文档

1. 效果图

"请假条"文档效果图,如图 4-69 所示。

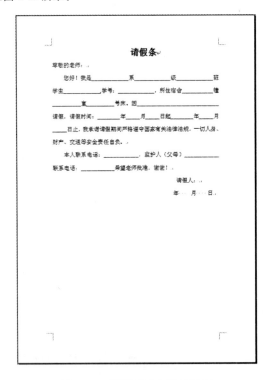

图 4-69 "请假条"文档效果图

2. 操作要求

(1) 新建一个空白 Word 文档。录入"请假条"内容。

(2) 保存文档,保存名称为"学号+姓名+请假条"。
(3) 设置页边距上、下、左、右都为"2.5厘米",设置纸张大小为"A4纸"。
(4) 文档排版
① 将标题"请假条"设置字符格式为"宋体、二号、加粗"。段落格式为"居中对齐、段后间距 0.5 行"。
② 将正文设置字符格式为"宋体、四号",设置段落格式为"两端对齐、首行缩进 2 个字符、1.5 倍行距"。
③ 将最后两段"请假人及年月日"设置段落格式为"右对齐",参照效果图调整"请假人及年月日"位置。将"请假人"所在的段落设置为"段前间距10 磅"。

【其他典题 5】制作"借条"文档

1. 效果图

"借条"文档效果图,如图 4-70 所示。

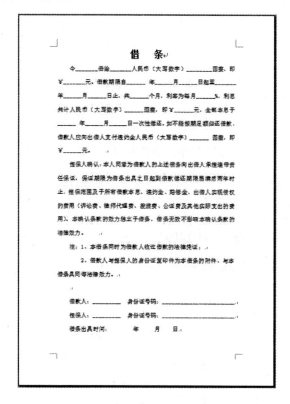

图 4-70 "借条"文档效果图

2. 操作要求

(1) 新建一个空白 Word 文档。录入"借条"内容。
(2) 保存文档,保存名称为"学号+姓名+借条"。
(3) 设置页边距上、下、左、右都为"2.5厘米",设置纸张大小为"A4纸"。
(4) 文档排版。
① 将标题"借条"设置字符格式为"宋体、二号、加粗"。段落格式为"居中对齐、段后间距 0.5 行"。
② 将正文设置字符格式为"宋体、四号",设置段落格式为"两端对齐、首行缩进 2 个字符、1.5 倍行距"。

【其他典题 6】制作"车辆维修保养与管理制度"文档

1. 效果图

"车辆维修保养与管理制度"文档效果图,如图 4-71 所示。

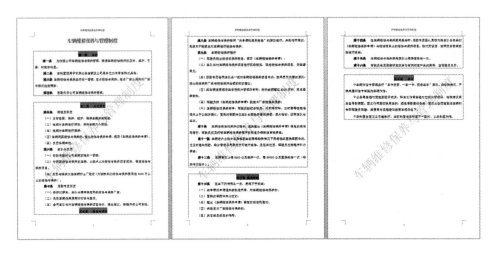

图 4-71 "车辆维修保养与管理制度"文档效果图

2. 操作要求

(1) 新建一个空白 Word 文档。录入"车辆维修保养与管理制度"内容。
(2) 保存文档,保存名称为"学号＋姓名＋车辆维修保养与管理制度"。
(3) 设置页边距上、下、左、右都为"2.5 厘米",设置纸张大小为"A4 纸"。
(4) 文档排版。
① 将标题"车辆维修保养与管理制度"设置字符格式为"宋体、小二号、加粗、红色"。段落格式为"居中对齐、段后间距 0.5 行"。
② 将正文设置字符格式为"宋体、小四号",设置段落格式为"两端对齐、首行缩进 2 个字符、1.5 倍行距"。
③ 添加页眉"车辆维修保养与管理制度",页脚添加页码,对齐方式为"居中对齐"。
④ 参照效果图添加边框底纹。
⑤ 背景添加文字水印"车辆维修保养与管理制度"。

【其他典题 7】制作"劳动合同"文档

1. 效果图

"劳动合同"文档效果图,如图 4-72 所示。

图 4-72 "劳动合同"文档效果图

2. 操作要求

(1) 新建一个空白 Word 文档。录入"劳动合同"内容。
(2) 保存文档,保存名称为"学号＋姓名＋劳动合同"。
(3) 设置页边距上、下、左、右都为"2.5厘米",设置纸张大小为"A4纸"。
(4) 文档排版。
① 将标题"××市"、"劳动合同"设置字符格式为"华文中宋、小初号、加粗"。段落格式为"居中对齐"。
② 将正文设置字符格式为"仿宋、四号",设置段落格式为"两端对齐、首行缩进2个字符、1.5倍行距"。
③ 正文小标题"加粗"。
④ 整体参照效果图。

【其他典题8】制作"建筑公司公文"文档

1. 效果图

"建筑公司公文"文档效果图,如图4-73所示。

图4-73 "建筑公司公文"文档效果图

2. 操作要求

(1) 新建一个空白 Word 文档。录入"建筑公司公文"内容。
(2) 保存文档,保存名称为"学号＋姓名＋建筑公司公文"。
(3) 设置页边距页面设置:上为"3.7厘米",下为"3.5厘米",左为"2.8厘米",右为"2.6厘米"。设置纸张大小为"A4纸"。
(4) 文档排版。
① 文头(随州市黄龙建筑工程有限公司文件)的字符格式为"一号、黑体、加粗、红色、居中、字符间距为1.7磅"。
② 发文字号(随黄龙[2014]35号)字符格式为"四号、仿宋体、黑色"。
③ 标题(随县交通运输综合服务大楼项目经理部组成人员的通知)字符格式为"三号、黑体、加粗、黑色、居中"。

④ 主送机关(各单位:)字符格式为"四号、仿宋体、黑色"。
⑤ 正文字符格式为"四号、仿宋体、黑色、首行缩进2个字符、1.5倍行距"。
⑥ 日期(二〇一四年十月十五日)字符格式为"四号、仿宋体、黑色、右对齐","零"可写为"〇"。
⑦ 主题词(主题词:人员组成通知)字符格式为"小三号、黑体、黑色、加粗"。
⑧ 印发说明(随州市黄龙建筑工程有限公司办公室二〇一四年十月十五日印)字符格式为"小三号、仿宋体、黑色"。

【其他典题9】制作"道桥防水施工方案"文档

1. 效果图

"道桥防水施工方案"文档效果图,如图4-74所示。

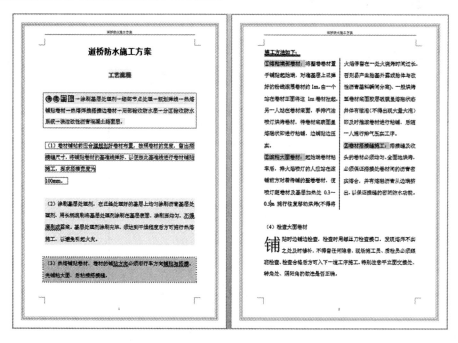

图4-74 "道桥防水施工方案"文档效果图

2. 操作要求

(1) 新建一个空白Word文档。录入"道桥防水施工方案"内容。
(2) 保存文档,保存名称为"学号+姓名+建筑公司公文"。
(3) 设置页边距上、下、左、右均为"2.5厘米",设置纸张大小为"A4纸"。
(4) 文档排版。
① 将标题"道桥防水施工方案"设置字符格式为"宋体、二号、加粗"。段落格式为"居中对齐"。
② 将"工艺流程"设置字符格式为"宋体、三号、加粗",添加"发光"文字效果、"黄色"底纹。段落格式为"居中对齐"。
③ 将正文设置字符格式为"宋体、四号",设置段落格式为"两端对齐、首行缩进2个字符、1.5倍行距"。
④ 1～4段参照效果图设置边框底纹。
⑤ 参照效果图添加页面边框。
⑥ 施工方法分"两栏",小标题加"灰色"底纹。
⑦ 最后一段设置"首字下沉"。
⑧ 添加页眉"道桥防水施工方案",页脚添加页码,对齐方式为"居中对齐"。
⑨ 整体参照效果图。

任务 5　制作图文混排文档

Word 2013 除了拥有强大的文本处理功能外,还拥有便捷的图文混排功能。在文档中插入图片类型的对象后,通过设置图片格式,可以使图文合理地编排在文档中,从而使阅读者不仅能清晰地了解文档内容,而且还能享受视觉的美感。

【工作情景】

马上就要放暑假了,张伟和几位同学想利用假期做一份电脑维修的工作来锻炼自己、充实自己,于是张伟和几位同学成立了"智超电脑维修小组"。现在需要给电脑维修小组制作一份精美的宣传单。

【学习目标】

(1) Word 2013 图片的插入和编辑;
(2) Word 2013 艺术字的插入和编辑;
(3) Word 2013 形状的插入和编辑;
(4) Word 2013 文本框的插入和编辑;
(5) Word 2013 公式的插入和编辑。

【效果展示】

"电脑维修宣传单"效果图,如图 5-1 所示。

图 5-1　"电脑维修宣传单"文档效果图

【知识准备】

5.1 插入及编辑图片

5.1.1 插入图片

为了使文档更加美观、生动,可以在其中插入图片对象。在 Word 2013 中,不仅可以插入系统提供的图片,还可以从其他程序或位置导入图片,甚至可以使用屏幕截图功能直接从屏幕中截取画面。

1. 插入剪贴画

Word 2013 所提供的剪贴画库内容非常丰富,设计精美、构思巧妙,能够表达不同的主题,适合制作各种文档,插入方法如下。

① 将光标定位到要插入剪贴画的位置,单击【插入】选项卡,在【插图】组中单击【联机图片】按钮,打开【插入图片】对话框。

② 在打开的【插入图片】对话框中输入要搜索的内容,单击【搜索】按钮,系统会自动查找电脑与网络上的剪贴画文件。

③ 选择需要插入的剪贴画,单击剪贴画即可完成剪贴画的插入操作,如图 5-2 所示。

2. 插入来自文件的图片

用户可以直接将保存在电脑中的图片插入 Word 文档中,也可以将扫描仪或其他图形软件插入图片到 Word 文档中,插入方法如下。

① 将光标定位到要插入图片的位置,单击【插入】选项卡,在【插图】组中单击【图片】按钮,打开【插入图片】对话框。

② 在打开的【插入图片】对话框中选择要插入的图片,单击【插入】按钮,完成图片的插入操作,如图 5-3 所示。

图 5-2 插入剪贴画

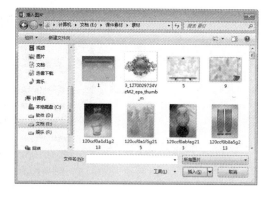

图 5-3 插入图片

3. 插入截图图片

如果需要在 Word 文档中使用网页中的某个图片或者图片的一部分,则可以使用 Word 提供的【屏幕截图】功能来实现,插入方法如下。

① 将光标定位到要插入图片的位置,单击【插入】选项卡,在【插图】组中单击【屏幕截图】按钮。

② 在弹出的下拉列表中选择一个需要截图的窗口,即可将该窗口截取并显示在文档中,选

择【屏幕剪辑】命令光标变成黑色十字,可通过鼠标拖动自定义截图大小,如图 5-4 所示。

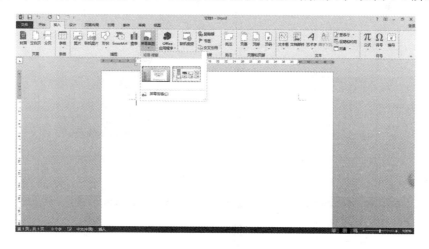

图 5-4　插入截图

5.1.2　编辑图片

插入图片后,会自动打开【图片工具格式】选项卡,使用相应功能工具,可以对图片进行编辑。

1. 设置图片与文字的环绕方式

在长文档中,通常都是以图片和文档结合的方式进行描述,所以在排版方式上,有时需要将图片插入到文字中间,起到相互呼应的效果,操作方法有以下 3 种。

(1) 选中图片,在图片右上角会出现一个【布局选项】按钮,单击该按钮在弹出的下拉列表中选择文字环绕方式,如图 5-5 所示。

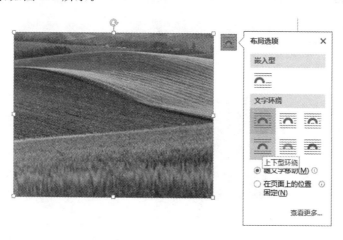

图 5-5　图片布局选项

(2) 选中图片,单击【图片工具格式】选项卡,在【排列】组中单击【位置】按钮,在弹出的下拉列表中选择文字环绕方式,选择【其他布局选项】命令会打开【布局】对话框【位置】选项卡,在此可以精确设置图片水平垂直位置。

(3) 选中图片,单击【图片工具格式】选项卡,在【排列】组中单击【自动换行】按钮,在弹出的下拉列表中选择文字环绕选项,选择【其他布局选项】命令打开【布局】对话框【文字环绕】选项卡,在此可以精确设置图片文字环绕方式及距正文的距离,如图 5-6 所示。

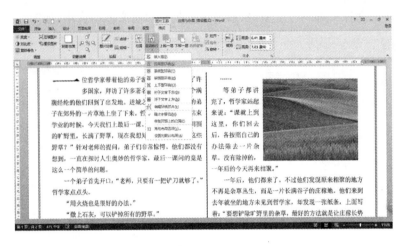

图 5-6 设置图片文字环绕方式

2. 调整图片大小和旋转图片

1) 调整图片大小

选择需要调整的图片,将光标指向边框上的控制点,当光标变成横向或纵向的箭头时,按住并拖动鼠标,即可调整图片高度或宽度;如果光标为斜向双箭头时,按住并拖动鼠标,即可等比例调整图片大小,在有些文档中,需要将图片调整为特定高度或宽度,这就需要进行精确的参数设置,操作方法如下。

选中需要编辑的图片,单击【图片工具格式】选项卡,在【大小】组中输入宽度高度值,按 Enter 键确认,如图 5-7 所示。或者单击【大小】组右下角对话框启动器按钮,打开【布局】对话框【大小】选项卡,在此可以精确设置图片的高度、宽度、旋转角度、缩放等,如图 5-8 所示。

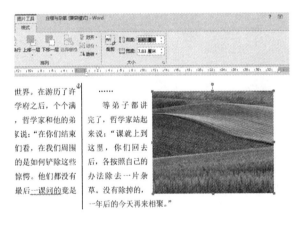

图 5-7 调整图片大小

图 5-8 【布局】对话框【大小】选项卡

2) 旋转图片

将图片插入到文档中后,有时为了让文档看起来更美观,或凸显其个性,需要将图片设置一个特定的旋转角度,插入方法如下。

选中图片,单击【图片工具格式】选项卡,在【排列】选项组中单击【旋转】按钮,在弹出的下拉列表中选择旋转样式,文档中的图片会自动预览旋转效果,如图 5-9 所示。

3. 调整图片对齐方式

将图片插入到文档中后,有时为了让文档看起来更美观,需要将图片按照一定方式对齐,操作方法如下。

按住 Shift 键单击选中需要对齐的图片,单击【图片工具格式】选项卡,在【排列】选项组中单击【对齐】按钮,在下拉菜单中选择对齐方式,文档中的图片会自动预览对齐效果。

4. 裁剪

插入 Word 文档中的图片有时需要进行重新裁剪,只保留图片中需要的部分,较之以前的版本,Word 2013 的图片裁剪功能更为强大,其不仅能够实现常规的图像裁剪,即按照矩形对图像进行裁剪,还可以将图像裁剪为不同的形状。

1) 使用鼠标拖动控制柄裁剪图像

选中图片,单击【图片工具格式】选项卡,在【大小】组中单击【裁剪】按钮,图片四周出现裁剪框,拖动裁剪框上的控制柄调整裁剪框包围图像的范围,如图 5-10 所示。操作完成后按 Enter 键,裁剪框外的图像将被删除。

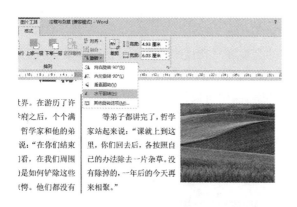

图 5-9 旋转图片

图 5-10 使用鼠标拖动控制柄裁剪图像

2) 设置纵横比调整图片

选中图片,单击【图片工具格式】选项卡,在【大小】组中单击【裁剪】按钮,在打开的下拉列表中单击【纵横比】选项,在级联列表中选择裁剪图像使用的纵横比,如图 5-11 所示。此时,Word 将按照选择的纵横比创建裁剪框,按 Enter 键,Word 将按照选定的纵横比裁剪图片。

3) 按照形状裁剪图片

选中图片,单击【图片工具格式】选项卡,在【大小】组中单击【裁剪】按钮,在打开的下拉列表中选择【裁剪为形状】选项,在级联列表中选择形状,如图 5-12 所示。此时,图像被裁剪为指定的形状。

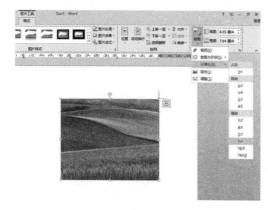

图 5-11 按纵横比裁剪图片

图 5-12 按照形状裁剪图片

5. 修饰图片

1）添加图片预设样式

在文档中插入图片后，通常还需要设置图片的样式来改善图片的显示效果，操作方法如下。

选中图片，单击【图片工具格式】选项卡，在【图片样式】组中可以详细设置图片样式。

其他按钮功能如下。

● 【其他】按钮：在下拉列表中可以选择预设的图片样式，文档中的图片会自动预览图片样式效果。

● 【图片边框】按钮：在下拉列表中可以为形状轮廓选择颜色宽度和线型等。

● 【图片效果】按钮：在下拉列表中可以对图片应用某种视觉效果，如阴影、发光、映像、三维效果等，如图5-13所示。

● 【图片版式】按钮：在下拉列表中可以将所选图片转化为SmartArt图形，可以轻松的排列、添加标题并调整图片大小。

2）设置图片色彩和色调

在文档中插入图片后，通常还需要设置图片的亮度和对比度来改善图片的显示效果，或是为了工作需要，将图片色彩设置灰度效果，操作方法如下。

选中图片，单击【图片工具格式】选项卡，在【调整】组中可以详细设置图片色彩和色调。

其他按钮功能如下。

● 【颜色】按钮：在下拉列表中可以设置图片色调饱和度及透明色等，如图5-14所示。

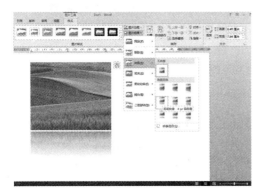

图5-13　设置图片样式　　　　　　　　图5-14　设置图片色彩和色调

● 【更正】按钮：在下拉列表中可以设置亮度对比度等。

● 【艺术效果】按钮：在下拉列表中可以设置图片艺术效果。

3）删除背景

插入图片的时候，并不想要图片的全部内容，只需提取局部的图像，Word 2013新增的删除背景功能可以轻松实现，操作方法如下。

（1）选中图片，单击【图片工具格式】选项卡，在【调整】组中单击【删除背景】按钮，此时图片背景会变为紫色。

（2）如果图片背景还有没删除的地方，则拉动裁剪边框进行调整，或者单击【背景消除】选项卡【标记要保留的区域】按钮，用线条绘制出要保留的区域。

（3）单击【背景消除】选项卡【标记要删除的区域】按钮，用线条绘制出要删除的区域，直到背景色全部变成紫色，调整好后移开鼠标即可看到图片删除背景后的效果，如图5-15所示。

图 5-15　删除背景

4）压缩图片

当在 Word 中插入很多的图片时，将会使得文件变大，这种情况，可以使用 Word 2013 提供了压缩图片的功能来压缩图片减少文件的大小，与此同时付出的代价是等同的，那就是降低图片的清晰度，而且是不可逆，无法还原的，设置方法如下。

选中图片，单击【图片工具格式】选项卡，在【调整】组中单击【压缩图片】按钮，打开【压缩图片】对话框，在对话框中压缩选项区域选中【删除图片的裁减区域】复选框，Word 会将在文件中裁剪图片的区域直接删除。在目标输出区域选取一种目标输出模式，ppi 值愈小，文件也会愈小。

5）更改图片

如果对插入的图片不满意，想要更改图片，可以选中图片，单击【图片工具格式】选项卡，在【调整】组中单击【更改图片】按钮，打开【插入图片】窗口，浏览选择图片，单击【插入】按钮，即可使用新图片替换原来的图片。

6）重设图片

如果想重新设置图片的格式，可以选中图片，单击【图片工具格式】选项卡，在【调整】组中单击【重设图片】按钮，在弹出的下拉列表中选择【重设图片】命令，将取消之前对图片所做的设置。

5.2　插入及编辑艺术字

Word 软件提供了艺术字功能，可以把文档的标题以及需要特别突出的地方用艺术字显示出来，使文章更生动、醒目。使用 Word 2013 可以创建出各种文字的艺术效果，甚至可以把文本扭曲成各种各样的形状或设置为具有三维轮廓的效果。

5.2.1　插入艺术字

在输入文字时有时会希望文字有一些特殊的显示效果，让文档更生动、活泼，可以通过插入艺术字来实现，插入方法如下。

（1）将光标定位到要插入艺术字的位置，单击【插入】选项卡，在【文本】组中单击【艺术字】按钮，在弹出的下拉列表中选择一种艺术字样式，如图 5-16 所示。

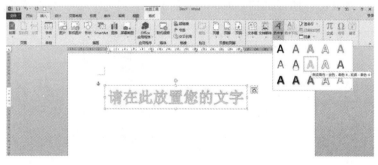

图 5-16　插入艺术字

（2）在文档中将插入一个艺术字输入框【请在此放置您的文字】，输入艺术字内容，单击文档空白处，完成艺术字插入。

5.2.2 编辑艺术字

在文档中插入艺术字后，艺术字在文档中是以图片的形式存在的，用户可以对艺术字的效果进行设置，设置方法如下。

选中艺术字，单击【绘图工具格式】选项卡，在【艺术字样式】组中可以详细设置艺术字样式。其他按钮功能如下。

● 【其他】按钮：在下拉列表中可以可以选择一种预设的艺术字样式，文档中的艺术字会自动预览艺术字样式效果。
● 【文本填充】按钮：在下拉列表中可以使用纯色、渐变、纹理或图片填充文本。
● 【文本轮廓】按钮：在下拉列表中可以选择颜色、宽度和线条样式来自定义文本轮廓。
● 【文本效果】按钮：在下拉列表中可以为文字添加视觉效果，如底纹、发光或反射等，如图 5-17 所示。

图 5-17　编辑艺术字

5.3　插入及编辑 SmartArt 图形

Word 2013 提供了 SmartArt 图形的功能，用来说明各种概念性的内容。使用该功能可以非常轻松地插入组织结构、业务流程等图示，从而制作出专业设计水准的图示图形。

5.3.1　插入 SmartArt 图形

SmartArt 图形共分 8 种类别：列表、流程、循环、层次结构、关系、矩阵、棱锥图和图片，用户可以根据自己的需要创建不同的图形，插入方法如下。

单击【插入】选项卡，在【插图】组中单击 SmartArt 按钮，打开【选择 SmartArt 图形】对话框，根据需要选择合适 SmartArt 图形选项，如图 5-18 所示。

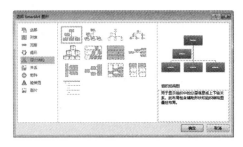

图 5-18　插入 SmartArt 图形

5.3.2 编辑 SmartArt 图形

在文档中插入 SmartArt 图形后,如果对预设的效果不满意,则可以在 SmartArt 工具的【设计】和【格式】选项卡中对其进行编辑操作,如添加和删除形状,套用形状样式等。

选中项目,单击【SmartArt 工具设计】选项卡,在【创建图形】组中可以添加形状、升降级项目等。在【布局】组可以更改 SmartArt 布局。在【样式】组中可以更改 SmartArt 颜色、样式等,如图 5-19 所示。

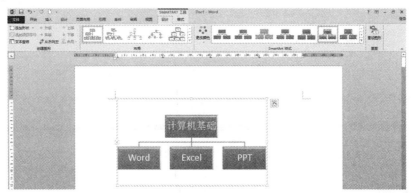

图 5-19　SmartArt 工具设计选项卡

选中项目,单击【SmartArt 工具格式】选项卡,在【形状】组可以更改 SmartArt 图形形状、增大或减小,在【形状样式】组可以设置 SmartArt 图形的形状填充、轮廓、效果等,在【艺术字】组可以设置艺术字样式等,如图 5-20 所示。

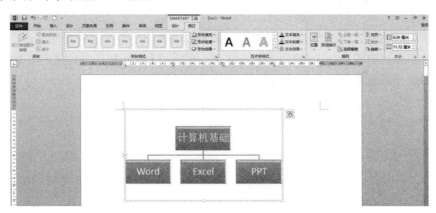

图 5-20　SmartArt 工具格式选项卡

5.4　插入及编辑形状

在文档编辑中,可以插入一些形状,增加文档的效果。在 Word 文档中可以插入的形状包括线条、基本几何形状、箭头、公式形状、流程图形状、星、旗帜和标注等,在 Word 2007 之前的版本叫作插入自选图形,从 Word 2007 开始将插入自选图形改为插入形状。

5.4.1　插入形状

Word 2013 中的形状是一些现成的图形,如矩形、箭头、圆和线条等。用户可以根据编辑需要插入形状,使文档内容更加直观,插入方法如下。

（1）单击【插入】选项卡，在【插图】组中单击【形状】按钮，在弹出的下拉列表中选择形状选项。

（2）在文档中按住鼠标左键拖动绘制对应形状，如图5-21所示。

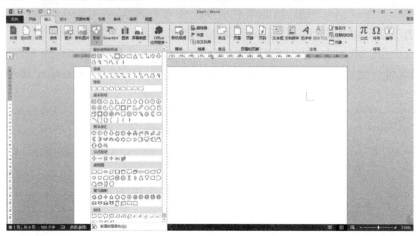

图5-21　插入形状

5.4.2　编辑形状

1．调整大小形状

选中需要调整的形状，将鼠标指向形状四角的8个白色正方形控制点，当指针变为双向箭头时拖动鼠标，可以调整形状大小，将鼠标指向黄色正方形控制点，鼠标将变成白色小箭头，拖动鼠标将改变图形的形状，如图5-22所示。

2．图形旋转

将鼠标指向形状上方旋转箭头，鼠标将变成圆形箭头形状，拖动鼠标则图形随之进行旋转，到合适时放开即完成旋转。单击【绘图工具格式】选项卡，在【排列】组中单击【旋转】按钮，在弹出的下拉列表中选择相应命令进行图形的旋转，如图5-23所示。

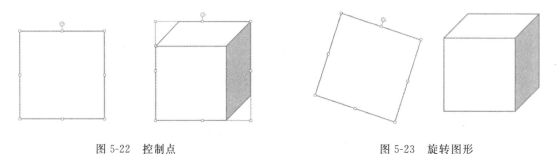

图5-22　控制点　　　　　　　　　图5-23　旋转图形

3．移动

图形对象的整体位置移动，可以通过上、下、左、右光标键来完成，也可以通过鼠标完成的，先选中图形，再将鼠标指向控制点边缘，使光标变成十字箭头，再拖动鼠标即可移动图形。

4．向形状添加文字

插入形状后，用户还可以在图形中添加文字，右击绘制的形状，在弹出的快捷菜单中选择【添加文字】选项，即可在图形中输入文字。

5．设置形状样式

用户可以像设置图片样式一样为插入的形状设置样式，以达到美化文档的效果，编辑方法如下。

选中形状,单击【绘图工具格式】选项卡,在【插入形状】组中可以继续插入形状,还可以编辑形状,在【形状样式】组可以可以设置形状的填充、轮廓、效果等,在【艺术字】组可以设置艺术字样式等,在【文本】组可以设置形状内添加文字的方向及对齐方式,如图 5-24 所示。

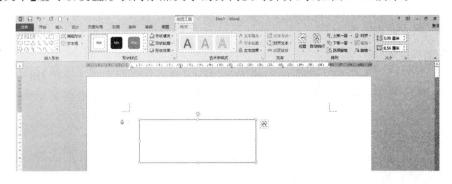

图 5-24　编辑形状

5.4.3　多个图形整体编辑

当绘制了多个图形时,多个图形之间的显示叠放位置、多个独立图形的整体编辑等,可通过绘图工具栏的相关按钮或者快捷菜单来完成。

1. 组合与取消组合

一个图形的绘制有时是通过绘制的多个基本图形组合而成的,当这个组合的图形要进行移动、改变大小等操作时,要对每个组成部分均进行分别设置。而将它们组合成一个大的图形,再进行如改变大小、移动等操作时,即可将操作大为简化,具体操作方法如下。

(1) 选中图形,按住 Shift 键,可同时选中多个图形对象。

(2) 单击【绘图工具格式】选项卡,在【排列】组中单击【组合】下拉按钮,在弹出的下拉列表中选择【组合】命令,或者右击在快捷菜单中选择【组合】命令。

(3) 已经组合成整体的图形在进行编辑操作时,有些属性是要对独立图形对象进行的,因此要将已经组合的整体撤销组合,与组合的设置方法类似,只是在【排列】组中单击【组合】下拉按钮,在弹出的下拉列表中选择【取消组合】命令,或者右击在快捷菜单中选择【取消组合】命令即可。

2. 叠放次序

多个图形的叠放次序默认的是最后绘制的图形放置在最上面,更改图形的叠放次序的方法如下。

(1) 选中要改变叠放次序的图形。

(2) 单击【绘图工具格式】选项卡,在【排列】组中单击【上移一层】/【下移一层】按钮,在下拉列表中选择新的位置,或者右击,在快捷菜单中选择【置于顶层】或【置于底层】命令,如图 5-25 所示。

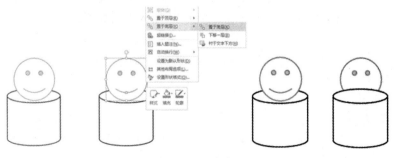

图 5-25　设置图形叠放次序

5.4.4 使用绘图画布

在 Word 2013 中插入自选图形,默认并没有画布,而是鼠标直接画出,使用绘图画布,可以将多个图形对象作为一个整体,在文档中移动、调整大小或设置文字环绕方式,画布内可以放置各种图形、图片、文本框、艺术字等。

1. 插入画布

将光标定位文档中需要插入绘图画布的位置,单击【插入】选项卡,在【插图】组中单击【绘形状形】按钮,在弹出的下拉列表中选择【新建绘图画布】选项,绘图画布将根据页面大小自动被插入到页面中。

2. 移动调整绘图画布

在画布上单击,画布出现阴影边框,然后将鼠标指针移到边框上,指针变成带箭头的十字形状,按住鼠标左键并拖动鼠标。将鼠标指针移到绘图画布边框四周的黑色线条控点上,按住鼠标左键拖动即可。还可以通过绘图画布工具栏自动调整画布大小。

3. 设置绘图画布格式

右击绘图画布,选择快捷菜单中的【设置绘图画布格式】命令,打开【设置形状格式】任务窗格,可以设置画布填充效果和线条样式。

4. 打开或关闭自动创建绘图画布

在 Word 2013 中按 Esc 键可以暂时让绘图画布消失,还可以设置每次插入自选图形或文本框时打开或关闭自动创建绘图画布,设置方法如下。

单击【文件】按钮,在下拉列表中选择【选项】选项,打开【Word 选项】对话框,在对话框中选择【高级】选项卡,在编辑选项区域中选中【插入自选图形时自动创建绘图画布】复选框,最后单击【确定】按钮,即可在插入形状时自动创建绘图画布。

如果删除绘图画布而保留其中的图形,先将图形拖到绘图画布以外的区域,然后选择绘图画布,按 Delete 删除即可。

5.5 插入及编辑文本框

文本框是一种可以在 Word 文档中独立进行文字输入和编辑的图片框,是一种图形对象,它作为存放文本或图形的容器,可置于页面中的任何位置,并可随意地调整其大小。在 Word 中,文本框用来建立特殊的文本,并且可以对其进行一些特殊的处理,如设置边框、颜色、版式格式,对文本框的操作和调整和对图片及自选图形的操作类似。

5.5.1 插入文本框

1. 插入内置文本框

Word 2013 提供了 44 种内置文本框,例如简单文本框、边线型提要栏和大括号型引述等。通过插入这些内置文本框,可快速制作出需要的文档,插入方法如下。

将光标定位到要插入文本框的位置,单击【插入】选项卡,在【文本】组中单击【文本框】下拉按钮,在弹出的下拉列表中选择一种文本框样式,如图 5-26 所示。

2. 绘制文本框

除插入文本框外,还可以根据需要手动绘制横排或竖排文本框,该文本框主要用于插入图片和文本等,插入方法如下。

将光标定位到要插入文本框的位置,单击【插入】选项卡,在【文本】组中单击【文本框】下拉按钮,在弹出的下拉列表中选择【绘制文本框】命令,在文档中按住鼠标左键拖动绘制水平文本框,在弹出的下拉列表中选择【绘制竖排文本框】命令,在文档中按住鼠标左键拖动绘制竖排文本框,绘制文本框后可直接输入文本框内容。

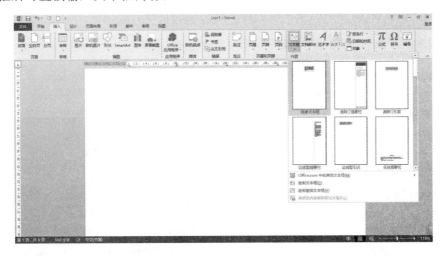

图 5-26 插入文本框

5.5.2 编辑文本框

选择文本框,单击【绘图工具格式】选项卡,在该选项卡中可以设置文本框的各种效果,编辑方法与编辑形状一致。

5.6 使 用 公 式

如果需要在文档中插入数学、物理等公式,Word 2013 集成了公式编辑器,为用户提供了多个数学专用符号,可以方便地编制所需的公式。

5.6.1 使用公式编辑器创建公式

使用公式编辑器可以方便地在文档中插入公式,方法如下。

单击【插入】选项卡,在【文本】组中单击【对象】按钮,打开【对象】对话框的【新建】选项卡,在【对象类型】列表框中选择【Microsoft 公式 3.0】选项,单击【确定】按钮,随后即可打开【公式编辑器】窗口和【公式】工具栏,公式中的虚线框为编辑区,可输入相应内容。

5.6.2 使用内置公式创建公式

在 Word 2013 的公式库中,系统提供了 9 款内置公式,利用这几款内置公式,用户可以方便地在文档中创建新公式,方法如下。

单击【插入】选项卡,在【符号】组中单击【公式】下拉按钮,在弹出的下拉列表中预设了 3 个内置公式,选择公式样式,即可在文档中插入该内置公式,插入内置公式后,系统自动打开【公式工具设计】选项卡,在【工具】组中,单击【公式】下拉按钮,填充内置公式下拉列表,在该列表框中选择一种公式样式,同样可以插入内置公式。

5.6.3 使用命令创建公式

除了使用公式库插入内置公式外,还可以执行插入公式命令在文档中插入与编辑特殊的数据公式,方法如下。

单击【插入】选项卡,在【符号】组中单击【公式】下拉按钮,在弹出的下拉列表中选择【插入新公式】选项,打开【公式工具设计】选项卡。在该窗口的【在此处键入公式】提示框中可以进行公式编辑,在【符号】组中,内置了多种符号,供用户输入公式,单击【其他】按钮,在弹出的列表框中单击【基础数学】下拉按钮,从弹出的菜单中选择其他类别的符号。

【任务实战】制作"电脑维修宣传单"

1. 效果图

"电脑维修宣传单"效果图,如图 5-27 所示。

2. 操作要求

(1) 新建一个空白 Word 文档。

(2) 保存文档,保存名称为"学号+姓名+电脑维修宣传单"。

(3) 设置页边距上、下、左、右都为"1 厘米",设置纸张大小为"A4 纸"。

(4) 设置渐变色背景,插入"树枝"图片并复制图片调整位置如图所示,插入电脑医生卡通图片调整位置大小如效果图所示。

(5) 输入文字"电脑专修,质量保证,诚信服务,为您解忧!",设置字符格式为"隶书、22 磅、红色、加粗"。

(6) 插入艺术字"电脑问题不用怕,智超帮你搞定它;电脑医生;电脑上门维修",参照效果图设置相应的艺术字格式。

(7) 输入维修项目及以下文字内容,设置"维修项目"字符格式设为"楷体、36 磅、加粗、红色"。其余文字字符格式设为"楷体、20 磅、加粗、黑色"。设置段落格式行间距为"固定值40 磅"。

图 5-27 "电脑维修宣传单"效果图

(8) 加项目符号如效果图所示。

(9) 插入椭圆形状,参照效果图设置相应的形状格式。

(10) 输入网址、电话等文字内容,字符格式为"楷体、18 磅、加粗、红色"。

3. 操作步骤

(1) 新建空白文档。

(2) 保存文档,保存名称为"学号+姓名+电脑维修宣传单"。

(3) 页面设置。

单击【页面布局】选项卡【页面设置】组【页边距】按钮,单击【自定义页边距】命令,弹出【页面设置】对话框,设置页边距上、下、左、右都为"1 厘米",设置纸张大小为"A4 纸"。

(4) 设置宣传单背景。

① 单击【设计】选项卡【页面背景】组【页面颜色】按钮,在弹出的下拉列表中选择【填充效果】命令,则会弹出【填充效果】对话框,在此根据效果图设置页面背景渐变色。

② 插入"树枝"图片。设置文字环绕方式为"四周型",复制图片并调整位置。

(5) 输入文字"电脑专修,质量保证,诚信服务,为您解忧!",设置字符格式为"隶书、22 磅、红色、加粗"。

(6) 插入艺术字"电脑问题不用怕,智超帮你搞定它;电脑医生;电脑上门维修",设置相应的艺术字格式。

（7）插入水平文本框，输入维修项目及以下文字内容，设置"维修项目"字符格式设为"楷体、36 磅、加粗、红色"。其余文字字符格式设为"楷体、20 磅、加粗、黑色"。设置段落格式行间距为"固定值 40 磅"。设置文本框无填充颜色无线条颜色。

（8）选中文字，单击【开始】选项卡【段落】组【项目符号】按钮，添加相应项目符号。

（9）插入电脑图片，调整位置大小，设置透明色或删除背景，插入椭圆形状，调整位置及颜色，如效果图所示。

（10）插入水平文本框，输入网址、电话等文字内容，字符格式为"楷体、18 磅、加粗、红色"。文本框设置无线条颜色，无填充颜色，如效果图所示。

【其他典题 1】制作"庄稼与杂草"文档

1. 效果图

"庄稼与杂草"效果图，如图 5-28 所示。

图 5-28　"庄稼与杂草"效果图

2. 操作要求

（1）新建一个空白 Word 文档。
（2）保存文档，保存名称为"学号＋姓名＋庄稼与杂草"。
（3）设置页边距上、下、左、右都为"2.5 厘米"，设置纸张方向为"横向"，纸张大小为"A4 纸"。
（4）插入艺术字"庄稼与杂草"，艺术字样式自定，设置"阴影"效果，调整位置大小。
（5）录入"庄稼与杂草"内容，字符格式为"宋体、四号"，段落格式为"两端对齐、首行缩进 2 字符、行间距固定值：25 磅"。
（6）将正文分为两栏，中间加分隔线。
（7）设置首字下沉两行。
（8）插入图片，调整位置大小如效果图所示。
（9）参照效果图加页面边框。

【其他典题 2】制作"设备维修流程图"

1. 效果图

"设备维修流程图"效果图，如图 5-29 所示。

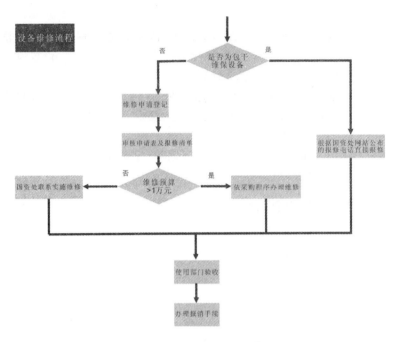

图 5-29 "设备维修流程图"效果图

2. 操作要求

(1) 新建一个空白 Word 文档。
(2) 保存文档,保存名称为"学号+姓名+设备维修流程图"。
(3) 设置页边距上、下、左、右都为"2.5 厘米",设置纸张方向为"横向",纸张大小为"A4 纸"。
(4) 输入"设备维修流程图",设置填充颜色。
(5) 参照效果图绘制形状及箭头,并添加文字。
(6) 形状样式自定。

【其他典题 3】制作"塔机施工梯租赁使用流程图"

1. 效果图

"塔机施工梯租赁使用流程图"效果图,如图 5-30 所示。

图 5-30 "塔机施工梯租赁使用流程图"效果图

2．操作要求

(1) 新建一个空白 Word 文档。
(2) 保存文档,保存名称为"学号＋姓名＋塔机施工梯租赁使用流程图"。
(3) 设置页边距上、下、左、右都为"2.5 厘米",纸张大小为"A4 纸"。
(4) 插入艺术字"塔机施工梯租赁使用流程图",艺术字样式自定。
(5) 参照效果图绘制形状及箭头并添加文字。
(6) 形状样式参照效果图。

【其他典题 4】制作"计算机的硬件系统结构"

1．效果图

"计算机的硬件系统结构"效果图,如图 5-31 所示。

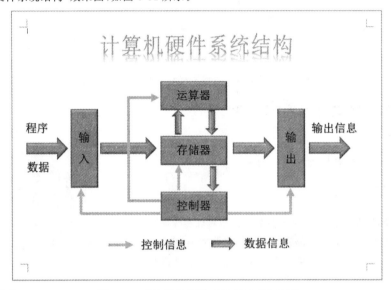

图 5-31 "计算机硬件系统结构"效果图

2．操作要求

(1) 新建一个空白 Word 文档。
(2) 保存文档,保存名称为"学号＋姓名＋计算机的硬件系统结构"。
(3) 设置页边距上、下、左、右都为"1.27 厘米",设置纸张方向为"横向",纸张大小为"A4 纸"。
(4) 插入艺术字"计算机的硬件系统结构",艺术字样式自定。
(5) 参照效果图绘制形状及箭头并添加文字。
(6) 形状样式参照效果图。
(7) 插入文本框,设置填充颜色无,轮廓颜色无,输入相应内容。

【其他典题 5】制作"城市一卡通系统运营流程图"

1．效果图

"城市一卡通系统运营流程图"效果图,如图 5-32 所示。

2．操作要求

(1) 新建一个空白 Word 文档。
(2) 保存文档,保存名称为"学号＋姓名＋城市一卡通系统运营流程图"。
(3) 设置页边距上、下、左、右都为"1.27 厘米",纸张大小为"A4 纸"。
(4) 参照效果图绘制形状及箭头,并添加文字。
(5) 参照效果图设置形状样式。

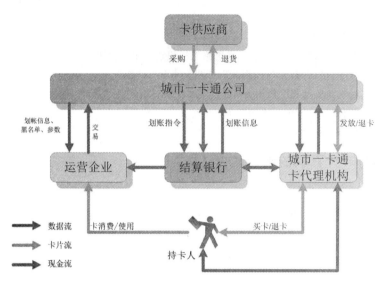

图 5-32 "城市一卡通系统运营流程图"效果图

【其他典题 6】制作"篮球对抗赛海报"

1. 效果图

"篮球对抗赛海报"效果图,如图 5-33 所示。

2. 操作要求

(1) 新建一个空白 Word 文档。
(2) 保存文档,保存名称为"学号+姓名+篮球对抗赛海报"。
(3) 设置页边距上、下、左、右都为"1 厘米",纸张大小为"A4 纸"。
(4) 设置页面颜色,设置渐变填充效果,渐变色由浅蓝到深蓝。
(5) 插入篮球对抗图片,调整位置大小如效果图所示。
(6) 插入艺术字"机械工程系"、"VS"、"汽车工程系"、"篮球对抗赛",艺术字样式自定,调整位置大小如效果图所示。
(7) 输入图片所示文本内容,字符格式为"楷体、一号、加粗"。段落格式为"段后 0.5 行、1.5 倍行距"。

【其他典题 7】制作"名片"

1. 效果图

"名片"效果图,如图 5-34 所示。

图 5-33 "篮球对抗赛海报"效果图

图 5-34 "名片"效果图

2．操作要求

（1）新建一个空白 Word 文档。

（2）保存文档，保存名称为"学号＋姓名＋名片"。

（3）设置页边距上、下、左、右都为"0 厘米"，设置自定义纸张大小的宽度为"8.8 厘米"、高度为"5.5 厘米"。

（4）参照效果图插入背景图片，绘制形状。

（5）插入汽车图片，调整大小位置如效果图所示。

（6）插入文本框输入姓名、电话、地址，文字格式自定。

【其他典题 8】制作"车展海报"

1．效果图

"车展海报"效果图，如图 5-35 所示。

2．操作要求

（1）新建一个空白 Word 文档。

（2）保存文档，保存名称为"学号＋姓名＋车展海报"。

（3）插入形状，调整位置大小，设置渐变填充效果，如效果图所示。

（4）插入图片，设置调整位置大小，如效果图所示。

（5）插入艺术字"欧美科技创新体验"、"2015 别克车载移动展厅灵动登场"，艺术字样式自定，调整位置大小如效果图所示。

（6）输入图片所示文本内容，文字格式段落格式自定。

（7）整体参照效果图。

【其他典题 9】制作"桥梁工程书籍封面"

1．效果图

"桥梁工程书籍封面"效果图，如图 5-36 所示。

图 5-35 "车展海报"效果图　　　　图 5-36 "桥梁工程书籍封面"效果图

2. 操作要求

（1）新建一个空白 Word 文档。

（2）保存文档，保存名称为"学号＋姓名＋桥梁工程书籍封面"。

（3）插入形状，输入文字"道路与桥梁工程技术专业实用创新技术系列图书"，调整位置大小，设置填充效果及样式，如效果图所示。

（4）插入图片，调整位置大小，如效果图所示。

（5）插入艺术字"桥梁工程"、"QIAOLIANG GONGCHENG"，艺术字样式自定，调整位置大小如效果图所示。

（6）插入形状燕尾形箭头，设置填充颜色，调整位置大小如效果图所示。

（7）输入图片所示文本内容，文字格式段落格式自定。

（8）整体参照效果图。

【其他典题 10】制作"建筑学杂志内页"

1. 效果图

"建筑学杂志内页"效果图，如图 5-37 所示。

图 5-37 "建筑学杂志内页"效果图

2. 操作要求

（1）新建一个空白 Word 文档。

（2）保存文档，保存名称为"学号＋姓名＋建筑学杂志内页"。

（3）输入竖排文字，自行设置文字格式、段落格式，如效果图所示。

（4）插入形状，调整位置大小，填充"黄色"，如效果图所示。

（5）插入建筑图片及墨迹，调整位置大小，如效果图所示。

（6）插入艺术字"创意"、"力量"，艺术字样式自定，调整位置大小如效果图所示。

（7）插入形状双括号，设置线宽，调整位置大小如效果图所示。

（8）输入图片所示文本内容，文字格式段落格式自定。

（9）整体参照效果图。

【其他典题 11】制作"演出幕布"

1. 效果图

"演出幕布"效果图,如图 5-38 所示。

图 5-38 "演出幕布"效果图

2. 操作要求

(1) 新建一个空白 Word 文档。
(2) 保存文档,保存名称为"学号+姓名+演出幕布"。
(3) 设置背景图片,如效果图所示。
(4) 插入"花纹"、"人物"图片,调整位置大小,如效果图所示。
(5) 插入"中国移动"、"移动杯"图片,调整位置大小,如效果图所示。
(6) 插入艺术字"机械工程系"、"管理工程系"、"唱响中国梦"、"传播正能量",艺术字样式自定,调整位置大小如效果图所示。
(7) 输入图片所示文本内容,文字格式段落格式自定。
(8) 整体参照效果图。

任务 6 制作 Word 表格

文档中经常需要使用表格来组织有规律的文字和数字,有时还需要用表格将文字段落并列排列,表格由若干行和若干列组成,行列的交叉成为"单元格",单元格中可以输入文章、数字以及图形等,如课程表、学生成绩表、个人简历表、商品数据表和财务报表等。Word 2013 提供了强大的表格功能,可以快速创建与编辑表格。

【工作情景】

小张马上就要大学毕业了,在找工作之前需要先制作一份求职简历,求职简历包括封面的制作、自荐书的制作和求职简历表格的制作,现在小张制作了一份精美的求职简历表格。

【学习目标】

(1) 创建表格的方法;
(2) 调整行高和列宽的方法;
(3) 单元格的合并与拆分的方法;
(4) 插入和删除行、列的方法;
(5) 单元格内容的输入与字符格式设置;
(6) 表格的边框和底纹的设置。

【效果展示】

"求职简历表格"效果图,如图 6-1 所示。

图 6-1 "求职简历表格"效果图

【知识准备】

6.1 创建表格

在应用表格之前,首先要创建表格。在 Word 2013 中绘制表格的方式有很多种,其中包括直接插入表格、使用【插入表格】对话框、手动绘制表格等。

6.1.1 直接插入表格

Word 2013 为用户提供了创建表格的快捷工具,通过它用户可以轻松方便地插入需要的表格。不过需要注意的是,该方法只适合插入 10 列 8 行以内的表格,其方法如下。

单击鼠标确定插入表格位置,单击【插入】选项卡,在【表格】组中单击【表格】按钮,在弹出的下拉列表中拖动鼠标选中要插入表格的行列数,如 6×3 表格,即可在文档中插入所选行列数的表格,如图 6-2 所示。

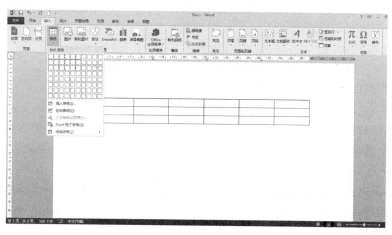

图 6-2 插入表格

6.1.2 通过对话框插入表格

通过【插入表格】对话框可以设置插入表格的任意行数和列数,同时也可以设置表格的自动调整方式。

单击鼠标确定插入表格位置,单击【插入】选项卡,在【表格】组中单击【表格】按钮,在弹出的下拉列表中选择【插入表格】选项,打开【插入表格】对话框,在表格尺寸区域可以设置表格的列数和行数,单击【确定】按钮,即可插入指定列数和行数的表格,如图 6-3 所示。

图 6-3 【插入表格】对话框

6.1.3 手工绘制表格

手动绘制表格是指用户通过拖动鼠标绘制表格,通过绘制表格的操作,可以直接创建出需要的表格效果,其方法如下。

(1)单击【插入】选项卡,在【表格】组中单击【表格】按钮,在弹出的下拉列表中选择【绘制表格】选项。此时鼠标指针变为铅笔形状,按住鼠标左键拖动鼠标,随着鼠标指针的移动,会出现一个虚线框随着鼠标指针变化,定义表格的外边界,绘制一个矩形。

(2) 在该矩形内绘制列线和行线。

(3) 单击【表格工具布局】选项卡,在【绘图】组单击【橡皮擦】按钮,鼠标箭头会变成橡皮擦形状,可以将表格中不需要的线条擦除掉。

(4) 这样就可以制作出想要的表格。

6.2 编辑表格

6.2.1 选定表格、单元格、行、列

同编辑普通文档一样,要编辑表格,首先要选择对象,在 Word 中可以使用不同的方式选择表格对象,其中包括选择单个单元格、选择一行单元格、选择一列单元格、选择不连续的多个单元格,以及选择整个表格。

1. 选择整个表格

将插入点放在表格中的任意位置,表格左上方就会出现一个十字箭头的表格控制符,单击它就可以选择整个表格。

2. 选择单元格

将鼠标移到单元格的左边缘处,当光标变为指向右上方的黑色小箭头时,单击鼠标左键。若选择多个单元格,则用鼠标左键拖动选取。

3. 选择行

将鼠标移到该行的左侧选取区,当光标变为指向右上方的空心箭头时,单击鼠标左键。若选择多行,则在选取区拖动鼠标选取。

4. 选择列

将鼠标移到该列的顶端边缘处,当光标变为指向下方的黑色箭头时,单击鼠标左键。若选择多列,则在选取列的顶端拖动鼠标选取。

5. 选择不连续对象

单击第一个选择对象,按住 Ctrl 键,再单击其他要选择的对象。

6.2.2 插入单元格、行、列

根据需要,有时需要在已有的表格中插入新的行或列,插入方法如下。

将光标置于单元格中,单击【表格工具布局】选项卡,在【行和列】组中单击【在下方插入】按钮,在该行的下方将插入一行空白单元格,单击【行和列】组中的【在右侧插入】按钮,在该列的右侧将插入一列空白单元格,单击【行和列】组右下角的对话框启动器按钮,打开【插入单元格】对话框,在对话框中设置插入单元格方式,如图 6-4 所示。

图 6-4 【插入单元格】对话框

6.2.3 删除单元格、行、列

编辑表格时有时会删除多余的行、列和单元格,删除方法如下。

将插入点放在要删除行、列和单元格的位置,单击【表格工具布局】选项卡,在【行和列】组中单击【删除】下拉按钮,在弹出的下拉列表中选择删除单元格选项,即可删除行、列、单元格。右击,在快捷菜单中也可以选择【删除单元格】命令。

6.2.4 合并和拆分单元格

合并与拆分单元格是编制表格时最常用的操作之一,通过合并与拆分单元格可以将不规范表格修改成规范表格。

1. 合并单元格

选中多个单元格,单击【表格工具布局】选项卡,在【合并】组中单击【合并单元格】按钮,所选的几个单元格合并成一个单元格,右击,在快捷菜单中也可以选择【合并单元格】命令。

2. 拆分单元格

选中欲拆分的单元格,单击【表格工具布局】选项卡,在【合并】组中单击【拆分单元格】按钮,打开【拆分单元格】对话框,输入要拆分的行数、列数,如图 6-5 所示,单击【确定】按钮即可完成单元格拆分操作。右击,在快捷菜单中也可以选择【拆分单元格】命令。

图 6-5 【拆分单元格】对话框

6.3 表格格式化

6.3.1 移动和缩放表格

1. 移动表格

将鼠标指针指向左上角的移动标记,然后按下左键拖动鼠标,拖动过程中会有一个虚线框跟着移动,当虚线框到达需要的位置后,松开左键即可将表格移动到指定位置。

2. 缩放表格

将鼠标指针指向右下角的缩放标记,然后按下左键拖动鼠标,拖动过程中也有一个虚线框表示缩放尺寸,当虚线框尺寸符合需要后,松开左键即可将表格缩放为需要的尺寸。

6.3.2 调整行高、列宽

创建表格时,表格的行高和列宽都是默认值。在实际工作中,如果觉得表格的尺寸不合适,可以随时调整表格的行高和列宽。在 Word 2013 中,可使用多种方法调整表格的行高和列宽。

1. 使用鼠标调整

将鼠标指针移到需要调整的边框线上,当鼠标指针变成双向箭头时,按下鼠标左键并拖动即可调整表格行高列宽。

2. 利用功能区调整

选中单元格或表格,单击【表格工具布局】选项卡,在【单元格大小】组中高度、宽度文本框内分别输入行高、列宽值,即可精确设置单元格的行高列宽,单击【自动调整】按钮,可选择自动调整表格方式。

3. 利用对话框调整

选中单元格或表格,单击【表格工具布局】选项卡,在【单元格大小】组右下角单击对话框启动器按钮,打开【表格属性】对话框,单击【行】选项卡,在此可以逐行的精确设置行高,单击【列】选项卡,在此可以逐列的精确设置列宽,如图 6-6 所示。

图 6-6 【表格属性】对话框【行】选项卡

6.3.3 平均分布各行、各列

平均分布各行、各列也是表格格式化中常用的操作之一,平均分布各行、各列可以使选中表格所有行行高相同,所有列列宽相同,操作方法如下。

选中需要设置的单元格区域或表格,单击【表格工具布局】选项卡,在【单元格大小】组中单击【平均分布各行】和【平均分布各列】按钮,可完成平均分布各行、各列操作。右击需要设置的单元格区域或表格,在快捷菜单中也可以选择【平均分布各行】和【平均分布各列】命令。

6.3.4 设置表格对齐方式及文字方向

在 Word 2013 中,既可以设置表格的对齐方式,也可以设置表格中文本的对齐方式。

1. 文本的对齐方式

选中需要设置的单元格区域或表格,单击【表格工具布局】选项卡,在【对齐方式】组单击单元格文字对齐方式的按钮,如图 6-7 所示。

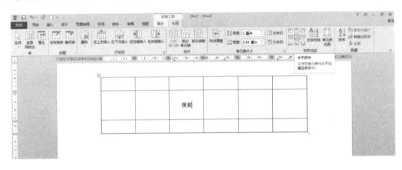

图 6-7 表格中文本对齐方式

2. 表格的对齐方式

将光标定位在表格的任意位置,单击【表格工具布局】选项卡,在【单元格大小】组右下角单击对话框启动器按钮,打开【表格属性】对话框,单击【表格】选项卡,在此选择表格对齐方式和文字环绕方式,如图 6-8 所示。

图 6-8 【表格属性】对话框【表格】选项卡

3. 文字方向

选中需要设置的单元格区域或表格，单击【表格工具布局】选项卡，在【对齐方式】组单击【文字方向】按钮，文字会从水平方向和竖直方向来回切换。

6.3.5 表格自动套用格式

Word 2013 的【表格自动套用格式】选项在默认状态下并不显示在功能区中，如果要使用该命令，用户须在【Word 选项】对话框中将其加载在快速访问工具栏中。

单击【文件】按钮，选中【选项】命令，打开【Word 选项】对话框，选中【快速访问工具栏】选项卡，在【从下拉位置选择命令】下拉列表框中选择【所有命令】选项，在其下方的列表框中选择【表格自动套用格式】选项，单击【添加】按钮，将其添加到快速启动栏中，如图 6-9 所示。

使用【表格自动套用格式】选项可以使对表格的格式化工作变得相当容易，操作方法如下。

将光标定位在表格的任意位置，单击【快速访问工具栏】中的【表格自动套用格式】按钮，打开【表格自动套用格式】对话框，在格式选项区域里选择需要的格式，单击【确定】按钮完成操作，如图 6-10 所示。

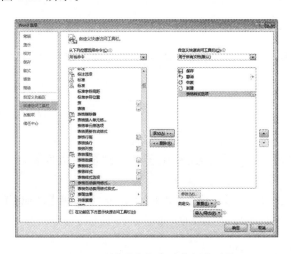

图 6-9 添加【表格自动套用格式】

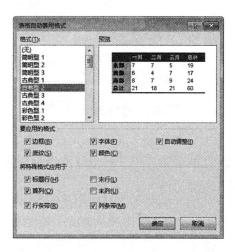

图 6-10 【表格自动套用格式】对话框

6.3.6 设置表格边框和底纹

默认情况下，Word 2013 会自动设置表格使用"0.5 磅"的单线边框。如果对表格的样式不满意，则可以重新设置表格的边框和底纹，从而使表格结构更为合理、外观更为美观。

1. 设置表格边框

（1）选中需要设置的单元格区域或表格，单击【表格工具设计】选项卡，在【边框】组中设置笔样式、笔画粗细、笔颜色，然后单击【边框】下拉按钮，在弹出的下拉列表中选择边框样式。

（2）如果需要详细设置边框，则单击【边框】组右下角的对话框启动器按钮，打开【边框和底纹】对话框，如图 6-11 所示。

（3）在【边框和底纹】对话框中，单击【边框】选项卡，在右下角选择应用于表格，【设置】栏可以选择添加边框的类型，【样式】栏可以选择边框的线型，【颜色】栏可以选择边框的颜色，【宽度】栏可以选择边框线的宽度，在预览中单击图示或者使用按钮可应用边框，设置完成后单击【确定】按钮。

2. 设置表格底纹

（1）选中需要设置的单元格区域或表格，选择【表格工具设计】选项卡，在【边框】组中单击

【底纹】下拉按钮,在弹出的下拉列表中选择底纹颜色。

(2) 如果需要详细设置底纹,单击【边框】组右下角的对话框启动器按钮,打开【边框和底纹】对话框,单击【底纹】选项卡,如图 6-12 所示。

 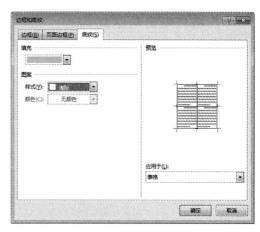

图 6-11 【边框和底纹】对话框　　　　图 6-12 【边框和底纹】对话框【底纹】选项卡

(3) 在【底纹】选项卡中,在右下角选择应用于表格,然后设置填充颜色或者图案样式,设置完成后单击【确定】按钮。

6.3.7　套用内置样式

在文档中插入表格后,用户还可以使用 Word 2013 预置的表格样式来美化表格,Word 2013 为用户提供了 100 多种内置的表格样式,这些内置的表格样式提供了各种现成的边框和底纹设置。

将光标定位在表格的任意位置,单击【表格工具设计】选项卡,单击【表格样式】组中【其他】按钮,在下拉列表框中选择表格样式,表格会自动预览表格样式效果,如图 6-13 所示。

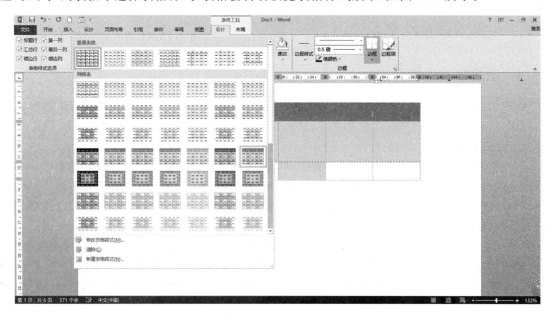

图 6-13　表格样式

6.3.8 绘制斜线表头

在实际工作中,经常需要为表格绘制斜线表头,以区分表格左侧和上方的标题内容。

将光标定位在需要设置斜线表头的单元格内,单击【表格工具设计】选项卡,在【边框】组中单击【边框】下拉按钮,在弹出的下拉列表中选择【斜下框线】、【斜上框线】选项。

6.4 表格的高级应用

Word 2013 作为一款智能化软件,拥有很多自动化的高级功能,下面介绍一些 Word 表格的其他功能。

6.4.1 表格与文字相互转换

对于有规律的文本,Word 2013 可以将其转换为表格形式,同样也可以将表格转换成排序整齐的文本。

1. 文本转换成表格

如果要把文字转换成表格,文字之间必须用分隔符分开,分隔符可以是段落标记、逗号、制表符或其他特定字符。

选中要转换为表格的正文,单击【插入】选项卡,在【表格】组中单击【表格】下拉按钮,在弹出的下拉列表中选择【文本转换成表格】选项,在打开的【文本转换成表格】对话框中设置相应的选项,如图 6-14 所示。

2. 表格转换成文本

Word 可以将文档中的表格内容转换为以逗号、制表符、段落标记或其他指定字符分隔的普通文本。

将光标定位在表格的任意位置,单击【表格工具布局】选项卡,在【数据】组中单击【转换为文本】按钮,在弹出的【表格转换成文本】对话框中设置要当作文字分隔符的符号,如图 6-15 所示。

图 6-14 【将文字转换为表格】对话框

图 6-15 【表格转换文本】对话框

6.4.2 表格中数据的排序

Word 2013 提供了对表格数据进行自动排序的功能,可以对表格数据按数字顺序、日期顺序、拼音顺序、笔画顺序进行排序。

选中要排序的单元格区域,单击【表格工具布局】选项卡,单击【数据】组中的【排序】按钮,打开【排序】对话框,在对话框中,我们可以任意指定排序列,并可对表格进行多重排序,如图 6-16 所示。

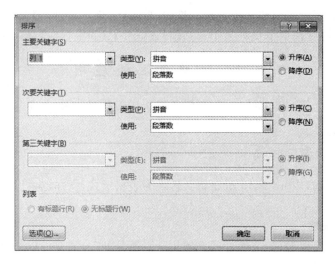

图 6-16 【排序】对话框

6.4.3 表格中数据的计算

在 Word 2013 表格中,可以对其中的数据执行一些简单的运算,以方便、快捷地得到计算结果。通常情况下,可以通过输入带有加、减、乘、除等运算符的公式进行计算,也可以使用 Word 2013 附带的函数进行较为复杂的计算,操作方法如下。

（1）单击要存入计算结果的单元格。

（2）单击【表格工具布局】选项卡,在【数据】组中单击【公式】按钮,打开【公式】对话框,如图 6-17 所示。

（3）在【公式】对话框【粘贴函数】下拉列表中选择所需的计算公式。如"SUM"用来求和,则在【公式】文本框内出现"＝SUM()"。

（4）在公式中输入"＝SUM(LEFT)"可以自动求出所有单元格横向数字单元格的和,输入"＝SUM(ABOVE)"可以自动求出纵向数字单元格的和。

图 6-17 【公式】对话框

【任务实战】制作"求职简历表格"

1. 效果图

"求职简历表格"效果图,如图 6-18 所示。

2. 操作要求

（1）新建一个空白 Word 文档。

（2）保存文档,保存名称为"学号＋姓名＋求职简历表格"。

（3）设置页边距上、下、左、右都为"2 厘米",设置纸张大小为"A4 纸"。

（4）添加页脚为"谢谢您的审阅！"。

（5）输入表格标题"求职简历",设置标题字符格式为"宋体、小一号、加粗",字符间距为"加宽 10 磅",段落格式为"居中对齐、段后间距 0.5 行"。

(6) 插入 14 行 5 列的表格。

(7) 调整行高、列宽、合并相应单元格。

(8) 输入表格内容。灰色底纹位置设置字符格式为"宋体、四号、加粗",其余位置设置字符格式为"宋体、小四号"。

(9) 设置单元格对齐方式。

(10) 设置表格边框底纹。

3. 操作步骤

(1) 新建空白文档。

(2) 保存文档,保存名称为"学号+姓名+求职简历表格"。

(3) 页面设置。

单击【页面布局】选项卡,在【页面设置】组单击【页边距】按钮,在弹出的下拉列表中选择【自定义页边距】命令,打开【页面设置】对话框,设置页边距上、下、左、右都为"2 厘米",设置纸张大小为"A4 纸"。

(4) 设置页脚。

图 6-18 "求职简历表格"效果图

单击【插入】选项卡,在【页眉和页脚】组中单击【页脚】按钮,在弹出的下拉列表中选择"空白",返回到文档中,在页脚处输入"谢谢您的审阅!",单击【关闭页眉和页脚】按钮,完成操作。

(5) 输入表格标题"求职简历",设置标题字符格式为"宋体、小一号、加粗、字符间距为加宽 10 磅",段落格式为"居中对齐、段后间距 0.5 行"。

(6) 插入表格。

单击【插入】选项卡,在【表格】组中单击【表格】按钮,在弹出的下拉列表中选择【插入表格】选项,打开【插入表格】对话框,在【表格尺寸】选项栏中设置表格的列数为 5 列、行数为 14 行,单击【确定】按钮。

(7) 光标定位在表格边框上变为双向箭头时调整表格行高、列宽。

(8) 合并单元格。

拖动鼠标左键选中第 1 行第 5 列到第 4 行第 5 列的单元格,右击,在弹出的快捷菜单中选择【合并单元格】命令。

(9) 输入表格内容。灰色底纹位置设置字符格式为"宋体、四号、加粗",其余位置设置字符格式为"宋体、小四号"。

(10) 设置单元格对齐方式。

选中需要设置的单元格区域,单击【表格工具布局】选项卡,在【对齐方式】组中单击【水平居中】按钮。

(11) 设置边框。

选中需要设置的单元格区域,单击【表格工具设计】选项卡,在【边框】组中单击【边框】下拉按钮,在弹出的下拉列表中选择【边框和底纹】选项,打开【边框和底纹】对话框,选择【边框】选项卡,设置表格外边框为"双细线",内边框为"点点线"。

(12) 设置底纹。

选中需要设置的单元格区域,单击【表格工具设计】选项卡,在【边框】组中单击【边框】下拉按钮,在弹出的下拉列表中选择【边框和底纹】选项,打开【边框和底纹】对话框,选择【底纹】选项卡,设置"灰色"底纹。

【其他典题1】制作"课程表"

1. 效果图

"课程表"效果图,如图6-19所示。

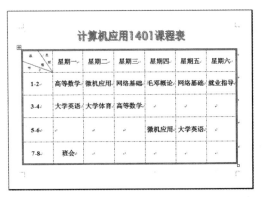

图6-19 "课程表"效果图

2. 操作要求

(1) 新建一个空白Word文档。
(2) 保存文档,保存名称为"学号+姓名+课程表"。
(3) 设置页边距上、下、左、右都为"2厘米",设置纸张方向为"横向",纸张大小为"A4纸"。
(4) 插入艺术字"计算机应用1401课程表",艺术字样式自定。
(5) 参照效果图插入表格,调整行高、列宽。
(6) 输入表格内容。设置字符格式为"宋体、二号、加粗"。
(7) 设置单元格对齐方式。
(8) 设置表格边框底纹,设置外边框为"三条细线",内边框为"点划线"。

【其他典题2】制作"关于开展'冬日暖阳'活力校园系列活动的通知"

1. 效果图

"关于开展'冬日暖阳'活力校园系列活动的通知"效果图,如图6-20所示。

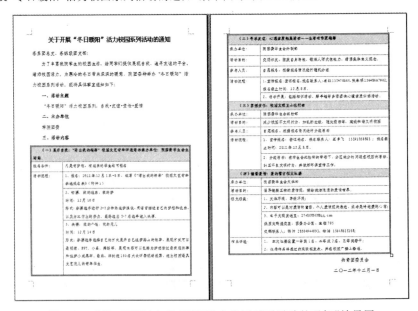

图6-20 "关于开展'冬日暖阳'活力校园系列活动的通知"效果图

2. 操作要求

(1) 新建一个空白 Word 文档。录入"关于开展'冬日暖阳'活力校园系列活动的通知"内容。

(2) 保存文档,保存名称为"学号+姓名+关于开展'冬日暖阳'活力校园系列活动的通知"。

(3) 设置页边距上、下、左、右都为"2厘米",纸张大小为"A4 纸"。

(4) "关于开展'冬日暖阳'活力校园系列活动的通知",设置字符格式为"宋体、小二号、加粗"。设置段落格式为"居中对齐、段后间距 0.5 行"。

(5) 正文设置字符格式为"仿宋、四号",段落格式为"两端对齐、首行缩进 2 字符、1.5 倍行距"。

(6) 插入表格,参照效果图合并部分单元格。

(7) 录入表格内容,设置字符格式为"仿宋、小四号"。

(8) 设置表格边框底纹,设置外边框为"双细线",内边框为"点点线"。

(9) 将文档中"一、二、三、(一)、(二)、(三)、(四)"文字设置"加粗"效果。

(10) 将最后两段"共青团委员会"、"二〇一二年十二月一日"设置为"右对齐",将"共青团委员会"所在的段落设置为"段前间距 20 磅"。

【其他典题 3】制作"智能手机销售排行榜"

1. 效果图

"智能手机销售排行榜"效果图,如图 6-21 所示。

图 6-21 "智能手机销售排行榜"效果图

2. 操作要求

(1) 新建一个空白 Word 文档。

(2) 保存文档,保存名称为"学号+姓名+智能手机销售排行榜"。

(3) 设置页边距上、下、左、右都为"2厘米",纸张大小为"A4 纸"。

(4) 使用图片设置文档背景。

(5) 插入艺术字"智能手机销售排行榜",艺术字样式自定。

(6) 参照效果图插入表格。

(7) 录入表格内容,插入图片。

(8) 调整表格行高、列宽。设置图片格式(去背景、裁剪、文字环绕、大小等)。

(9) 参照效果图设置表格边框底纹。

【其他典题 4】制作“楼层访客登记单”

1. 效果图

“楼层访客登记单”效果图,如图 6-22 所示。

楼层访客登记单

来访者姓名		性别		工作单位	
联系电话				地　址	
身份证号码及其他有效证件				访 何 人		房　号	
公司名称				是否预约		来访人数	
事　由	年　月　日				
来访时间				离开时间	
服务员姓名				备　注	

一联：客人　二联：楼层　三联：存根

图 6-22 “楼层访客登记单”效果图

2. 操作要求

(1) 新建一个空白 Word 文档。

(2) 保存文档,保存名称为“学号+姓名+楼层访客登记单”。

(3) 设置页边距上、下、左、右、均为“1 厘米”,设置纸张自定义大小:高为“10.5 厘米”、宽为“19.5 厘米”。

(4) 输入“楼层访客登记单”,设置字符格式为“宋体、三号、加粗”。段落格式为“居中对齐、段后间距 0.5 行”。

(5) 参照效果图插入表格,调整行高、列宽。

(6) 输入表格内容。设置字符格式为“宋体、五号”。

(7) 设置单元格对齐方式为“中部居中对齐”。

【其他典题 5】制作“营业收入日报表”

1. 效果图

“营业收入日报表”效果图,如图 6-23 所示。

2. 操作要求

(1) 新建一个空白 Word 文档。

(2) 保存文档,保存名称为“学号+姓名+营业收入日报表”。

(3) 设置页边距上、下为“0.5 厘米”,左、右为“1 厘米”,设置纸张大小自定义高为“18.5 厘米”,宽为“26 厘米”。

(4) 输入“楼层访客登记单”,设置字符格式为“宋体、小三号、加粗”。段落格式为“居中对齐、段后间距 0.5 行”,“(代缴款单)”设置为“宋体、小四号、加粗”。

(5) 输入“部门、当班时间、日期”,设置字符格式为“宋体、五号、加粗”。

(6) 参照效果图插入表格,调整行高、列宽。

(7) 输入表格内容。设置字符格式为“宋体、五号、加粗”。

(8) 设置单元格对齐方式为“中部居中对齐”。

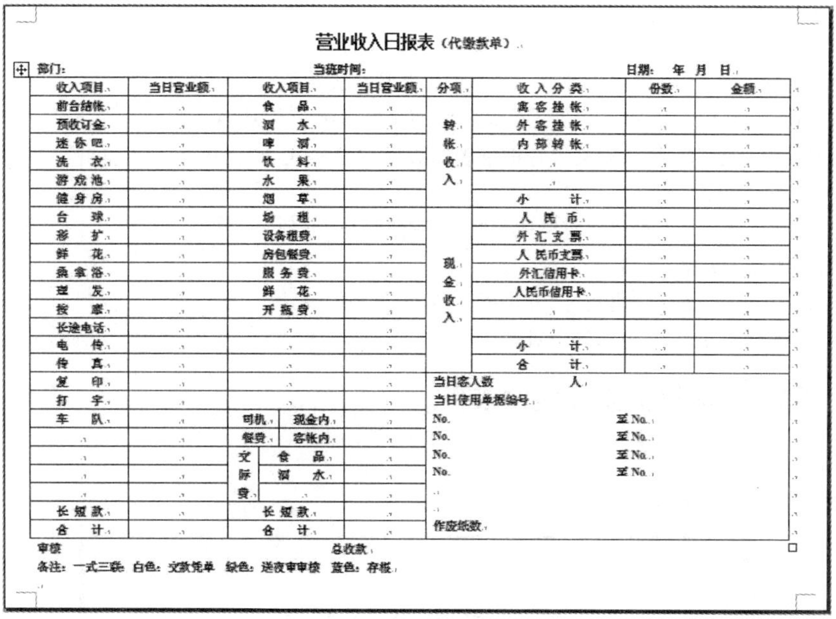

营业收入日报表（代缴款单）

部门：　　　　当班时间：　　　　日期：　年　月　日

收入项目	当日营业额	收入项目		当日营业额	分项	收入分类	份数	金额
前台结帐		食品			转帐收入	离客挂帐		
预收订金		酒水				外客挂帐		
迷你吧		啤酒				内部转帐		
洗衣		饮料						
游戏池		水果						
健身房		烟草				小计		
台球		场租			现金收入	人民币		
彩扩		设备租费				外汇支票		
鲜花		房包餐费				人民币支票		
桑拿浴		服务费				外汇信用卡		
理发		鲜花				人民币信用卡		
按摩		开瓶费						
长途电话								
电传						小计		
传真						合计		
复印					当日客人数　　人			
打字					当日使用单据编号			
车队		司机餐费	现金内		No.　　至 No.			
			客帐内		No.　　至 No.			
		文际费	食品		No.　　至 No.			
			酒水		No.　　至 No.			
长短款		长短款						
合计		合计			作废纸数			

审核　　　　总收款

备注：一式三联　白色：文款凭单　绿色：送夜审审核　蓝色：存根

图 6-23　“营业收入日报表”效果图

【其他典题 6】制作“预制混凝土构件模板安装检查记录表”

1. 效果图

“预制混凝土构件模板安装检查记录表”效果图，如图 6-24 所示。

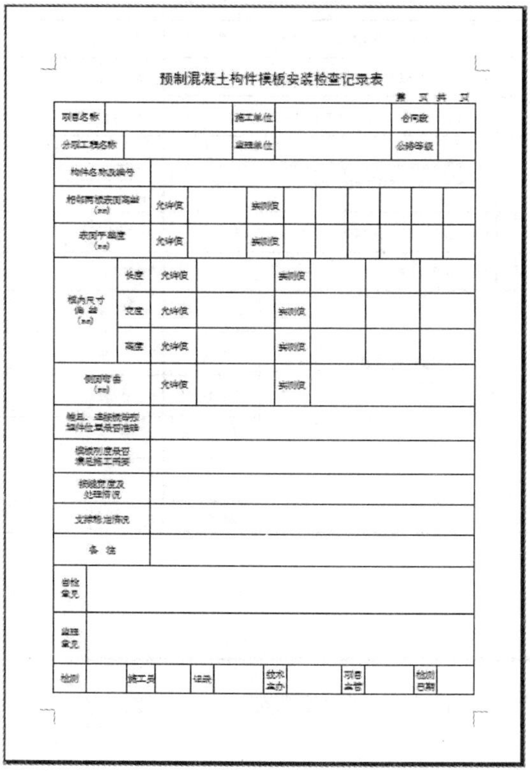

预制混凝土构件模板安装检查记录表

第　页共　页

项目名称			施工单位				合同段		
分项工程名称			监理单位				公路等级		
构件名称及编号									
相邻两板表面高差(mm)		允许值		实测值					
表面平整度(mm)		允许值		实测值					
模内尺寸偏差(mm)	长度	允许值		实测值					
	宽度	允许值		实测值					
	高度	允许值		实测值					
侧向弯曲(mm)		允许值		实测值					
轴线、连接板等预埋件位置是否准确									
模板刚度是否满足施工需要									
拼缝宽度及处理情况									
支撑稳定情况									
备注									
自检意见									
监理意见									
检测		施工员		记录		技术主办		项目主管		检测日期	

图 6-24　“预制混凝土构件模板安装检查记录表”效果图

2. 操作要求

(1) 新建一个空白 Word 文档。
(2) 保存文档,保存名称为"学号+姓名+预制混凝土构件模板安装检查记录表"。
(3) 设置页边距上为"2.5 厘米",下、左、右均为"2 厘米",纸张大小为"A4 纸"。
(4) 输入"预制混凝土构件模板安装检查记录表",设置字符格式为"黑体、三号、加粗"。段落格式为"居中对齐、段后间距 0.5 行"。
(5) 输入"第　页、共　页",设置字符格式为"方正书宋简体、五号"。
(6) 参照效果图插入表格,调整行高、列宽。
(7) 输入表格内容。设置字符格式为"方正书宋简体、五号"。
(8) 设置单元格对齐方式为"中部居中对齐"。

【其他典题 7】制作"搅拌机安装验收表"

1. 效果图

"搅拌机安装验收表"效果图,如图 6-25 所示。

图 6-25　"搅拌机安装验收表"效果图

2. 操作要求

(1) 新建一个空白 Word 文档。
(2) 保存文档,保存名称为"学号+姓名+搅拌机安装验收表"。

(3) 设置页边距上、下、左、右均为"2 厘米",纸张大小为"A4 纸"。

(4) 输入"搅拌机安装验收表",设置字符格式为"宋体、二号、加粗"。段落格式为"居中对齐、段后间距 0.5 行"。

(5) 参照效果图插入表格,调整行高、列宽。

(6) 输入表格内容。设置字符格式为"宋体、五号"。

(7) 设置单元格对齐方式为"中部居中对齐"。

【其他典题 8】制作"奥迪车型最新报价"

1. 效果图

"奥迪车型最新报价"效果图,如图 6-26 所示。

图 6-26 "奥迪车型最新报价"效果图

2. 操作要求

(1) 新建一个空白 Word 文档。

(2) 保存文档,保存名称为"学号+姓名+奥迪车型最新报价"。

(3) 设置页边距上、下、左、右均为"1 厘米",纸张大小为"A4 纸"。

(4) 输入"奥迪车型最新报价",设置字符格式为"黑体、小初、加粗"。段落格式为"居中对齐、段后间距 0.5 行"。

(5) 参照效果图插入表格,调整行高、列宽。

(6) 输入表格内容。"参考最低价"设置字符格式为"宋体、四号",价钱为"Times New Roman 体、三号、加粗、红色",其余文字为"宋体、小四号、黑色"。

(7) 插入图片,参照效果图去掉图片底色。

(8) 设置单元格对齐方式。

【其他典题 9】制作"汽车维修服务有限公司接车单"

1. 效果图

"汽车维修服务有限公司接车单"效果图,如图 6-27 所示。

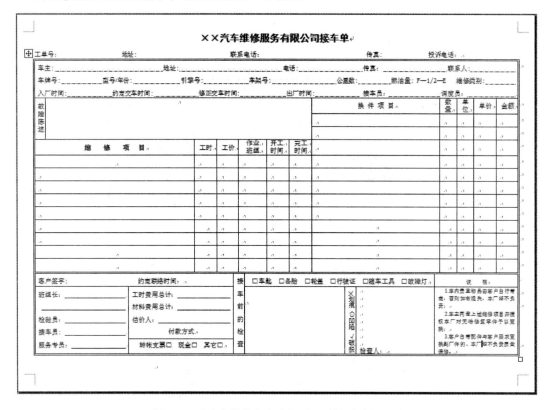

图 6-27 "汽车维修服务有限公司接车单"效果图

2. 操作要求

(1) 新建一个空白 Word 文档。

(2) 保存文档,保存名称为"学号+姓名+汽车维修服务有限公司接车单"。

(3) 设置页边距上、下、左、右均为"1 厘米",纸张大小为"A4 纸",方向为"横向"。

(4) 输入"××汽车维修服务有限公司接车单",设置字符格式为"黑体、三号、加粗"。段落格式为"居中对齐、段后间距 0.5 行"。

(5) 参照效果图插入表格,调整行高、列宽。

(6) 输入表格内容,设置字符格式为"宋体、五号"。

(7) 参照效果图设置单元格对齐方式。

任务 7　处理 Word 长文档

在创建和编辑一个包含多个章节的书或者包含多个部分的报告时,要很好地组织和维护长文档就成了一个重要的问题,对于一个含有几千字,甚至几万几十万的文档,如果用普通的编辑方法,在其中查看特定的内容或者对某一部分内容作修改都是非常费劲的,如果这个文档是由几个人来共同编辑完成,那将更容易引起大的混乱。

【工作情景】

张伟马上就要大学毕业了,大学要完成的最后一项作业是制作论文,他按照指导老师发放的毕业设计任务书的要求,前期完成了项目开发和论文内容的书写。下一步,他将使用 Word 2013 对论文进行编辑和排版,其依据是教务处公布的"论文编写格式要求",对论文进行排版是一项非常重要的工作,毕业论文不但文档长,而且格式要求很严格,处理起来要比普通文档复杂很多,如为章节和正文等快速设置相应的格式、自动生成目录、为奇偶页设置不同的页眉页脚等。

【学习目标】

（1）Word 文档属性设置；
（2）样式的创建和使用；
（3）如何自动生成目录；
（4）如何插入脚注尾注。

【效果展示】

"毕业论文"文档效果图,如图 7-1 所示。

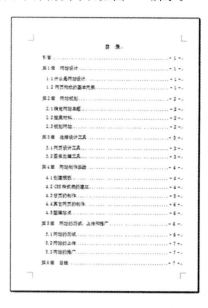

图 7-1　"毕业论文"文档效果图

【知识准备】

7.1 属性设置

文档属性有助于了解文档的相关信息,如文档的标题、作者、文档长度、创建日期、最后修改日期等,Word 2013 文档属性设置有以下两种方法。

1. 通过文档面板进行设置

单击【文件】按钮,选择【信息】选项,在【信息】选项的右窗格单击【属性】下拉按钮,在弹出的下拉列表中选择【显示文档面板】选项,在 Word 文档窗口打开文档面板,在【关键词】编辑框中输入标题、主题、作者等个人信息,单击【保存】按钮,即可完成文档属性设置,如图 7-2 所示。

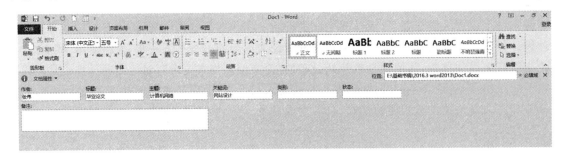

图 7-2　通过文档面板进行文档属性设置

2. 通过对话框进行设置

单击【文件】按钮,选择【信息】选项,在【信息】选项的右窗格单击【属性】下拉按钮,在弹出的下拉列表中选择【高级属性】选项,打开【属性】对话框,对标题、主题、作者等个人信息进行设置,设置完成单击【确定】按钮,即可完成文档属性设置,如图 7-3 所示。

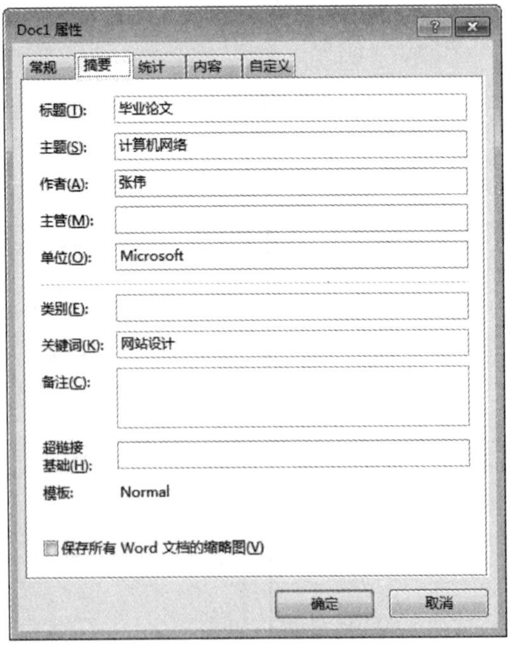

图 7-3　【属性】对话框

7.2 样　式

在一篇文档排版时往往需要对正文和每一级标题设置不同的字体、字号、行距、缩进、对齐等格式。如果用纯手工设置将导致大量的重复劳动，虽然在任务 4 中我们学习了使用复制字符格式和段落格式的方法可以部分地避免这个问题，但是效率还是比较低，Word 2013 提供的样式和模板很好地解决了这个问题，所谓样式就是字体格式和段落格式等特性的组合，在排版中使用样式可以快速提高工作效率，从而迅速改变和美化文档的外观。

7.2.1 选择样式

Word 2013 自带的样式库中，内置了多种样式，可以为文档中的文本设置标题、字体和背景灯样式，使用样式可以快速的美化文档。

1. 通过【样式库】应用样式

选中需要设置的文本，单击【开始】选项卡，在【样式】组中单击【其他】按钮，在弹出的下拉列表中选择【样式】选项，所选样式会应用到文档中，如图 7-4 所示。

2. 通过【样式】任务窗格应用样式

选中需要设置的文本，单击【开始】选项卡，单击【样式】组右下角对话框启动器按钮，打开【样式】任务窗格，在【样式】任务窗格【样式】列表框中选择需要的样式选项，如图 7-5 所示。

图 7-4　样式库

图 7-5　【样式】任务窗格

7.2.2 新建样式

如果对默认模板中的样式不满意，可以自定义新样式，操作方法如下。

单击【开始】选项卡，在【样式】组中单击对话框启动器按钮，打开【样式】任务窗格，在【样式】任务窗格中单击【新建样式】按钮，打开【根据样式设置创建新样式】对话框，在【名称】框中输入新建样式的名称，在【样式类型】下拉列表中选择【字符】和【段落】选项，在【样式基准】下拉列表中选择该样式的基准样式，单击【格式】按钮为字符和段落设置格式，单击【确定】按钮完成新样式创建,如图7-6所示。

图7-6 【根据格式设置创建新样式】对话框

7.2.3 修改样式

如果对已经设置的样式不满意,可以随时更改样式,具体方法如下。

单击【开始】选项卡,在【样式】组中单击对话框启动器按钮,打开【样式】任务窗格,在【样式】任务窗格中,单击样式选项右侧的下拉按钮,在弹出的下拉菜单中选择【修改】命令,打开【修改样式】对话框,可以更改相应的设置,如图7-7所示。

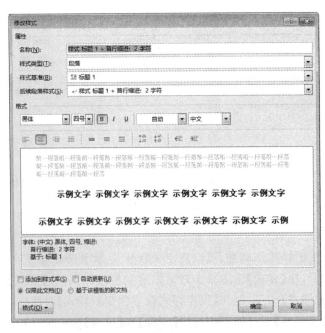

图7-7 【修改样式】对话框

7.2.4 删除样式

在 Word 2013 中，可以在【样式】任务窗格中删除样式，但无法删除模板的内置样式。在【样式和格式】任务窗格单击要删除样式右侧的下拉按钮，在弹出的下拉菜单中选择【删除】命令，将打开【确认删除】对话框，单击【是】按钮，即可删除该样式，删除该样式后，文档中所有使用这一样式的文本都会恢复成默认的【正文】样式。

7.3 使用脚注和尾注

7.3.1 插入脚注和尾注

脚注和尾注是对文本的补充说明。脚注一般位于页面的底部，可以作为文档某处内容的注释；尾注一般位于文档的末尾，列出引文的出处等。

（1）将插入点移到要插入脚注和尾注的位置。

（2）单击【引用】选项卡，在【脚注】组中单击【插入脚注】按钮或【插入尾注】按钮，即可在文档中插入脚注或尾注。

（3）在【脚注】组中单击右下角对话框启动器按钮，打开【脚注和尾注】对话框，如图 7-8 所示。

（4）在【脚注和尾注】对话框里，可以设置脚注尾注的位置和格式等，格式选项组中有以下几项。

● 【编号格式】：可以选择需用于自动编号脚注的编号格式。

● 【自定义标记】：插入自定义的注释引用标记。可以在【自定义标记】框中键入注释引用标记符号（最多不可超过 10 个字符），如果键盘上没有这种符号，也可以单击【符号】按钮，然后从【符号】对话框中选择一个合适的符号，作为脚注或尾注来插入用作自定义注释引用标记的字符。

● 【起始编号】：可以输入用于第一项自动编号脚注的起始编号或字符。可以输入的值一般为 1 到指定一个最大数之间的整数，如果输入有误时，会出现一个输入错误的提示框。

● 【编号方式】：自动对每节、每页或跨页的连续节和分节符上的脚注进行编号。

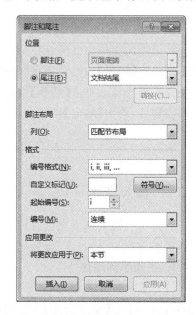

图 7-8 【脚注和尾注】对话框

如果使用自动编号，Word 就会给所有脚注或尾注连续编号，当添加、删除、移动脚注或尾注引用标记重新编号。无论是在整篇文档中使用单一编号方案，还是在文档的各节中使用不同的编号方案。在文档或节中插入第一个脚注或尾注后，随后的脚注和尾注会自动按正确的格式编号。

7.3.2 编辑脚注和尾注

当在一篇文档中加入脚注或尾注后，如继续加入脚注、尾注，其编号会接着前一脚注或尾注排下去。

1. 移动或复制脚注尾注

注释包含两个相关联的部分:注释应用标记和注释文本。当用户要移动或复制注释时,可以对文档窗口中的只是引用标记进行相应的操作。如果移动或复制了自动编号的注释引用标记,Word 还将按照新顺序对注释重新编号。如果要移动或复制某个注释,方法是在文档窗口中选定注释应用标记,按住鼠标左键不放将引用标记拖动到文档中的新位置即可移动该注释。如果在拖动鼠标的过程中按住 Ctrl 键不放,可将引用标记复制到新位置,然后在注释区中插入新的注释文本即可。当然,用户也可以利用复制、粘贴来实现复制引用标记。

2. 修改已经存在的脚注和尾注

如果要编辑修改已加入的脚注、尾注内容,可以使用查看脚注、尾注的方法,找到并把光标定位到该脚注尾注的内容位置,然后在普通文档中一样进行编辑操作,如可以选中该文本,然后进行更改。

3. 删除脚注和尾注

如果用户要删除某个注释,可以在文档中选定相应的注释引用编辑,然后直接按 Delete 键,Word 会自动删除对于的注释文本,并对文档后面的注释重新编号。

如果要删除所有的自动编号的脚注和尾注,可以按照下述方法进行而不用逐个删除。

(1) 按 Ctrl+H 组合键,打开【查找和替换】对话框并会自动选中【替换】选项卡。
(2) 单击【高级】按钮,然后单击【特殊字符】按钮,出现【特殊字符】列表。
(3) 选定【脚注标记】或者【尾注标记】选项。
(4) 不要在【替换为】后面输入任何内容,然后单击【全部替换】按钮即可。

4. 脚注或尾注互相转换

如果当前文档中已经存在脚注或者尾注,单击【脚注和尾注】对话框中的【转换】按钮可以将脚注和尾注互相转换,也可以统一转换为一种注释。单击【转换】按钮后弹出的【转换注释】对话框,设置完毕后,单击【确定】按钮即可,如图 7-9 所示。

图 7-9 【转换注释】对话框

7.4 插入题注和交叉引用

7.4.1 插入题注

有时写一篇文档可能会有许多图片,Word 2013 为用户提供了自动编号标题注功能,使用其可以在插入的图形、公式、表格时进行顺序编号,操作方法如下。

1. 手动添加题注

(1) 选中要设置题注的图片,单击【引用】选项卡,在【题注】组中单击【插入题注】按钮,打开【题注】对话框,如图 7-10 所示。

(2) 在【题注】对话框中,单击【新建标签】按钮,打开【新建标签】对话框。

(3) 在【新建标签】对话框中的【标签】文本框中输入"图 7-",单击【确定】按钮。

(4) 返回【题注】对话框,单击【编号】按钮,打开【题注编号】对话框,在【格式】下拉列表中选择一种格式,单击【确定】按钮。

图 7-10 【题注】对话框

(5)返回【题注】对话框,在【位置】下拉列表中选择题注位置。

(6)单击【确定】按钮,题注自动插入。

2. 自动添加题注

选中要设置编号的图,单击【引用】选项卡,在【题注】组中单击【插入题注】按钮,打开【题注】对话框,在【题注】对话框中单击【自动插入题注】按钮,打开【自动插入题注】对话框,选择需要插入题注的项目,如表格、图表、公式等,此后,在文档中如果插入这些项目时其下方或者上方就会自动为其添加题注。

现在可以随意插入图片或表格了,Word 2013 将自动为其编号。如果增加或者删除了图表,Word 会自动更新编号,如果没有自动更新,可以全选文档,右击选择更新域命令。

注意:删除图像或表格的时候,应删除相应的题注。

7.4.2 交叉引用

交叉引用就是在文档的一个位置引用文档另一个位置的内容。交叉引用常应用于需要互相应用内容的情况下,可以使用户尽快找到想要找到的内容,同时能够保证文档的结构条理清晰,使用交叉引用方法如下。

(1)将插入点光标放置到需要添加交叉引用的位置。

(2)单击【引用】选项卡,在【题注】组中单击【插入交叉引用】按钮,打开【交叉引用】对话框。

(3)在【交叉引用】对话框中,在【引用类型】下拉列表中选择需要的项目类型,在【引用内容】下拉列表中选择需要插入的信息,在【引用哪一个标题】列表框中选择引用的具体内容,如图 7-11 所示。

(4)完成设置后单击【插入】按钮,即可在插入点光标处插入一个交叉引用。

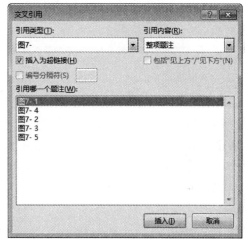

图 7-11 【交叉引用】对话框

7.5 使用索引和书签

索引是指标记文档中的单词、词组或短语所在的页码。书签是指对文本加以标识和命名,用于帮助用户记录位置,从而使用户能快速地找到目标位置。使用索引和书签,可以帮助用户更好的定位长文档中的位置。

7.5.1 使用索引

索引指的是在文档中出现的单词或短语列表,索引能够方便用户对文档中的信息进行查找。在 Word 2013 中,创建索引一般分为标记索引项和创建索引两步,其使用方法如下。

1. 标记索引项

(1)在文档中选中要作为索引项的文本,单击【引用】选项卡,在【索引】组中单击【标记索引项】按钮。

(2)打开【标记索引项】对话框,选中的文字将自动添加到【主索引项】文本框中,对话框中各选项功能如下。

- 【交叉引用】选项：在其后的文本框中输入文字可以创建交叉索引。
- 【当前页】选项：可以列出索引项的当前页码。
- 【页码范围】选项：Word 会显示页码范围。当一个索引项有多页时，选定这些文本后将索引项定义为书签，然后在这里的【书签】下拉列表中选定该书签，Word 2013 将能自动计算该书签所对应的页码范围。

（3）单击【标记全部】按钮标记索引项，如图 7-12 所示。

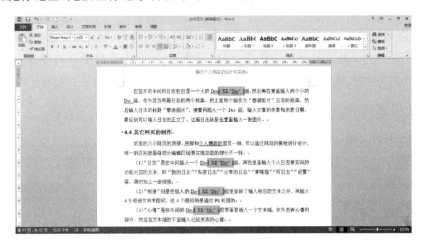

图 7-12 出现索引标记

（4）在不关闭对话框的情况下可标记其索引项，如图 7-13 所示。

创建索引项后，如果文档中未能显示索引标记，可以单击【开始】选项卡，在【段落】组中单击【显示/隐藏编辑标记】按钮，可把这一标记隐藏或显示出来。

2．创建索引

（1）将光标定位到需要创建索引的位置，单击【引用】选项卡，在【索引】组中单击【插入索引】按钮，打开【索引】对话框。

（2）在【索引】对话框中设置页码对齐方式、索引格式、栏数、排序依据等，如图 7-14 所示。

（3）完成设置后单击【确定】按钮，文档中即可添加索引。

图 7-13 【标记索引项】对话框

图 7-14 显示索引信息

索引会标记出所索引的词组都出现在哪一页上，并按笔画或拼音进行了排序，这样就可以按照索引的提示查找有关页面的内容了，如图 7-15 所示。

图 7-15 【索引】对话框

3. 修改索引样式

(1) 单击【引用】选项卡,在【索引】组中单击【插入索引】按钮,打开【索引】对话框。

(2) 在【索引】对话框中,单击【修改】按钮,打开【样式】对话框。

(3) 在【索引】列表中选择需要修改样式的索引,再单击【修改】按钮打开【修改样式】对话框,在此对索引样式进行设置,如图 7-16 所示。

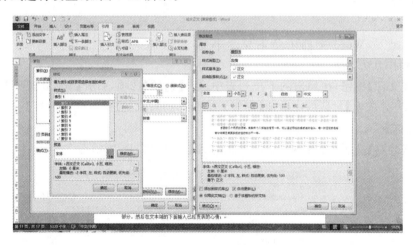

图 7-16 修改索引样式

(4) 完成设置后依次单击【确定】按钮关闭各个对话框,索引样式即发生改变。

4. 更新索引

一般情况下,要在输入全部文档内容之后再进行索引工作,如果此后又进行了内容的修改,原索引就不准确了,这就需要更新索引,其方法如下。

在要更新的索引中单击,单击【引用】选项卡,在【索引】组中单击【更新索引】按钮或者按 F9 键。在更新整个索引后,将会丢失更新前完成的索引或添加的格式。

7.5.2 使用书签

使用书签能够使阅读者在文档中轻松地定位到文档的某个位置或文档中的某个特定内容。作为文档中的位置标签,对文档内容进行快速定位时经常用到书签。

1. 插入书签

书签是用来帮助记录位置而插入的一种符号,使用它可以迅速找到目标位置,插入书签方法如下。

(1)选中要为其指定书签的对象,或单击要插入书签的位置,单击【插入】选项卡,在【链接】组中单击【书签】按钮,打开【书签】对话框。

(2)在【书签】对话框的【书签名】文本框中输入书签名称,也可以在下面的列表中选择一个已有的书签名,书签名称最长可达 40 个字符,必须以字母、汉字、中文标点等开头,可以包含数字,中间不能有空格,如图 7-17 所示。

(3)单击【添加】按钮,新的书签名将出现在下面的列表中。

(4)完成文档中书签的创建后,单击【插入】选项卡,在【链接】组中单击【书签】按钮,打开【书签】对话框,在列表框中选择一个书签后单击【定位】按钮,即可定位到书签所在的位置。

在【书签】对话框中选择【名称】或【位置】单选按钮可设置列表中书签的排列顺序。如果选择【位置】单选按钮,书签将按照在文档中出现的先后顺序来排列。如果需要查看隐藏的书签,可以选中【隐藏书签】复选框。

图 7-17 【书签】对话框

2. 显示书签

在默认情况下,Word 文档中是不显示书签的,显示书签操作方法如下。

(1)单击【文件】按钮,在弹出的下拉列表中选择【选项】选项,打开【Word 选项】对话框。

(2)在【Word 选项】对话框中单击【高级】选项卡,在右侧的【显示文档内容】选项区域中选中【显示书签】复选框。

(3)单击【确定】按钮,文档中将显示添加的书签,如图 7-18 所示。

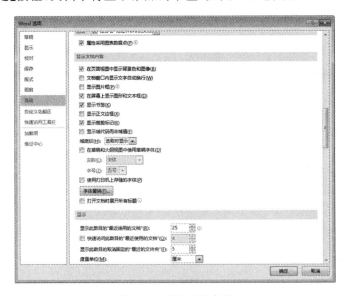

图 7-18 设置显示书签

3. 删除书签

单击【插入】选项卡,在【链接】组中单击【书签】按钮,打开【书签】对话框,在列表中选中要删除的书签名,然后单击【删除】按钮,则可以删除选中标签。

7.6 批注和修订

7.6.1 使用批注

1. 插入批注

在审阅文档时,审阅者如果要对文档提出修改意见,可以通过添加批注的形式来进行。添加批注后可以将修改意见与文档一起保存,以方便作者对文稿的修改,插入批注方法如下。

首先将插入点定位在要添加批注的位置或选中要添加批注的文本,单击【审阅】选项卡,在【批注】组中单击【新建批注】按钮,此时页面右侧自动显示一个红色的批注框,用户在其中输入批注内容即可,如图 7-19 所示。

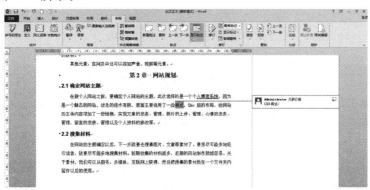

图 7-19　插入批注

2. 编辑批注

(1)选择批注,单击【审阅】选项卡,单击【修订】组右下角的对话框启动器按钮,打开【修订选项】对话框。

(2)在【修订选项】对话框中,单击【高级选项】按钮。

(3)打开【高级修订选项】对话框,在【批注】下拉列表中选择批注颜色,在【指定宽度】微调框中输入批注的宽度,如图 7-20 所示。

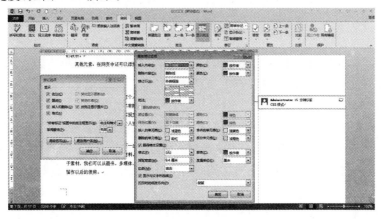

图 7-20　【修订选项】对话框

(4) 依次单击【确定】按钮,此时批注的效果将会改变。

3. 显示和隐藏批注

在 Word 2013 中,批注默认是隐藏的,如果需要显示或隐藏批注,可以单击【审阅】选项卡,在【批注】组中单击【显示批注】按钮来完成,单击【显示批注】按钮可以在显示批注和隐藏批注之间来回切换。

4. 删除批注

如果需要删除批注,可以单击【审阅】选项卡,在【批注】组中单击【删除】按钮,在弹出的下拉列表中选择相应的选项,即可删除 Word 批注。

7.6.2 使用修订

在审阅文档时,发现某些多余的内容或遗漏的内容时,如果直接在文档中删除或修改,将不能看到原文档和修改后文档的对比情况。使用 Word 2013 的修订功能,可以将用户修改的每项操作以不同的颜色标识出来,方便用户进行对比和查看。

1. 添加修订

对于文档中明显的错误,可以启用修订功能并直接进行修改,这样可以减少原用户修改的难度,同时让原用户明白进行过何种修改。

单击【审阅】选项卡,在【修订】组中单击【修订】下拉按钮,在弹出的下拉列表中选择【修订】选项即可进入修订状态,此时,在页面中修改的内容为修订内容,被删除的文字会添加删除线,修改的文字会以红色显示,再次单击该按钮将退出修订状态。

2. 编辑修订

(1) 单击【审阅】选项卡,单击【修订】组右下角对话框启动器按钮,打开【修订选项】对话框。

(2) 在【修订选项】对话框中,单击【高级选项】按钮,打开【高级修订选项】对话框,如图 7-20 所示。

(3) 在【高级修订选项】对话框【插入内容】下拉列表中选择【双下划线】选项将文档中修改内容标记设置为双下划线,在【删除内容】下拉列表中选择【双删除线】选项使删除内容标记设置为双删除线,在【修订行】下拉列表中选择【外侧框线】选项使修改行标记显示在行的右侧。

(4) 完成设置后单击【确定】按钮,在文档中即可以看到修订标记发生了改变。

3. 更改修订

一个用户对文档进行校对后,本人或其他人可以通过接受或拒绝修订操作,来决定是否保留修改后的内容。

1) 接受修订

将光标定位到修订的内容中,单击【审阅】选项卡,在【更改】组中单击【接受】按钮,接受修订后的内容将取消修订标记,并自动跳转至下一处修订位置。

2) 拒绝修订

将光标定位到修订的内容中,单击【审阅】选项卡,在【更改】组中单击【拒绝】下拉按钮,在下拉列表中选择【拒绝并移到下一条】选项,将拒绝当前的修订并定位到下一条修订,如果用户不想接受其他审阅者的全部修订,可以选择【拒绝对文档的所有修订】选项,则拒绝修订后的内容。

3) 修订定位

单击【审阅】选项卡,在【更改】组中单击【上一条】或【下一条】按钮,能够将插入点光标定位到上一条或下一条修订处。

7.7 目　　录

在编辑长文档时制作目录一般是必需的操作。使用目录读者可以轻松地在长文档中浏览、定位和查找内容。Word 提供了自动创建目录的功能，大大方便了编辑目录的操作，而且使用这个功能创建的目录可以对于文档内容的改变自动更新。

7.7.1 插入目录

目录可以帮助用户迅速查找到自己感兴趣的信息。Word 2013 有自动提取目录的功能，用户可以很方便地为文档创建目录，插入目录的方法有以下两种。

1. 从库中创建目录

将光标移到插入目录的位置，单击【引用】选项卡，在【目录】组中单击【目录】下拉按钮，在弹出的下拉列表中选择目录样式，所选目录样式会应用到文档目录中，如图 7-21 所示。

2. 创建自定义目录

（1）将光标移到插入目录的位置，单击【引用】选项卡，在【目录】组中单击【目录】下拉按钮，在弹出的下拉列表中选择【自定义目录】选项。

（2）打开【目录】对话框【目录】选项卡，在此设置目录格式、显示级别、制表符前导符等，如图 7-22 所示，各选项功能如下。

- 【显示页码】：在目录项的右方显示页码。
- 【页码右对齐】：页码以右对齐的方式存在，这能使目录更美观。
- 【制表符前导符】：选择目录项和页码之间链接的符号格式。

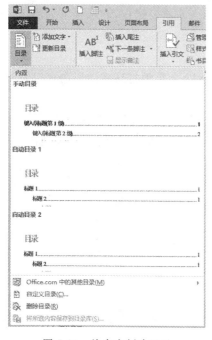

图 7-21　从库中创建目录

图 7-22　【目录】对话框

- 【格式】：选择使用现有的样式格式，也可以选择 Word 内置的其他格式。如果选择【来自模板】，则单击【更改】按钮，可以编制索引、目录的自定义格式。

● 【显示级别】：文本框中选择显示在目录中的标题最低级别，例如，如果设置为3，则显示3级及其以上级别的标题。
● 【选项】：会打开【目录选项】对话框，在对话框中可以将各级目录和各级标题对应起来。
（3）设置完毕单击【确定】按钮，此时即可在文档中插入目录。

7.7.2 更新目录

Word 2013所创建的目录是以文档的内容为依据的。如果文档的内容发生了变化，例如：改变了标题或者所在的页，需要更新目录，使它与文档的内容保持一致。Word 2013会自动完成这项工作，更新目录有以下两种方法。

（1）右击目录中的任意处，在快捷菜单中选择【更新域】命令，打开【更新目录】对话框，根据需要选择更新内容，如果只想更新页码，就选择【只更新页码】，单击【确定】按钮即可完成目录更新。

（2）将光标定位在目录中，按F9键，同样可以更新目录。

7.7.3 删除目录

如果要删除目录，首先将鼠标指针移到要删除的目录第一行左边页面的空白处，待鼠标指针变为右上方的箭头后单击，整个目录都会被加亮显示，按下Delete键，整个目录就会被删除。

7.8 拼写检查和语法错误

在文档中会看到在某些单词或短语的下方标有红色、蓝色或绿色的波浪线，这是由Word 2013中提供的【拼写和语法】检查工具，根据Word的内置字典标示出的含有拼写或语法错误的单词或短语，其中红色或蓝色波浪线表示单词或短语含有拼写错误，而绿色下划线表示语法错误（当然这种错误仅仅是一种修改建议）。

1. 使用检查功能

如果文档中存在错别字、错误的单词或者语法，Word 2013会自动将这些错误内容以波浪线的形式显示出来。

（1）单击【审阅】选项卡，在【校对】组中单击【拼写和语法】按钮，打开【语法】窗格。

（2）在该窗格中列出了第一个输入错误，并将正文中"文档文档"用红色波浪线划出来，如图7-23所示。

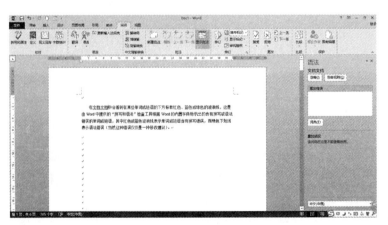

图7-23 拼写检查

(3)将"文档"删除,单击【恢复】按钮。

(4)继续查找下一个错误,查找错误完毕后,打开提示对话框,提示文本中的拼写和语法错误检查完成。

(5)单击【确定】按钮,即可完成检查工作,文本里的波浪下划线也消失了。

2. 设置检查选项

在输入文本时自动进行拼写和语法检查是 Word 2013 默认的操作,但若是文档中包含有较多特殊拼写或特殊语法时,启用键入时自动检查拼写和语法功能,就会对编辑文档产生一些不便。因此,在编辑一些专业性较强的文档时,可暂时将输入时自动检查拼写和语法功能关闭。

(1)单击【文件】按钮,在弹出的下拉列表中选择【选项】选项,打开【Word 选项】对话框。

(2)单击【校对】选项卡,在【在 Word 中更正拼写和语法时】选项区域中取消选中【键入时检查拼写】和【键入时标记语法错误】复选框。

(3)单击【确定】按钮,即可暂时关闭自动检查拼写和语法功能,如图 7-24 所示。

图 7-24 【在 Word 中更正拼写和语法时】选项区域

【任务实战】制作"毕业论文"

1. 效果图

"毕业论文"效果图,如图 7-25 所示。

2. 操作要求

(1)参照效果图制作论文封面,"编号"设置字符格式为"黑体、四号","毕业论文"设置字符格式为"宋体、50 号、加粗",段落格式为"居中对齐"。"题目"、"学生姓名"等内容设置字符格式为"黑体、小三号"。

(2)页面设置:毕业设计(论文)设置为"A4 纸",页边距上为"2.5 厘米",下为"2 厘米",左为"2.5 厘米",右为"2 厘米","装订线位置"在左侧。设置页眉、页脚"奇偶页不同"、"首页不同",并将"页眉"、"页脚"微调框中的数值都设置为"1 厘米"。

图 7-25 "毕业论文"文档效果图

(3) 按以下要求新建样式。

"标题1"设置为"宋体、三号、加粗、居中对齐、行距固定值 20 磅、段前段后各 0.5 行"。

"标题2"设置为"宋体、四号、加粗、左对齐、行距固定值 20 磅、段前段后各 0.5 行"。

"论文正文"设置为"宋体、小四号、两端对齐、行距为 1.5 倍行距、首行缩进 2 个字符"。

"参考文献"、"关键词"、"摘要"、"致谢"设置为"黑体、小四号"。

"摘要"、"致谢"设置为"居中对齐"。

(4) 插入 SmartArt 图形及图片。

(5) 插入题注及交叉引用,格式为"图 2-1"。

(6) 插入目录,将文本"目录"设置字符格式为"黑体、小四号、居中"。选中整个目录文本,设置字符格式为"宋体、小四号"。

(7) 插入页眉页码,页眉为"静态个人网站的设计与实现",设置为"宋体、五号、居中对齐"。插入页码,数字格式为"-1-、-2-⋯"。

(8) 去掉页眉横线。

3. 操作步骤

(1) 新建空白文档。

(2) 保存文档,保存名称为"班级＋姓名＋毕业论文"。

(3) 页面设置。

单击【页面布局】选项卡,在【页面设置】组中单击【页边距】按钮,在弹出的下拉列表中选择【自定义页边距】选项,打开【页面设置】对话框,在【页边距】选项卡中,页边距上为"2.5厘米",下为"2厘米",左为"2.5厘米",右为"2厘米",装订线位置一律左侧。在【纸张】选项卡中,设置纸张大小为"A4纸"。单击【确定】按钮,完成对文档页面的设置。

(4) 参照效果图制作论文封面,"编号"设置字符格式为"黑体、四号","毕业论文"设置字符格式为"宋体、50磅、加粗",段落格式为"居中对齐"。"题目"、"学生姓名"等内容设置字符格式为"黑体、小三号"。

(5) 应用样式。

① 修改样式。

单击【开始】选项卡,在【样式】组中单击对话框启动器按钮,打开【样式】任务窗格,在【样式】任务窗格中,单击样式选项右侧的下拉按钮,在弹出的下拉菜单中选择【修改】命令,打开【修改样式】对话框,按要求对"标题1"的格式进行修改。

"标题1"设置为"宋体、三号、加粗、居中对齐、行距固定值20磅、段前段后各0.5行"。

② 创建样式

a. 单击【开始】选项卡,在【样式】组中单击对话框启动器按钮,打开【样式】任务窗格,在【样式】任务窗格中单击【新建样式】按钮,打开【根据样式设置创建新样式】对话框。

b. 在【名称】文本框中输入样式名称"论文正文"。

依次单击对话框左下角的【格式】按钮中的【字体】和【段落】菜单命令,在打开的对话框中,设置字体格式为"宋体、小四号",段落格式设置为"两端对齐、1.5倍行距、首行缩进2个字符"。

使用上述方法,修改"标题2"样式、创建"论文正文"、"参考文献"、"关键词"、"摘要"、"致谢"等样式。

③ 应用样式。

a. 将插入点置于文本"第1章……"所在的行中,然后单击【样式】任务窗格列表框中的"标题1"样式。

b. 使用同样的方法将"1.1……"设置成"标题2"样式。

c. 将"参考文献"、"关键词"、"摘要"、"致谢"设置成相应的样式。

d. 将插入点置于摘要的正文中,右击,在弹出的菜单中选择【选择格式相似的文本】命令,然后单击【样式和格式】窗格中的【论文正文】样式,快速地将该样式应用到论文正文中。

(6) 论文中的图文混排。

① 插入 SmartArt 图形及图片。

a. 定位插入点。

b. 单击【插入】选项卡,在【插图】组中单击【SmartArt】按钮,打开【选择 SmartArt 图形】对话框,根据需要选择合适 SmartArt 图形选项,创建出如图所示的 SmartArt 图形。

c. 在每个形状上单击输入文字,设置文字为"宋体、小四号字",通过行距调整到合适位置。

d. 自选中项目,单击【SmartArt 工具设计】选项卡,在【创建图形】组中可以添加形状、升降级项目等。在【布局】组可以更改 SmartArt 布局。在【样式】组中可以更改 SmartArt 颜色、样式。

e. 设置完成,单击【确定】按钮。

f. 定位插入点,插入图片"网站模板图示"、"网站导航栏图示"。

② 插入题注。

a. 单击选中设置编号的图片,单击【引用】选项卡,在【题注】组中单击【插入题注】按钮,打开【题注】对话框。

b. 在【选项】栏的【标签】和【位置】下拉列表框中分别选择【图表】和【在所选位置下方】选项,然后单击【新建标签】按钮,打开【新建标签】对话框。

c. 在【标签】文本框中输入"图 2-",然后单击【确定】按钮,返回【题注】对话框后,单击【确定】按钮,图片下方出现题注"图 2-1"。在其后按两次空格键,并输入"网站规划图"。

d. 用同样的方法插入其他图片题注,当再次插入同一级别的图时,则直接单击【引用】选项卡,在【题注】组中单击【插入题注】按钮即可。

③ 交叉引用。

a. 将光标定位到需要引入题注编号的地方,单击【引用】选项卡,在【题注】组中单击【插入交叉引用】按钮,打开【交叉引用】对话框。

b. 在【引用类型】下拉列表中选择刚刚添加的题注标签"图 2-"。

c. 在右侧的【引用内容】下拉列表中选择"只有标签和编号"选项,然后在下方的列表中选择要引用的题注,例如,"图 2-1 网站规划图"。

d. 单击【插入】按钮,即可完成对题注的引用。

(7) 插入目录。

① 再次将插入点置于"摘要"的左边,插入"下一页"分节符。

② 将插入点置于第 1 页的首行,然后输入文本"目录",接着按 Enter 键,并单击【引用】选项卡,在【目录】组中单击【目录】下拉按钮,在弹出的下拉列表中选择【自定义目录】选项,打开【目录】对话框【目录】选项卡。

③ 【目录】选项卡中的设置已满足要求,直接单击【确定】按钮,即可插入目录。

④ 将文本"目录"设置字符格式为"黑体、小四号、居中"。

⑤ 选中整个目录文本,设置字符格式为"宋体、小四号"。

(8) 设置页眉。

① 执单击【插入】选项卡,在【页眉和页脚】组中单击【页眉】或【页脚】下拉按钮,在弹出的下拉列表中选择页眉页脚样式。

② 返回到文档中,在页眉处输入文本"静态个人网站的设计与实现",然后选中页眉文本,设置为"宋体、五号、居中对齐"。

(9) 插入页码。

单击【插入】选项卡,在【页眉和页脚】组中单击【页码】按钮,从弹出的列表中选择页码的位置和样式,或者单击【设置页码格式】命令,打开【页码格式】对话框,在该对话框中可以进行页码的格式设置。

(10) 去掉页眉横线。

① 双击页眉,使页眉处于编辑状态。

② 单击【设计】选项卡,在【页面背景】组单击【页面边框】按钮,打开【边框和底纹】对话框。在【边框】选项卡的【应用于】下拉菜单中选中【段落】选项。然后单击【设置】区域的【无】选项,并单击【确定】按钮,即可去掉页眉横线。

【其他典题1】制作"民用建筑设计通则"

1. 效果图

"民用建筑设计通则"效果图,如图7-26所示。

图7-26 "民用建筑设计通则"效果图

2. 操作要求

(1) 新建一个空白Word文档。

(2) 保存文档,保存名称为"学号+姓名+民用建筑设计通则"。

(3) 设置页边距上、下、左、右均为"2厘米",纸张大小为"A4纸"。

(4) 按以下要求新建样式。

"标题1"设置为"宋体、二号、加粗、居中对齐"。

"标题2"设置为"黑体、三号、加粗、1.5倍行距、段前段后各13磅、两端对齐"。

"标题3"设置为"宋体、三号、加粗、1.5倍行距、段前段后各13磅、两端对齐"。

"正文"设置为"宋体、小四号字、字符间距为'标准'、行距为单倍行距、首行缩进2个字符"。

(5) 对文章内表格插入题注及交叉引用,格式为"表3.2.1"。

(6) 插入目录,将文本"目录"设置字符格式为"宋体、小四号、加粗、居中对齐"。选中整个目录文本,设置字符格式为"宋体、小四号"。

(7) 插入页眉页脚,页眉为"民用建筑设计通则",设置为"宋体、五号、居中对齐"。页脚插入页码,数字格式为"-1-、-2-…"。

(8) 去掉页眉横线。

【其他典题2】制作"汽车发动机的维护和保养"

1. 效果图

"汽车发动机的维护和保养"效果图,如图7-27所示。

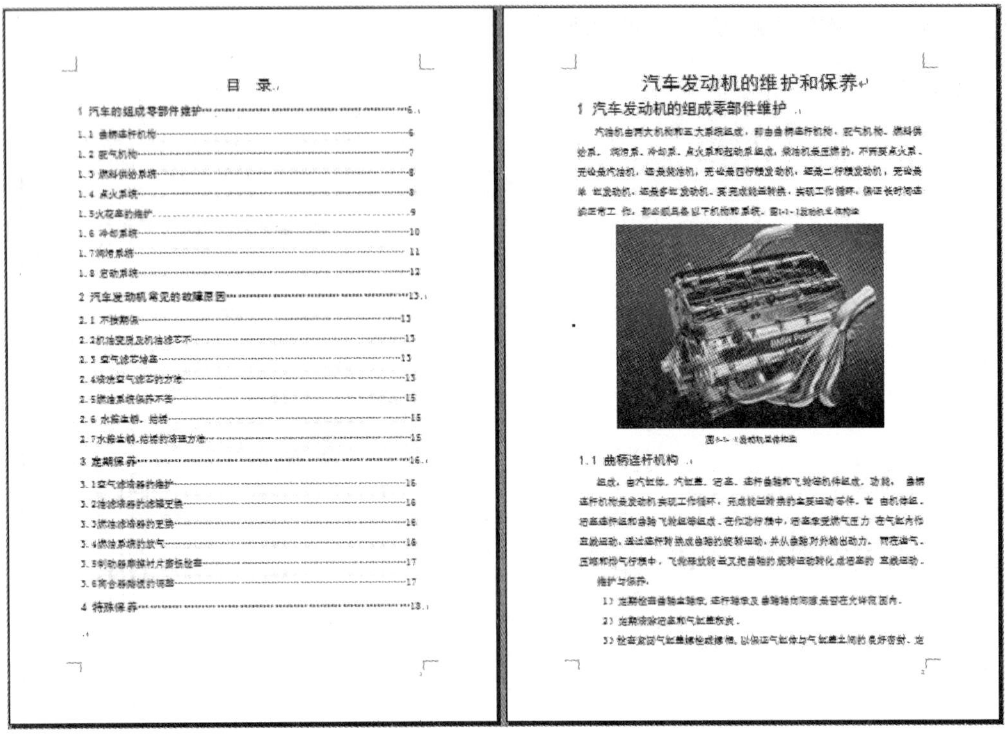

图 7-27 "汽车发动机的维护和保养"效果图

2. 操作要求

(1) 新建一个空白 Word 文档。

(2) 保存文档,保存名称为"学号+姓名+汽车发动机的维护和保养"。

(3) 设置页边距上、下、左、右均为"2 厘米",纸张大小为"A4 纸"。

(4) 按以下要求新建样式。

"标题 1"设置为"黑体、小一号、加粗、居中对齐"。

"标题 2"设置为"黑体、小二号、加粗、单倍行距、两端对齐"。

"标题 3"设置为"黑体、小三号、加粗、1.5 倍行距、两端对齐"。

"正文"设置为"宋体、小四号字,行间距为 1.5 倍行距、首行缩进 2 个字符、两端对齐"。

(5) 对文章内图片插入题注及交叉引用,格式为"图 1-1-1"。

(6) 插入目录,将文本"目录"设置字符格式为"黑体、小二号、加粗、居中"。目录大标题设置字符格式为"黑体、四号",目录小标题设置字符格式为"宋体、小四号"。

(7) 插入页眉页脚,页眉为"汽车发动机的维护和保养",设置为"宋体、五号、居中对齐"。页脚插入页码,数字格式为"-1-、-2-…"。

(8) 去掉页眉横线。

【其他典题 3】制作"赵州桥"

1. 效果图

"赵州桥"效果图,如图 7-28 所示。

2. 操作要求

(1) 新建一个空白 Word 文档。

(2) 保存文档,保存名称为"学号+姓名+赵州桥"。

(3) 设置页边距上、下、左、右均为"2 厘米",纸张大小为"A4 纸"。

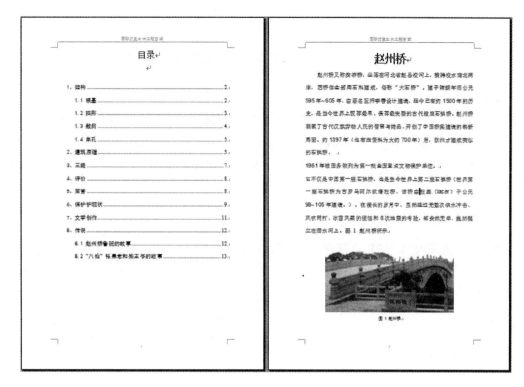

图 7-28 "赵州桥"效果图

(4) 按以下要求新建样式。

"标题 1"设置为"宋体、一号、加粗、居中对齐"。

"标题 2"设置为"黑体、小二号、加粗、1.5 倍行距、左对齐"。

"标题 3"设置为"黑体、三号、加粗、1.5 倍行距、左对齐"。

"正文"设置为"宋体、四号、1.5 倍行距、首行缩进 2 个字符、两端对齐"。

(5) 对文章内图片插入题注及交叉引用,格式为"图 1"。

(6) 插入目录,将文本"目录"设置字符格式为"宋体、二号、加粗、居中对齐"。目录正文字符格式为"黑体、四号"。

(7) 插入页眉页脚,页眉为"赵州桥",设置为"宋体、五号、居中对齐"。页脚插入页码,数字格式为"-1-、-2-…"。

任务 8　Word 2013 网络应用

Word 2013 不仅是一个优秀的文字处理软件,而且能良好地支持 Internet,其提供了链接 Internet 网址及电子邮件地址等内容的功能。Word 2013 还提供了文档的保护和转换功能,可以方便地加密文档和快速地转换文档。本章将主要介绍使用超链接、发布电子邮件以及文档的保护等内容。

【工作情景】

院团委在纪念建党 95 周年之际评选出几位优秀党员及优秀团员的同学,王老师让张伟打印出每位同学的荣誉证书,如果一张一张的打印太费时间和精力,如果使用邮件合并功能则可以快速完成此项工作。

【学习目标】

(1) 添加超链接的方法;
(2) 发送邮件的方法;
(3) 文档的保护的方法。

【效果展示】

"邮件合并——荣誉证书"效果图,如图 8-1 所示。

图 8-1　"合并邮件——荣誉证书"效果图

【知识准备】

8.1　处理电子邮件

在 Word 2013 中,可以将文档作为电子邮件发送。用户还可以借助 Word 的邮件合并功能来批量处理电子邮件。

8.1.1 文档发送邮件

在 Word 2013 中,可以将文档作为电子邮件发送,发送方法如下。

(1)在需要发送的文档中,单击【文件】按钮,在弹出的列表中选择【共享】选项。

(2)在中间的窗格里选择【电子邮件】选项,并在右侧窗格中选择一种发送方式,如【作为附件发送】选项,如图 8-2 所示。

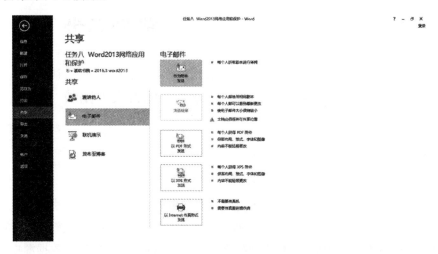

图 8-2　电子邮件发送

(3)此时自启 Outlook 2013,打开一个邮件窗口,文档名已填入【附件】框中,在【收件人】、【主题】和【抄送】文本框中填写相关信息。

(4)单击【发送】按钮,即可以邮件的形式发送文档,如图 8-3 所示。

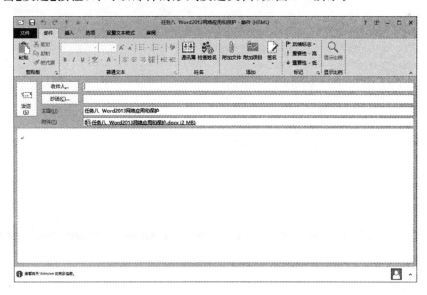

图 8-3　邮件窗口

8.1.2 邮件合并

公务活动中,经常会遇到要设计这样的文档,部分内容重复不变,而部分内容会按一定规范变化;而变化部分数据量较多,可用 Excel 或数据库或其他形式的列表以数据源文件存放。例如,招生录取通知书、邀请函、成绩通知单等。使用 Word 的邮件合并可方便实现这一功能,邮件合并是 Word 2013 的一项高级功能,能够在任何需要大量制作模板化文档的场合中大显身手。

邮件合并进程涉及 3 个文档:主文档、数据源和合并文档,接下来以制作"合并邮件——荣誉证书"为例来说明邮件合并的操作方法。

1. 建立主文档

在 Word 的邮件合并操作中,主文档包含对于合并文档的每个版本都固定不变的文本和图形,如荣誉证书中的通用部分、信函中的通用部分,信封上的寄信人地址和落款等。启动 Word 2013,默认情况下会打开一个空白文档。编辑荣誉证书文本如图 8-4 所示。

2. 创建数据源

数据源就是数据记录表,其中包含相关的字段和记录的内容。数据

图 8-4 主文档"荣誉证书"

源可以是 Excel 工作表,也可以是 Access 文件,还可以是 SQL Server 数据库。只要能够被 SQL 语句操作控制的数据都可作为数据源,主文档必须连接到数据源,才能使用数据源中的信息。本实例中的数据源为 Excel 工作表。在 Excel 2013 中建一个如图 8-5 所示的工作表,注意第一行必须是名称行。

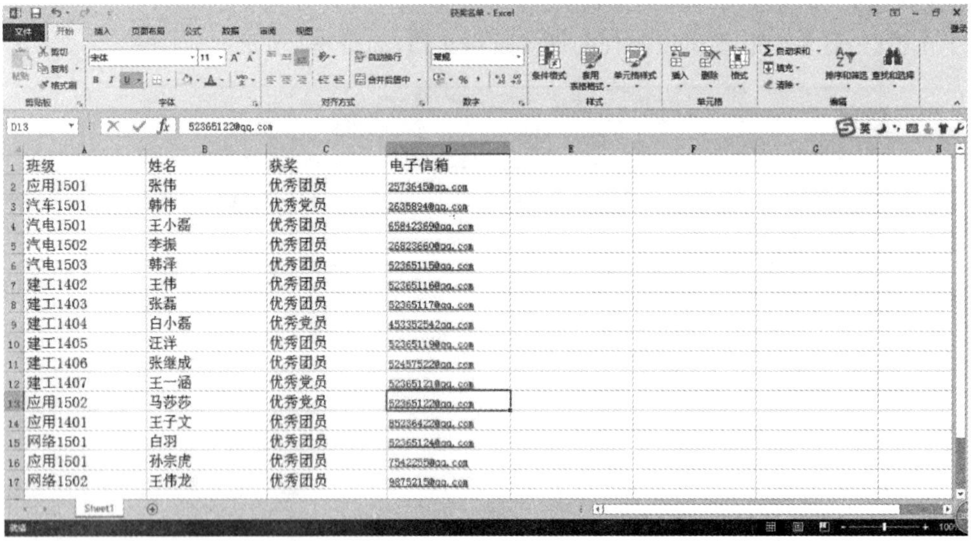

图 8-5 数据源"获奖名单"

3. 合并邮件

(1)单击【邮件】选项卡,在【开始邮件合并】组中单击【选择收件人】下拉按钮,在弹出的下拉列表中选择【使用现有列表】选项,打开【选取数据源】对话框,在【选取数据源】对话框中,选择 Excel 数据源文件,单击【打开】按钮,如图 8-6 所示。

(2)打开【选择表格】对话框,选择 Sheet 1$ 文件,单击【确定】按钮,如图 8-7 所示。

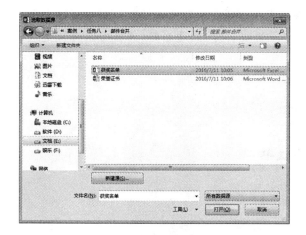

图 8-6 【选取数据源】对话框

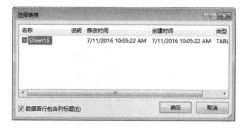

图 8-7 【选择表格】对话框

(3) 单击【邮件】选项卡,在【开始邮件合并】组中单击【编辑收件人】按钮,打开【邮件合并收件人】对话框,在【邮件合并收件人】对话框中,可以编辑收件人、如只选部分联系人、重新排序、按一定规则筛选(如班级、名称、获奖情况等),如图 8-8 所示。

图 8-8 【邮件合并收件人】对话框

(4) 使用【筛选】功能筛选出获得优秀团员的同学,如图 8-9 所示。筛选结果如图 8-10 所示。若想恢复筛选前数据,再使用【筛选】对话框设置条件为【无】即可。

图 8-9 【筛选和排序】对话框

图 8-10 筛选出优秀团员

(5) 光标定位到待插入内容处,单击【邮件】选项卡,在【编写和插入域】组中单击【插入合并域】下拉按钮,选择合适的字段,插入不同的域(字段名或名称)到适当处,并且可以进行格式设置,如图 8-11 所示。

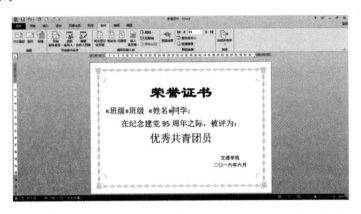

图 8-11 插入班级、姓名

(6) 单击【邮件】选项卡,在【预览结果】组中单击【预览结果】按钮,可查看结果,域部分变成了 Excel 表中的具体的记录,如图 8-12 所示。

图 8-12 预览结果

(7) 单击【邮件】选项卡,在【预览结果】组中单击【记录导航】上下箭头按钮,正文中的记录也变化。

(8) 单击【邮件】选项卡,在【完成】组中单击【完成并合并】按钮,在弹出的下拉列表中选择【编辑单个文档】选项,打开【合并到新文档】对话框,在对话框中进行设置,选择【全部】按钮。

(9) 最后生成含有所有记录的合并文档,每页成为一个荣誉证书,如图 8-13 所示。

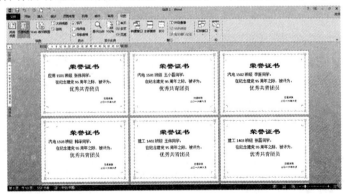

图 8-13 合并邮件

4. 邮件群发

（1）单击【邮件】选项卡，在【开始邮件合并】组中单击【开始邮件合并】下拉按钮，在弹出的下拉列表中选择【电子邮件】选项。

（2）单击【邮件】选项卡，在【开始邮件合并】组中单击【选择收件人】下拉按钮，在弹出的下拉列表中选择【使用现有列表】选项，打开【选取数据源】对话框，在【选取数据源】对话框中，选择 Excel 数据源文件，单击【打开】按钮，打开【选择表格】对话框，选择 Sheet 1$ 文件，单击【确定】按钮。

（3）单击【邮件】选项卡，在【开始邮件合并】组中单击【编辑收件人】按钮，打开【邮件合并收件人】对话框，在【邮件合并收件人】对话框中筛选出优秀团员。

（4）单击【邮件】选项卡，在【完成】组中单

图 8-14 【合并到电子邮件】对话框

击【完成并合并】按钮，在弹出的下拉列表中选择【发送电子邮件】选项，打开【合并到电子邮件】对话框，在对话框中进行设置，收件人下拉列表中选择【电子邮箱】，输入主题行名称，如图 8-14 所示。

（5）单击【确认】按钮完成邮件群发。

此时一定要确保 Outlook 邮箱是开启状态，邮件发送完毕如图 8-15 所示。

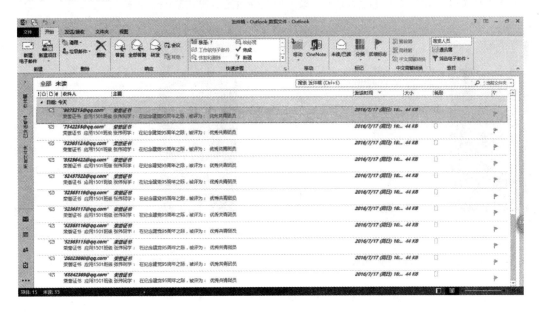

图 8-15 邮件发送

8.2 制作中文信封

Word 2013 提供了制作中文信封的功能，用户可以利用该功能制作符合国家标准、含有邮政编码、地址和收信人的信封，制作方法如下。

(1) 启动 Word 2013,创建一个空白文档。

(2) 单击【邮件】选项卡,在【创建】组中单击【中文信封】按钮,打开【信封制作相导】对话框,单击【下一步】按钮,如图 8-16 所示。

(3) 打开【选择信封样式】对话框,在【信封样式】下拉列表中选择符合国家标准的信封型号,并选择所有的复选框,单击【下一步】按钮,如图 8-17 所示。

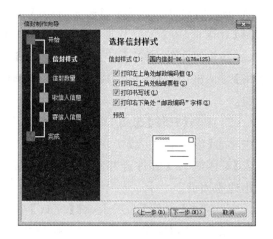

图 8-16　【信封制作相导】对话框　　　　　　图 8-17　【选择信封样式】对话框

(4) 打开【选择生成信封的方式和数量】对话框,保持默认设置后,单击【下一步】按钮,如图 8-18 所示。

(5) 打开【输入收信人信息】对话框,输入收件人信息,单击【下一步】按钮,如图 8-19 所示。

图 8-18　【选择生成信封的方式和数量】对话框　　图 8-19　【输入收件人信息】对话框

(6) 打开【输入寄信人信息】对话框,输入寄信人的信息,单击【下一步】按钮,如图 8-20 所示。

(7) 打开【信封制作完成】对话框,单击【完成】按钮,如图 8-21 所示。

(8) 完成信封制作后,会自动打开信封 Word 文档,设置字体为"楷体",第 1 行和第 4 行字号为"小四",第 2 行和第 3 行字号为"一号",效果如图 8-22 所示。

(9) 单击【保存】按钮,完成信封制作。

图 8-20 【输入寄件人信息】对话框

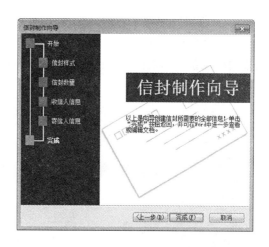
图 8-21 【信封制作完成】对话框

图 8-22 显示信封

8.3 使用超链接

超链接的定义就是将不同应用程序、不同文档、甚至是网络中不同计算机之间的数据和信息通过一定的手段联系在一起的链接方式。在文档中,超链接通常以蓝色下划线显示,单击后就可以从当前的文档跳转到另一个文档或当前文档的其他位置,也可以跳转到 Internet 的网页上。

8.3.1 插入超链接

因为经常上网所以对超链接已经比较熟悉,但是在用 Word 进行文档处理时,有时候也需要设置超链接的,比如在超长文档中创建文档目录,为书稿创建目录等,这样只需要单击超链接即可快速跳转到需要的页面,在 Word 中创建文档内的超链接有以下几种方法。

1. 拖放鼠标编辑

拖动鼠标选中特定的词、句或图像作为超级链接的目标,然后右击,把选定的目标拖到需要链接到的位置,释放鼠标按键,在快捷菜单中选择【在此创建超级链接】选项即可,如图 8-23 所示。

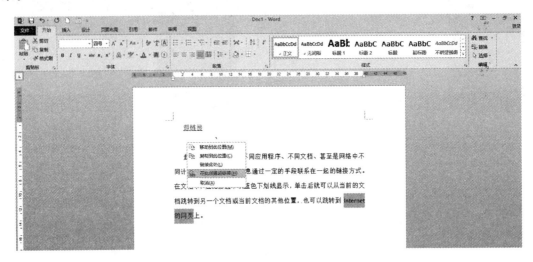

图 8-23　拖放鼠标创建超链接

2. 利用快捷菜单

拖动鼠标选中特定的词、句或图像作为超级链接的目标,然后右击,在弹出的快捷菜单中选择【超链接】命令,打开【插入超链接】对话框,如图 8-24 所示。

图 8-24　【插入超链接】对话框

在【链接到】列表框中选择链接位置,在【要显示的文字】文本框中输入超链接名称,在【地址】下拉列表框中输入超链接的路径或 Internet 地址,单击【屏幕提示】按钮,打开【设置超链接屏幕提示】对话框,在其中可以输入系统对该超链接的屏幕提示。

3. 利用【插入】选项卡

将插入点定位在需要插入超链接的位置,单击【插入】选项卡,在【链接】组中单击【超链接】按钮,或者按 Ctrl+K 组合键,打开【插入超链接】对话框,如图 8-24 所示,设置方法同上,插入超链接,效果图如图 8-25 所示。

任务 8　Word 2013 网络应用

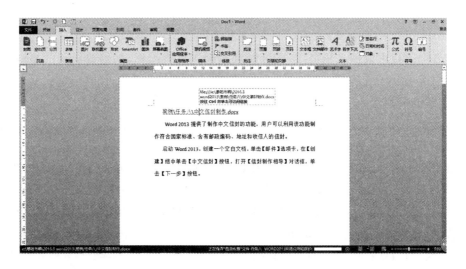

图 8-25　显示超链接

8.3.2　自动更正超链接

Word 2013 提供了自动更正超链接的功能,当输入 Internet 网址或者电子邮件地址时,系统会自动将其转换为超链接,并以蓝色下划线表示该超链接,使用自动更正超链接功能方法如下。

(1) 启动 Word 2013,单击【文件】按钮,在弹出的下拉列表中选择【选项】命令,打开【Word 选项】对话框的【校对】选项卡,单击【自动更正选项】按钮,如图 8-26 所示。

(2) 打开【自动更正】对话框,单击【键入时自动套用格式】选项卡,并在【键入时自动替换】选项区域选中【Internet 及网络路径替换为超链接】复选框,如图 8-27 所示。

图 8-26　单击【自动更正选项】按钮

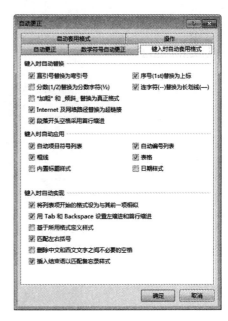

图 8-27　【自动更正】对话框

(3) 单击【确定】按钮,输入网址或者电子邮箱后按空格键,前面输入的文本自动变为超链接。

8.3.3 编辑超链接

在 Word 中不仅可以插入超链接，还可以对超链接进行编辑，如修改默认的超链接外观、修改链接的网址及其提示文本等。

1. 修改超链接外观

要修改超链接外观样式，首先选中超链接，然后对其进行格式化设置，如字体、字号、颜色、下划线等，修改超链接外观有以下两种方法。

（1）选中超链接，单击【开始】选项卡，在【字体】组单击【字体颜色】下拉按钮，在弹出的下拉列表中选择需要的颜色，单击【下划线】下拉按钮，在弹出的下拉列表中选择【下划线】样式。

（2）单击【开始】选项卡，在【样式】组单击右下角对话框启动器按钮，打开【样式】任务窗格，在样式列表中单击【超链接】选项后边的下拉箭头，在弹出的下拉菜单中选择【修改】命令，如图 8-28 所示。打开【修改样式】对话框，在此可以设置超链接的外观如字体、字号、颜色，如图 8-29 所示。

图 8-28　修改超链接样式

图 8-29　【修改样式】对话框

(3) 设置一个超链接的格式后,还可以使用格式刷对其他超链接应用同样的外观。

2. 修改超链接的网址及其提示文本

要修改超链接的网址及其提示文本,只需右击,在弹出的快捷菜单中单击【编辑超链接】命令,打开【编辑超链接】对话框,如图 8-30 所示。在【要显示的文字】文本框中可以修改超链接的网址,单击【屏幕显示】按钮,打开【设置超链接屏幕提示】对话框,在该对话框中可以修改提示文本。

图 8-30 【编辑超链接】对话框

3. 取消超链接

插入超链接后,可以随时将超链接转换为普通文本,转换方法如下。

(1) 右击超链接,从弹出的快捷菜单中单击【取消超链接】命令。

(2) 选择超链接,按 Shift+Ctrl+F9 组合键。

【任务实战】制作"荣誉证书邮件合并文档"

1. 效果图

"荣誉证书邮件合并文档"效果图,如图 8-31 所示。

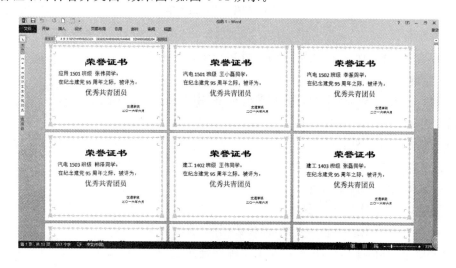

图 8-31 "合并邮件——荣誉证书"效果图

2. 操作要求

（1）新建一个空白 Word 文档，创建"荣誉证书"主文档，如图 8-32 所示。主文档格式如下。

荣誉证书：隶书、72 磅、居中对齐。

第 2 行：宋体、小初、两端对齐。

第 3 行：宋体、小初、两端对齐、首行缩进 2 个字符。

第 4 行：宋体、48 磅、居中对齐。

第 5 行、第 6 行：宋体、二号、右对齐。

（2）新建一个空白 Excel 电子表格，创建数据源"获奖名单"，如图 8-33 所示。

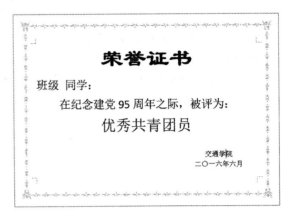

图 8-32 主文档"荣誉证书"

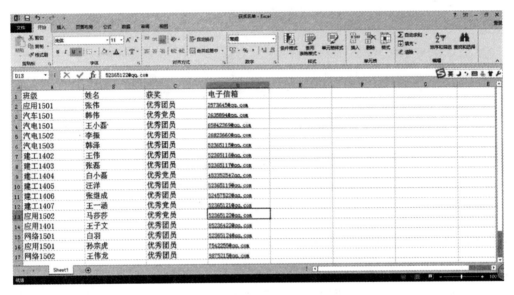

图 8-33 数据源"获奖名单"

（3）合并邮件。

（4）保存合并文档，保存名称为"学号＋姓名＋荣誉证书"。

3. 操作步骤

（1）新建一个空白 Word 文档，创建"荣誉证书"主文档，主文档格式如下。

荣誉证书：隶书、72 磅、居中对齐。

第 2 行：宋体、小初、两端对齐。

第 3 行：宋体、小初、两端对齐、首行缩进 2 个字符。

第 4 行：宋体、48 磅、居中对齐。

第 5 行、第 6 行：宋体、二号、右对齐。

（2）新建一个空白 Excel 电子表格，创建数据源"获奖名单"。

（3）合并邮件，具体操作方法参照"8.1.2 邮件合并"。

（4）保存合并文档，保存名称为"学号＋姓名＋荣誉证书"。

【其他典题】制作"成绩表邮件合并文档"

1. 效果图

"成绩表邮件合并文档"效果图,如图 8-34 所示。

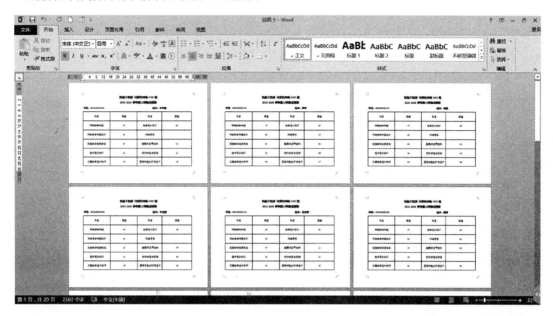

图 8-34 "成绩表邮件合并文档"效果图

2. 操作要求

(1) 建一个空白 Word 文档,参照效果图创建"成绩表"主文档。
(2) 新建一个空白 Excel 电子表格,创建数据源"成绩表"。
(3) 成绩表邮件合并文档。
(4) 保存合并文档,保存名称为"学号+姓名+成绩表"。

任务 9　Excel 2013 的基本操作

Excel 2013 电子表格处理软件是 Microsoft Office 2013 中最基本的组件之一,它具有良好的操作界面,能轻松地完成表格操作。

【工作情景】

利用假期时间,张伟找了一份发传单的工作来锻炼自己。在工作期间,经理听闻张伟是一名在校大学生,能够熟练操作办公软件,找到张伟帮忙为单位建立一个员工通信详情表,可以方便查询每一位员工的电话、手机号、电子邮箱等相关信息。

【学习目标】

(1) 区分工作簿和工作表的概念;
(2) 新建、删除、切换、重命名工作表的方法;
(3) 插入和删除行、列、单元格的操作;
(4) 设置行高和列宽;
(5) 各种数据的录入方法。

【效果展示】

"员工通信详情表"效果图,如图 9-1 所示。

	A	B	C	D	E	F	G	H
1	员工通讯录							
2	编号	姓名	性别	学历	部门	职务	联系电话	Email地址
3	XS001	唐树林	男	大学	销售部	门市经理	15689399947	TSL1234@126.com
4	XS002	伍和平	男	大学	销售部	经理助理	010-23443633	wuhp0109@163.com
5	XS003	罗凤	女	大专	销售部	营业员	13309749837	luofenglove@sina.com
6	XS004	秦兴	男	大专	销售部	营业员	15923759927	qingxing510@163.com
7	XS005	付华	女	大专	销售部	营业员	18743762976	fuhuavv1@126.com
8	QH001	陈建华	男	硕士	企划部	经理	010-48279856	chenjhwei@163.com
9	QH002	田玲	女	大学	企划部	处长	15401898367	tianling025@sina.com
10	QH003	刘洪和	男	大学	企划部	职员	15801003289	122739479@qq.com
11	QH004	王超	男	大学	企划部	职员	13702985736	wangchaowangchao@126.com
12	XZ001	何清平	男	博士	行政部	经理	15533596387	23422423@qq.com
13	XZ002	付永明	男	硕士	行政部	处长	13454395643	fumingy5677@163.com
14	XZ003	杨军	男	大学	行政部	职员	13465895551	yangjun360@126.com
15	XZ004	于鹏	男	大学	行政部	职员	15622597739	546397@qq.com

图 9-1　"员工通信详情表"效果图

【知识准备】

9.1　工作表基本操作

电子表格软件 Excel 2013 是一个集表格处理、图表制作和数据库功能于一体的功能强大的分析工具。

9.1.1 新建工作簿

启动 Excel 2013 应用程序的方法有以下几种。

（1）使用 Windows 7 操作系统中【开始】菜单启动。右击桌面或者存储位置窗口空白处，在弹出的快捷菜单中执行【新建】|【Microsoft Excel 工作表】命令。

（2）快捷键启动。单击【开始】按钮，执行【所有程序】中的【Microsoft Office 2013】|【Excel 2013】命令。

（3）键入命令启动。单击【开始】按钮，执行【运行】命令，在文本框中输入"Excel.exe"，按 Enter 键确定。

启动 Excel 2013 后，将会出现如图 9-2 所示模板，选择【空白工作簿】，双击，系统自动创建一个名为"工作簿 1"的空白工作簿，用户可以在保存工作簿时为其重命名。同时，系统为了满足不同群体的需要，还提供了一些可以联机下载的模板，类型有月历、备忘录、日常安排、预算、图表、费用报表等，为提高办公效率提供了便利。

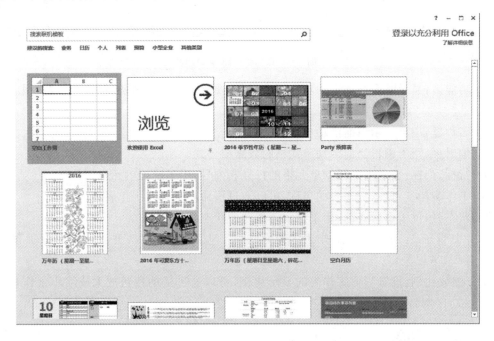

图 9-2 新建空白工作簿

9.1.2 认识 Excel 2013

要学习 Excel 2013，首先要了解它的工作界面。Excel 2013 界面窗口包括快速启动工具栏、选项卡、功能区、名称框、编辑框、状态栏、行标、列标、滚动条等部分组成，如图 9-3 所示。

现将 Excel 2013 各组成部分的功能介绍如下。

（1）快速启动工具栏：默认包含保存、撤销和重复按钮，用户也可以通过下拉按钮 选择【自定义快速启动工具栏】的功能项。

（2）Excel 按钮和窗口操作按钮功能相同，都包含窗口的关闭、最大化和最小化功能。

（3）选项卡：Excel 中多数功能操作集中在文件、开始、插入、页面布局、公式、数据、审阅、视

图 8 个选项卡中。每个选项卡都是一个功能区,包含多项功能供用户使用。用户可以通过切换选项卡来查看不同的功能区。

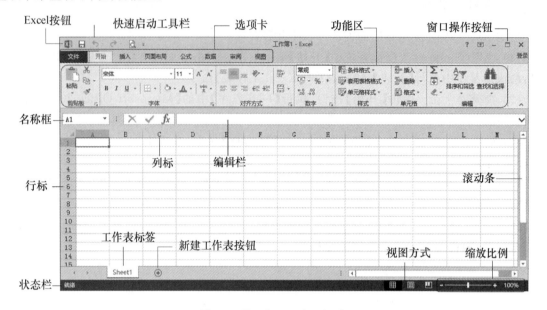

图 9-3　Excel 2013 窗口组成

(4) 功能区:显示某个选项卡的功能组按钮,方便用户使用。默认显示【开始】选项卡的功能组按钮。

(5) 名称框:用于显示当前活动单元格的名称。

(6) 编辑栏:用于编辑当前活动单元格的数据或公式。

(7) 行标、列标:显示当前活动单元格的行号和列号,用于定位单元格。

(8) 工作表标签:显示工作表的名称,可以通过重命名来修改工作表名称。

(9) 状态栏:位于窗口底部,用于显示工作簿的状态信息。

(10) 视图方式:用于设置工作表的显示方式,包含普通视图、页面布局和分页预览 3 种方式。

(11) 缩放比例:设置当前工作表的显示比例,可以通过拖动按钮放大或缩小工作表显示区域,每次变动比例为 10%。

9.1.3　新建工作表

工作表又称电子表格,是 Excel 窗口的主体部分,工作表用于组织和分析数据,一个工作簿包含的工作表都以标签的形式排列在工作簿的左下方。工作表的默认名称是 Sheet X(X 为 $1,2,3,\cdots,n$)。工作簿和工作表的关系就像是日常的账簿和账页的关系,一个账簿可由多个账页组成,一个账页可以反映一些数据信息。在一个工作簿中插入一张空白工作表,可以用以下 4 种方法实现。

(1) 单击【开始】选项卡,在【单元格】组中单击【插入】按钮下拉列表中的【插入工作表】选项,即可插入一张新工作表,如图 9-4 所示。

(2) 右击任意工作表标签,在弹出的快捷菜单中选择【插入】命令,显示如图 9-5 所示的对话框。执行【常用】|【工作表】命令后单击【确定】按钮,即可在当前工作表前方插入一个新的空白工作表。

任务 9　Excel 2013 的基本操作

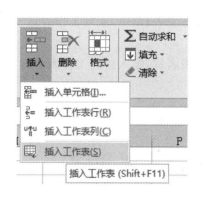

图 9-4　功能区【插入工作表】命令

图 9-5　快捷菜单插入工作表

（3）单击工作表标签右侧位置的【插入工作表】按钮 ⊕，将直接在当前工作表序列后插入一张新的空白工作表，如图 9-6 所示。

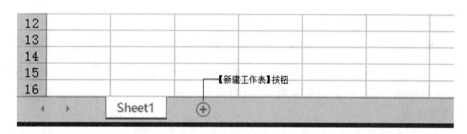

图 9-6　【新建工作表】按钮

（4）按 Shift+F11 组合键可快速插入多张工作表。

9.1.4　删除工作表

当一个工作簿中不需要多张工作表时，可以根据用户需要删除一张或几张工作表，可以用以下两种方法实现。

（1）首先选中要删除的工作表，然后单击【开始】选项卡，在【单元格】组中单击【删除】按钮下拉列表中的【删除工作表】选项即可。

（2）右击要删除的工作表标签，在弹出的快捷菜单中选择【删除】命令也可删除选中的工作表。

9.1.5　切换工作表

在工作表的操作中，有时需要在打开的不同的工作表中采集数据，这就需要切换工作表。切换工作表有以下方法。

（1）单击工作簿底部的工作表标签。

（2）使用组合键切换工作表。按 Ctrl+Page Up 组合键切换到前一张工作表，按 Ctrl+Page Down 组合键切换到后一张工作表。

9.1.6　重命名工作表

在日常生活中，为了便于区分和管理每张工作表，最好不使用 Excel 工作表默认的名字。可以根据工作表中的内容为其重新命名，让使用者根据工作表名称快速地了解工作表的内容，这就要给工作表标签重命名。

(1) 选择目标工作表,右击工作表标签,执行快捷菜单的【重命名】命令,此时工作表标签进入编辑模式,直接输入新名称,按 Enter 键即可。

(2) 将鼠标置于要重命名的工作表的标签上,双击该工作表名称,输入新的工作表名称,按 Enter 键。

9.1.7 选定工作表

1. 选定单个工作表

要选定某个工作表,只需单击相应的工作表标签,该工作表的内容即可显示在工作簿窗口中,该工作表标签下方出现下划线。

2. 选定多个工作表

要选定多个连续工作表,先单击第一张工作表标签,按住 Shift 键,再单击最后一张工作表标签;要选定多个不连续的工作表标签,按住 Ctrl 键,再依次单击所要选定的各个工作表标签。

9.1.8 隐藏、显示工作表

如果当前工作簿中工作表数量较多,用户可以将现存有重要数据或暂时不用的工作表隐藏起来,这样不但可以减少屏幕上工作表的数量,而且可以防止工作表中重要的数据因错误操作而丢失。工作表被隐藏以后,如果需要编辑,还可以恢复其显示。

1. 隐藏工作表

右击选定要隐藏的工作表,在弹出的快捷菜单中单击【隐藏】命令即可,如图 9-7 所示,工作表 Sheet 4 被设置为隐藏。

2. 恢复工作表

要恢复显示被隐藏的工作表,右击任意工作表标签,在弹出的快捷菜单中选择【取消隐藏】命令,此时弹出如图 9-8 所示的【取消隐藏】对话框,在【取消隐藏工作表】列表框中选择需要取消隐藏的工作表,单击【确定】按钮即可。

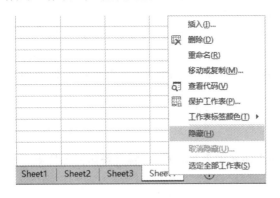

图 9-7 隐藏工作表 Sheet 4

图 9-8 【取消隐藏】对话框

9.1.9 移动、复制工作表

在工作中常常需要创建工作表的副本,或者将当前工作簿中的工作表移动到另一个工作簿中时,可以通过移动或复制操作实现。

1) 同一工作表内的移动和复制操作

（1）移动操作：鼠标左键单击选定要移动的工作表标签，不要释放鼠标，当被选中工作表左上角出现▼时拖动工作表到指定位置，然后释放鼠标即可。操作结果如图 9-9 所示，将工作表标签 Sheet 1 移动到 Sheet 3 之后。

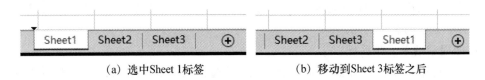

(a) 选中 Sheet 1 标签　　　　　　(b) 移动到 Sheet 3 标签之后

图 9-9　同一工作表内的移动和复制操作

（2）复制操作：创建方法同移动操作，只需要在移动工作表的同时按 Ctrl 键，移动到指定位置后，先释放鼠标，再松开 Ctrl 键。如图 9-10 所示，创建 Sheet 1 副本，系统自动为创建的副本命名为 Sheet 1(2)，可以对其重命名。

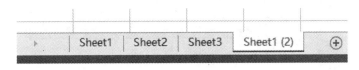

图 9-10　创建 Sheet 1 副本

2）不同工作簿间的移动和复制操作

在不同工作簿之间移动或复制工作表，至少要打开两个工作簿，我们把要移动或复制的工作表所在的工作簿称为"原工作簿"，把移动或复制后工作表所在工作簿称为"目标工作簿"。

操作步骤如下。

（1）在原工作簿中右击被移动的工作表，在弹出的快捷菜单中选择【移动或复制】命令，弹出如图 9-11 所示的【移动或复制工作表】对话框。

（2）在对话框的【工作簿】下拉列表框中选择目标工作簿，然后在【下列选定工作表之前】列表框中选择放置的位置。

（3）如果是移动操作，单击【确定】按钮即可完成操作。如果是复制操作，需要勾选对话框中的【建立副本】复选框，然后单击【确定】按钮即可。

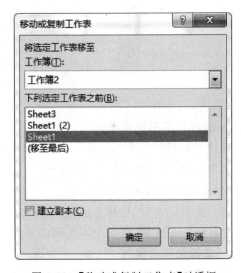

图 9-11　【移动或复制工作表】对话框

9.2　工作表的行、列、单元格操作

9.2.1　选定工作表单元格区域

单元格是 Excel 工作表组织数据的最基本单元，单元格是表格中行与列的交叉部分，对数据的所有操作都是在单元格中完成的，每个单元格由行号和列号来定位。工作表中的行号用数字来表示，即 1, 2, 3, …, 1 048 576，列号用 26 个英文字母及其组合来表示，即 A, B, …, Z, AA, AB, AC, …, ZZ。

正在接受操作的单元格被称作活动单元格。将一个或多个单元格变成当前活动单元格,就叫作激活。在激活的单元格中可以进行选择、复制、删除等操作。

1. 选择一个单元格

选择某个单元格最简单的方法就是单击该单元格。单元格被选中后,表格左上方的名称框内会显示该单元格的名称。

2. 选择相邻的单元格区域

可以同时选中相邻区域的多个单元格。例如,选中 C7～E11 区域,可以有以下两种方法实现。

（1）将鼠标移动到单元格 C7 上,按下鼠标左键不放拖动到单元格 E11 上,释放鼠标。

（2）单击单元格 C7,按住 Shift 键,再单击单元格 E11,然后释放 Shift 键。

选择多个单元格后,名称框内显示的只是其中左上角的单元格名称,如图 9-12 所示。

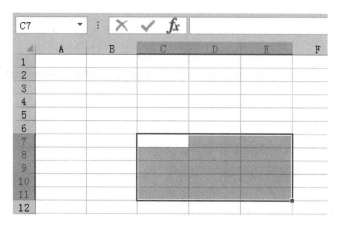

图 9-12　选定单元格区域

3. 选择非相邻的单元格

选择不相邻的多个单元格,需要借助 Ctrl 键来完成。例如,要选中 A6、B5、C4、D3、E2、F1 这 6 个单元格,可以根据以下步骤操作。

（1）鼠标左键单击单元格 A6。

（2）按下 Ctrl 键,鼠标左键分别单击单元格 B5、C4、D3、E2、F1。

（3）释放 Ctrl 键,则 6 个不相邻的单元格都被选中了。

4. 选择整行或整列

在工作表中选择整行单元格的操作比较简单,只需将鼠标指针移至该行的行号上单击即可。选择整列的方法与选择整行的方法相似,只需用鼠标在要选择的列号上单击即可。

5. 选择整张工作表

在每张工作表的工作区的左上角都有一个【全选】按钮 ,要选择整张工作表时单击此按钮;另外一种操作方法是按 Ctrl+A 组合键。

9.2.2　插入、删除行和列

用户在输入数据后,可能会发现由于准备不充分或不小心,漏掉了某些内容,增补时想把漏掉的内容插入适当的位置,这就需要对行、列作插入或删除操作。

1. 插入行或列

插入行可以用以下三种方法。

(1) 右击工作表中某行的单元格,在弹出的快捷菜单中选择【插入】命令,弹出如图 9-13 所示的【插入】对话框,选择"整行"单选框。单击【确定】按钮,即可在当前行的上方插入一个新的空白行。

(2) 在工作表中单击行标号选择某行,在【开始】选项卡的【单元格】组中,单击【插入】按钮下拉列表中的【插入工作表行】选项,即可在当前行上方插入新行。

(3) 如果希望在工作表中某行的上方一次插入多行,可首先在该行向下选择与要插入的行数相同的若干行,而后右击这些行的行标号区域,在弹出的快捷菜单中选择【插入】命令即可,如图 9-14 所示。

图 9-13 【插入】对话框

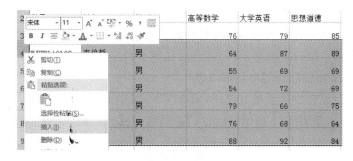

图 9-14 一次插入多行

插入列的方法和插入行的方法类似。

2. 删除行或列

删除行可以用以下两种方法。

(1) 单击要删除的行中的任一单元格,在【开始】选项卡的【单元格】组中,单击【删除】按钮下拉列表中的【删除工作表行】选项,实现删除行的操作。

(2) 右击某个单元格,执行快捷菜单的【删除】命令,在弹出的【删除】对话框中选择【整行】命令,单击【确定】按钮。

删除列的方法和删除行的方法类似。

9.2.3 插入和删除单元格

在对工作表的输入和编辑过程中,由于数据的不确定性,经常需要插入或删除某些单元格。

1. 插入单元格

(1) 首先选中要插入的单元格位置,右击,在弹出的快捷菜单中选择【插入】命令,弹出如图 9-13 所示【插入】对话框,可以选择单元格插入的位置。【活动单元格右移】指在选中的单元格的左边插入新单元格,【活动单元格下移】指在选中的单元格的上边插入新单元格,还可以插入整行或整列。

(2) 在【开始】选项卡的【单元格】组中,单击【插入】按钮下拉列表中的【插入单元格】选项,弹出如图 9-13 所示【插入】对话框,设置方法同上,实现单元格的插入操作。

2. 删除单元格

与插入单元格操作相反,删除单元格操作是从工作表中减少单元格,同时减少的还有单元格中的数据。删除单元格的方法有以下两种。

(1) 首先选中要删除的单元格,右击单元格,在弹出的快捷菜单

图 9-15 【删除】对话框

中选择【删除】命令,弹出如图9-15所示的【删除】对话框。根据要求做相应的删除操作。

(2) 在【开始】选项卡的【单元格】组中,单击【删除】按钮下拉列表中的【删除单元格】选项,弹出【删除】对话框,设置方法同上。

9.2.4 调整行高和列宽

用户输入数据时,Excel 2013能根据输入字号的大小自动调整行的高度,使其能容纳行中最大的字号。用户也可以根据自己的需要设置合适的行高与列宽。

1. 调整行高

1) 鼠标左键拖动设置

将鼠标指针移动到两行行号的上下边界处,当鼠标指针变成形状╪时,向下拖动鼠标,这时在右边小窗口中会显示行高信息,如图9-16所示。

2) 使用【行高】对话框设置

首先选中单元格,在【开始】选项卡的【单元格】组中单击【格式】按钮下拉列表中的【行高】选项,弹出如图9-17所示的【行高】对话框,在【行高】文本框中输入数值即可。

图 9-16 鼠标拖动设置行高

图 9-17 【行高】对话框

2. 调整列宽

1) 使用鼠标左键拖动设置

将鼠标指针移动到两列列号的左、右边界处,当鼠标指针变成形状╋时,向右拖动鼠标,这时在右边小窗口中会显示调整的宽度,如图9-18所示。

2) 使用【列宽】对话框设置

首先选中单元格,在【开始】选项卡的【单元格】组中单击【格式】按钮下拉列表中的【列宽】选项,弹出如图9-19所示【列宽】对话框,在【列宽】文本框中输入数值即可。

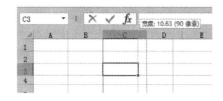

图 9-18 鼠标拖动设置列宽

图 9-19 【列宽】对话框

9.2.5 文本的录入

表格中可以录入的数据信息有很多种,根据种类的不同,单元格中数据的对齐方式不同,还有一些信息不能直接录入,而是通过设置单元格格式来完成。

1. 字符类

字符类包括汉字、字母、特殊符号等字符,录入时通过键盘键入或在【插入】选项卡的【符号】组中单击【符号】按钮,弹出如图9-20所示【符号】对话框,选择相应的符号即可。默认的单元格对齐方式是"左对齐"。

2. 数值类

数值类包括正数、负数、小数、百分数和分数,默认的单元格对齐方式是"右对齐"。

1) 正数的录入

正数可以直接录入,允许录入的最大正整数是"99999999999",比这个数值再大时,需要设置单元格格式或者使用特殊录入方法实现。例如,可以直接输入"23"和"456674463"。数值大于"99999999999"或者数值以"0"开头,例如,"152451425185"和"001256324517"数据的显示不能满足其要求,如果想把数据完整显示出来,需要把数值作为文本类型处理,可以有两种方法实现,一种方法是在数字前用英文输入法输入单引号('),例如,输入" '152451425185"

图 9-20 【符号】对话框

和" '001256324517"。另外,一种方法是先设置单元格格式为文本型,选定单元格并右击,在弹出的快捷菜单中选择【设置单元格格式】命令,如图 9-21 所示。选定后弹出【设置单元格格式】对话框,如图 9-22 所示,在【数字】选项卡中进行数据类型的设置。

图 9-21 快捷菜单选项　　　　图 9-22 【设置单元格格式】对话框

2) 负数的录入

负数的录入方法有两种,例如,要输入"－12",一种方法是直接在单元格中输入"－12",另外一种方法是在单元格中输入"(12)"。

注意的是必须在英文输入法中输入括号。

3) 小数的录入

正常的小数可以直接输入,当小数的位数有要求时,需要设置单元格格式,具体操作方法如下。

(1) 右击要输入内容的单元格。

(2) 执行快捷菜单的【设置单元格格式】命令,弹出【设置单元格格式】对话框。

(3) 在【设置单元格格式】对话框中选择【数字】选项卡,在【分类】列表中选择【数值】,列表右侧选择小数的位数和是否使用千位分隔符,根据要求进行相关设置。

例如,要输入"123.120 0",先设置单元格格式,设置小数位数为 4 位,再录入数据"123.120 0"。

4)百分数的录入

百分数的录入方法和小数的输入方法类似,例如,在 A1 单元格中录入"15.34％",具体操作方法如下。

(1)单击 A1 单元格。

(2)在编辑栏中输入"15.34％"(百分号在数字键 5 上,输入百分号的方法是按住 Shift＋5 组合键。

在 C2 单元格中录入"15.340 0％",具体操作步骤如下。

(1)右击 C2 单元格。

(2)执行【设置单元格格式】命令,弹出【设置单元格格式】对话框。

(3)在【设置单元格格式】对话框中选择【数字】选项卡,在【分类】列表中选择【百分比】,列表右侧选择小数的位数为"4"。

(4)单击【确定】按钮。

(5)在编辑栏中输入"15.340 0％"。

5)分数的录入

分数的录入方法可以通过设置单元格格式来实现,还可以直接输入。当我们直接输入"2/3"时,Excel 会将其自动转换为"2 月 3 日",所以要输入正确的分数"2/3",前面需要加"0"和空格,即要直接输入分数,必须在单元格内输入"0 2/3"。另外一种输入分数的方法是先设置单元格格式后,再输入对应的数值。

3. 时间日期

输入日期型数据需要使用"-"或者"/"连字符将年月日连接起来。输入时间型数据需要使用":"分隔符将时、分、秒分隔开。

9.2.6 冻结窗口

冻结功能类似于网页中的框架,可以实现表格中固定行和列不动。冻结窗口一般都是对标题行进行冻结,是为了在垂直滚动时始终显示标题行,以方便数据的输入和查看。

例如,将第 1 行和第 2 行进行冻结设置,具体操作步骤如下。

(1)选中表格的第 3 行或者单元格 A3。

(2)在【视图】选项卡中的【窗口】组中单击【冻结窗格】按钮,弹出下拉列表如图 9-23 所示。选择【冻结拆分窗格】选项,可以实现行的冻结。

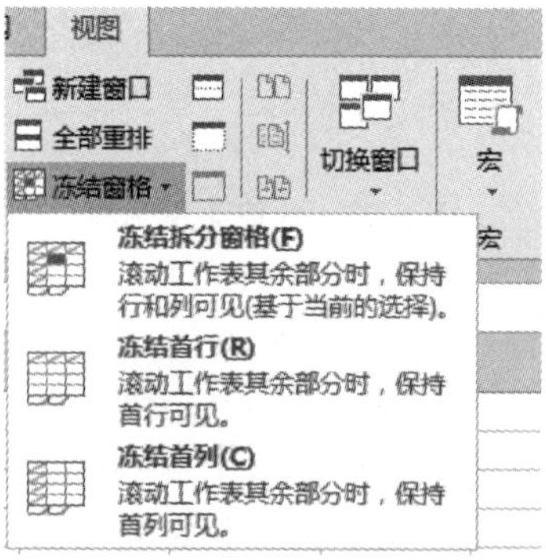

图 9-23 冻结窗格列表

【任务实战】制作"员工通信详情表"

1. 效果图

"员工通信详情表"效果图,如图 9-24 所示。

图 9-24 "员工通信详情表"效果图

2. 操作要求

(1) 工作簿文件另存为"学号后两位＋姓名＋员工通讯录",如"03 张伟员工通讯录"。

(2) 将"Sheet 1"工作表重命名为"员工通讯详情表"。

(3) 设置行高和列宽。1～15 行行高设置为"20",列宽数各不相同,(A:8),(B:8),(C:8),(D:8),(E:10),(F:10),(G:15),(H:25)。

(4) 在"员工通信详情表"中录入效果图所示的数据信息。

3. 操作步骤

1) 新建工作簿,重命名工作簿和工作表

(1) 右击桌面空白处,在快捷菜单里执行【新建】|【Microsoft Excel 工作表】命令,如图 9-25 所示。

图 9-25 新建 Microsoft Excel 工作表

(2) 右击"新建 Microsoft Excel 工作表",选择【重命名】命令,在工作簿名称编辑区域内输入工作簿名称,按 Enter 键。

(3) 打开工作簿,双击"Sheet 1"工作表标签,处于可编辑状态后,输入新工作表名称"员工通讯详情表"。

2) 设置行高和列宽

(1) 单击行号"1",一直按住鼠标左键不放拖动到行号"15",右击,选择【行高】命令。在【行高】文本框内输入"20",如图 9-26 所示。

图 9-26 【行高】对话框

(2) 单击列号"A",一直按住鼠标左键不放拖动到列号"D",右击,选择【列宽】命令。在【列宽】文本框里输入"8"。

(3) 重复上一步操作,设置列 E～H 的列号分别是 10,10,15,25。

3) 录入信息

按照效果图所展示内容,在各单元格中录入数据信息。

提示:如果要去掉在输入 E-mail 地址后自动添加的超链接,可以将光标移到单元格上方,右击,在弹出的快捷菜单中选择【取消超链接】命令或者在单元格附近出现智能标签,在下拉列表中选择【停止自动创建超链接】选项即可。

【其他典题1】制作"年度考核记录表"

1. 效果图

"年度考核记录表"效果图,如图9-27所示。

	A	B	C	D	E	F	G	H	I	J	K
1	2016年度9月份考核记录表										
2	编号	姓名	部门	迟到(□)	早退(▲)	旷工(×)	请假(◎)	大功(☺)	小功(#)	大过(×)	小过(◇)
3	LYX0001	唐树林	销售部	0	1	0	3	2	3	0	0
4	LYX0002	伍和平	销售部	2	3	2	0	0	2	2	1
5	LYX0003	罗凤	销售部	1	2	0	2	0	2	2	2
6	LYX0004	秦兴	销售部	0	0	1	0	2	2	1	2
7	LYQ0001	付华	企划部	3	2	0	2	2	2	2	2
8	LYQ0002	陈建华	企划部	0	1	0	1	3	0	0	2
9	LYQ0003	田玲	企划部	2	1	3	2	2	2	0	1
10	LYQ0004	刘洪和	企划部	0	2	2	5	2	1	2	2
11	LYZ0001	王超	行政部	4	0	0	2	3	1	0	2
12	LYZ0002	何清平	行政部	2	4	0	2	2	2	2	2
13	LYZ0003	付永明	行政部	1	2	1	0	2	2	2	2
14	LYZ0004	杨军	行政部	2	1	0	1	2	1	3	1

图9-27 "年度考核记录表"效果图

2. 操作要求

(1) 将工作表标签重命名为"年度考核记录表"。
(2) 设置第1行行高为"25",2~14行行高为"20"。
(3) 设置列宽,列宽数值各不相同,(A:10),(B:10),(C:10),(D:9),(E:9),(F:9),(G:9),(H:9),(I:9),(J:9),(K:9)。
(4) 在"年度考核记录表"中录入效果图9-27所示的数据信息。

【其他典题2】制作"差旅费预支申请表"

1. 效果图

"差旅费预支申请表"效果图,如图9-28所示。

	A	B	C	D	E	F	G
1	六 月份差旅费预支申请表						
2	申请人姓名	申请部门	出差地点	开始日期	结束日期	交通工具	申请金额
3	伍和平	销售部	上海	6月12日	6月18日	飞机	¥5,500.00
4	付华	销售部	呼市	6月5日	6月12日	火车	¥3,000.00
5	田玲	企划部	杭州	6月20日	6月28日	火车	¥2,800.00
6	王超	企划部	南京	6月3日	6月9日	飞机	¥3,400.00
7	付永明	行政部	南京	6月10日	6月15日	火车	¥2,200.00
8	于鹏	行政部	上海	6月19日	6月22日	飞机	¥6,000.00

图9-28 "差旅费预支申请表"效果图

2. 操作要求

(1) 将工作表标签重命名为"差旅费预支申请表"。
(2) 设置1~8行行高为"25"。设置A~G列列宽为"10"。
(3) 在"差旅费预支申请表"中录入效果图9-28所示的数据信息。
(4) 如效果图所示设置货币符号及单元格格式。

【其他典题 3】制作"伸缩缝间距表"

1．效果图

"伸缩缝间距表"效果图，如图 9-29 所示。

	A	B	C	D
1	钢筋混凝土结构伸缩缝最大间距		单位(m)	
2	结构类别		室内或土中	露天
3	排架结构	装配式	100	70
4	框架结构	装配式	75	50
5		现浇式	55	35
6	剪力墙结构	装配式	65	40
7		现浇式	45	30
8	挡土墙、地下室墙等类结构	装配式	40	30
9		现浇式	30	20

图 9-29 "伸缩缝间距表"效果图

2．操作要求

（1）将工作表标签重命名为"伸缩缝间距表"。
（2）设置 1～9 行行高为"20"。设置 A～D 列列宽为最适合的列宽。
（3）在"伸缩缝间距表"中录入效果图 9-29 所示的数据信息。

【其他典题 4】制作"岩石吸水性能表"

1．效果图

"岩石吸水性能表"效果图，如图 9-30 所示。

	A	B	C	D
1	岩石名称	吸水率w1(%)	吸水率w2(%)	饱水因数(%)
2	花岗岩	0.46	0.84	0.55
3	石英闪长岩	0.32	0.54	0.59
4	玄武岩	0.27	0.39	0.69
5	基性斑岩	0.35	0.42	0.83
6	云母片岩	0.13	1.31	0.10
7	砂岩	7.01	11.99	0.60
8	石灰岩	0.09	0.25	0.36
9	白云质石灰岩	0.74	0.92	0.80

图 9-30 "岩石吸水性能表"效果图

2．操作要求

（1）将工作表标签重命名为"岩石吸水性能表"。
（2）设置 A～D 列列宽为最适合的列宽。
（3）在"岩石吸水性能表"中录入效果图 9-30 所示的数据信息。
（4）设置 B2～D9 单元格区域数值保留两位小数。

【其他典题 5】制作"岩质边坡容许坡度值表"

1．效果图

"岩质边坡容许坡度值表"效果图，如图 9-31 所示。

	A	B	C	D	E
1	岩土类别	岩土性质	容许坡度值(高宽比)		
2			坡高在8m以内	坡高在8~15m	坡高在15~30m
3	硬质岩石	微风化	1:0.10~1:0.20	1:0.20~1:0.35	1:0.35~1:0.50
4		中等风化	1:0.20~1:0.35	1:0.35~1:0.50	1:0.50~1:0.5
5		强风化	1:0.35~1:0.5	1:0.50~1:0.75	1:0.75~1:1.00
6	软质岩石	微风化	1:0.35~1:0.50	1:0.50~1:0.75	1:0.75~1:1.00
7		中等风化	1:0.50~1:0.75	1:0.75~1:1.00	1:1.00~1:1.25
8		强风化	1:0.75~1:1.00	1:1.00~1:1.50	

图 9-31 "岩质边坡容许坡度值表"效果图

2. 操作要求

(1) 将工作表标签重命名为"岩质边坡容许坡度值表"。
(2) 设置 A~E 列列宽为最适合的列宽。
(3) 在"岩质边坡容许坡度值表"中录入效果图 9-31 所示的数据信息。

提示：输入大波浪符号~，输入法状态为全角状态(Shift＋空格键可实现全角半角切换)，按下 Shift ＋ ~组合键，即可打出~。

【其他典题 6】制作"牛奶巧克力的基本组成表"

1. 效果图

"牛奶巧克力的基本组成表"效果图，如图 9-32 所示。

	A	B	C	D
1	牛奶巧克力的基本组成质量分数（单位：%）			
2	基本组成	牛奶巧克力(一级)	牛奶巧克力(高档)	牛奶巧克力(涂外衣用)
3	可可料	10~12	11~13	10~12
4	可可脂	22~28	22~30	22~30
5	蔗糖	43~55	40~45	44~48
6	乳固体	10~12	15~20	13~15
7	总油脂量	30~38	32~40	35~40

图 9-32 "牛奶巧克力的基本组成表"效果图

2. 操作要求

(1) 将工作表标签重命名为"牛奶巧克力的基本组成表"。
(2) 设置 1~7 行行高为最适合的行高。设置 A~D 列列宽为最适合的列宽。
(3) 在"牛奶巧克力的基本组成表"中录入效果图 9-32 所示的数据信息。

【其他典题 7】制作"审计工作标识符号表"

1. 效果图

"审计工作标识符号表"效果图，如图 9-33 所示。

	A	B
1	标　识	含　义
2	∧	纵加核对
3	<	横加核对
4	B	与上年结转数核对一致
5	T	与原始凭证核对一致
6	G	与总分类账核对一致
7	S	与明细账核对一致
8	T/B	与试算平衡表核对一致
9	C	已发询证函
10	C\	已收回询证函

图 9-33 "审计工作标识符号表"效果图

2. 操作要求

(1) 将工作表标签重命名为"审计工作标识符号表"。

(2) 设置 A 列列宽为"10",B 列列宽为"25"。

(3) 在"审计工作标识符号表"中录入效果图 9-33 所示的数据信息。

【其他典题 8】制作"审计计划表"

1. 效果图

"审计计划表"效果图,如图 9-34 所示。

	A	B	C	D	E	F
1	某市审计局年度审计基本计划表					
2	审计项目名称	被审计单位	审计对象	审计范围	审计时间	备注
3	预算执行审计	市财政局	财政预算执行	财政局2014年财政收支	2015年1月15日-2月10日	
4	工程项目审计	市卫生局	工程项目建设	卫生局办公楼建设竣工项目	2015年4月1日-4月20日	
5	财务收支审计	市高级中学	教育经费收支	高级中学2014年全部教育经费收支	2015年6月1日-6月20日	
6	专项负债调查	市属企业	负债发生与偿还	全部市属企业2014年负债额	2015年8月5日-8月30日	
7	经济责任审计	本市某区政府	本市某区区长	该区长任职期间经济责任	2015年10月10日-11月10日	

图 9-34 "审计计划表"效果图

2. 操作要求

(1) 将工作表标签重命名为"审计计划表"。

(2) 设置 1~7 行行高为"20"。设置 A~F 列列宽为最适合的列宽。

(3) 在"审计计划表"中录入效果图 9-34 所示的数据信息。

【其他典题 9】制作"建筑物耐久年限表"

1. 效果图

"建筑物耐久年限表"效果图,如图 9-35 所示。

	A	B		C
1	建筑等级	建筑物性质		耐久年限
2	一	具有历史性、纪念性、代表性的重要建筑物,如纪念馆、博物馆等		100年以上
3	二	重要的公共建筑物,如一级行政机关办公楼、大城市火车站、大剧院等		50~100年
4	三	普通的建筑物,如文教、交通、居住建筑及一般性厂房等		25~50年
5	四	建议建筑和使用年限在15年以下的临时建筑		15年以下

图 9-35 "建筑物耐久年限表"效果图

2. 操作要求

(1) 将工作表标签重命名为"建筑物耐久年限表"。

(2) 设置 1~5 行行高为"20"。设置 A~C 列列宽为最适合的列宽。

(3) 在"建筑物耐久年限表"中录入效果图 9-35 所示的数据信息。

【其他典题 10】制作"降排水施工质量检验标准表"

1. 效果图

"降排水施工质量检验标准表"效果图,如图 9-36 所示。

2. 操作要求

(1) 将工作表标签重命名为"降排水施工质量检验标准表"。

(2) 设置 1~12 行行高为"20"。设置 A~E 列列宽为最适合的列宽。

(3) 在"降排水施工质量检验标准表"中录入效果图 9-36 所示的数据信息。

	A	B	C	D	E
1	降水与排水施工质量检验标准				
2	序号	检查项目	允许值或允许偏差		检查方法
3			单位	数值	
4	1	排水沟坡度	‰	1～2	目测：沟内不积水，沟内排水畅通
5	2	井管(点)垂直度	%	1	插管时目测
6	3	井管(点)间距(与设计相比)	mm	≤150	钢尺量
7	4	井管(点)插入深度(与设计相比)	mm	≤200	水准仪
8	5	过滤沙砾料填灌量(与设计相比)	%	≤5	检查回填用量
9	6	井点真空度：真空井点	kPa	＞60	真空度表
10		喷射井点	kPa	＞93	真空度表
11	7	电渗井点阴阳极距离：真空井点	mm	80～100	钢尺量
12		喷射井点	mm	120～150	钢尺量

图 9-36 "降排水施工质量检验标准表"效果图

【其他典题 11】制作"楼梯踏步尺寸表"

1. 效果图

"楼梯踏步尺寸表"效果图，如图 9-37 所示。

2. 操作要求

(1) 将工作表标签重命名为"楼梯踏步尺寸表"。

(2) 设置 1～7 行行高为"20"。设置 A 列列宽为"20"，B 和 C 列列宽为"10"。

(3) 在"楼梯踏步尺寸表"中录入效果图 9-37 所示的数据信息。

	A	B	C
1	常用楼梯踏步尺寸	(单位：mm)	
2	楼梯类别	宽度(b)	高度(h)
3	住宅共用楼梯	260～300	150～175
4	幼儿园楼梯	260～280	120～150
5	医院、疗养院等楼梯	300～350	120～150
6	学校、办公楼等楼梯	280～340	140～160
7	剧院、会堂等楼梯	300～350	120～150

图 9-37 "楼梯踏步尺寸表"效果图

【其他典题 12】制作"调查指标概览表"

1. 效果图

"调查指标概览表"效果图，如图 9-38 所示。

	A	B	C
1	调查指标概览		
2	研究内容	一级指标	二级指标
3	发展现状	学校概况	办学部门、学校类型等
4		汽车专业情况	专业规模、专业设置等
5		汽车专业毕业生就业情况	毕业生对口就业率、毕业生去向、职业资格证书比例、离职率等
6		汽车专业承担社会培训情况	培训数量、培训内容等
7		汽车专业专任师资情况	校内外实训基地、教学设施投入情况、投资渠道等
8		汽车专业教学情况	开设课程、实践教学形式、企业参与办学效果等
9	问题与展望	办学特色	
10		汽车产业发展对相关专业人才培养提出的新要求	
11		提高教学质量应增加哪些新课程	
12		哪些课程可以不要或减少内容	
13		在师资培养方面需要企业提供哪些支持	
14		需要行业学会帮助解决的问题	
15		今后汽车专业建设和发展的构想	

图 9-38 "调查指标概览表"效果图

2. 操作要求

(1) 将工作表标签重命名为"调查指标概览表"。

(2) 设置 1～15 行行高为"20"。设置 A～C 列列宽为最适合的列宽。

(3) 在"调查指标概览表"中录入效果图 9-38 所示的数据信息。

【其他典题 13】制作"研发经费投入比较表"

1. 效果图

"研发经费投入比较表"效果图,如图 9-39 所示。

	A	B	C	D	E
1	近年汽车制造业研发经费投入比较表				
2	产品	研发经费投入/亿元		占汽车制造业研发投入的比例/%	
3		2001年	2010年	2001年	2010年
4	整车生产	33.8	270.6	57.6	54.3
5	改装车	4.4	33.5	7.5	6.7
6	汽车发动机	1.2	18.8	2.1	3.8
7	汽车零部件	15.0	163.2	25.6	32.7
8	摩托车及部件	4.2	12.7	7.2	2.5
9	合计	58.6	498.8	100.0	100.0

图 9-39 "研发经费投入比较表"效果图

2. 操作要求

(1) 将工作表标签重命名为"研发经费投入比较表"。
(2) 设置 1～9 行行高为"20"。设置 A～E 列列宽为最适合的列宽。
(3) 在"研发经费投入比较表"中录入效果图所示的数据信息。
(4) 设置 B4～E9 单元格区域中的数值保留一位小数。

【其他典题 14】制作"超额累进个人所得税税率表"

1. 效果图

"个人所得税税率表"效果图,如图 9-40 所示。

	A	B	C	D	E
1	级数	全月应纳税所得额(含税级距)	全月应纳税所得额(不含税级距)	税率(%)	速算扣除数
2	1	不超过1,500元	不超过1455元的	3	0
3	2	超过1,500元至4,500元的部分	超过1455元至4155元的部分	10	105
4	3	超过4,500元至9,000元的部分	超过4155元至7755元的部分	20	555
5	4	超过9,000元至35,000元的部分	超过7755元至27255元的部分	25	1,005
6	5	超过35,000元至55,000元的部分	超过27255元至41255元的部分	30	2,755
7	6	超过55,000元至80,000元的部分	超过41255元至57505元的部分	35	5,505
8	7	超过80,000元的部分	超过57505元的部分	45	13,505

图 9-40 "超额累进个人所得税税率表"效果图

2. 操作要求

(1) 将工作表标签重命名为"个人所得税税率表"。
(2) 设置标题行高为"30",其他行行高为"20"。设置最合适列宽。
(3) 在"个人所得税税率表"中录入效果图 9-40 所示的数据信息。

任务10　美化工作表

通过设置数据的格式可以使工作表更加美观,数据更加易于识别。在 Excel 2013 中提供了大量用于设置数据以及工作表格式的功能,以满足用户美化工作表外观的需求。

【工作情景】

为了方便同学之间的联系以及信息的归纳管理,张伟不仅主动承担了自己班级信息表的创建工作,还积极的帮助其他班级完成信息表的创建。班级基本信息表包含了很多数据,如果用户对很多操作不熟悉,这些数据在录入过程中将会花费很多时间,为了更加快捷地进行数据录入,需要掌握很多数据简化方式。另外,内容录入完整后,欠缺美观性和可读性,为了使工作表更加美观,还需要设置一些字体属性和底纹边框。

【学习目标】

(1) 移动和复制单元格数据的方法;
(2) 修改和清除单元格数据的方法;
(3) 查找功能和替换功能;
(4) 自动填充和自定义序列的方法;
(5) 字体属性和单元格对齐方式的设置;
(6) 单元格底纹和边框的设置;
(7) 批注的插入、编辑和删除。

【效果展示】

"学生基本信息表"效果图,如图 10-1 所示。

图 10-1　"学生基本信息表"效果图

【知识准备】

10.1 数据录入的简化方式

10.1.1 移动和复制单元格数据

有时为了减少工作量,需要移动和复制数据。在使用 Excel 时,可以把工作表中某一单元格的内容剪切下来,放到剪贴板上,然后再将剪贴板中的内容粘贴到其他的单元格中,以完成对数据的移动。具体操作方法如下。

(1) 选择要移动的单元格。
(2) 将所选单元格内的数据剪切到剪贴板上。
(3) 单击要放置数据的目标单元格。
(4) 将剪贴板中的数据粘贴到当前单元格中。

复制单元格数据的方法与剪切数据的方法相似,只需在第(2)步操作时,改成复制操作即可。

10.1.2 选择性粘贴

使用 Excel 提供的【选择性粘贴】功能可以实现一些特殊的复制粘贴,例如只粘贴公式、批注、数值等。例如,将 A2 单元格的底纹格式设置为 A3 单元格的底纹格式,具体的操作步骤如下。

(1) 右击单元格 A3。
(2) 弹出的快捷菜单中选择【复制】命令。
(3) 右击目标单元格 A2,在弹出的快捷菜单中执行【选择性粘贴】|【选择性粘贴】命令,弹出【选择性粘贴】对话框。
(4) 在打开的【选择性粘贴】对话框中选择【格式】单选项,如图 10-2 所示。
(5) 单击【确定】按钮。

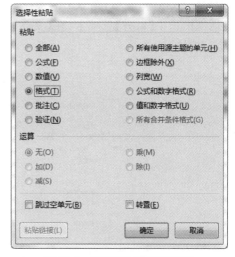

图 10-2 【选择性粘贴】对话框

10.1.3 修改和清除单元格数据

在电子表格的编辑过程中,常会遇到输入数据有错误的情况。这时,可以对其修改或将其删除,然后再重新输入数据。

1. 修改单元格数据

在 Excel 中,用户可以通过编辑栏进行数据修改,也可以在单元格中直接修改。

1) 通过编辑栏修改

选定需要修改的单元格,编辑栏中显示单元格中的数据。单击编辑栏后,就可以在编辑栏中对单元格中的数据进行编辑和修改。

2) 在单元格中直接修改

选定需要修改的单元格,直接输入数据。如果单元格中已有数据,则以新的数据代替。双击单元格,则单元格中的数据被激活,可以直接在单元格中对数据进行修改。

2. 清除单元格数据

清除操作只删除所选的数据，并不删除单元格，也就是说所选单元格变为空白单元格，具体操作步骤如下。

（1）选中要删除数据的单元格区域。

（2）右击选择【清除内容】命令，或者按 Delete 键。

实际工作中，在删除数据时发生误删也是时有发生的事情，这时可按 Ctrl+Z 组合键进行恢复。

10.1.4 输入相同数据

要在不同单元格中输入相同数据，操作步骤如下。

（1）选中要输入相同数据的所有单元格。

（2）在编辑栏中输入数据信息。

（3）按 Ctrl+Enter 组合键。

10.1.5 换行输入

若在一个单元格中换行输入数据，可以通过以下两种方法实现。

（1）双击单元格，当鼠标变成 I 形时，按 Alt+Enter 组合键。

（2）右击所选单元格，在弹出的快捷菜单中选择【设置单元格格式】命令，在【设置单元格格式】对话框中选中【对齐】选项卡，在【文本控制】组中选中【自动换行】复选框，如图 10-3 所示，单击【确定】按钮。

图 10-3 设置"自动换行"

10.1.6 查找和替换功能

当信息量很大时，为了便于查找某一数据信息，需要用到查找和替换功能。

1. 查找

查找是用来在文档中查找指定的文本内容，具体操作步骤如下。

（1）在【开始】选项卡的【编辑】组中，单击【查找和选择】按钮的下拉列表中的【查找】选项，弹出如图 10-4 所示的【查询和替换】对话框。

（2）选择【查找】选项卡，假如用户需要在文档中查找字符串"男"，在【查找内容】文本框中输入"男"，如图 10-4 所示。

图 10-4 【查找和替换】对话框【查找】功能

(3) 将光标定位到文档的开始处,然后单击【查找下一个】按钮开始查找,找到第一个字符串后会暂时停止查找,并将找到的字符串所在的单元格显示出来。不断单击【查找下一个】按钮,即可查找其余的"男"字符串。

2. 替换

替换与查找的方法类似。例如,要将文档中的"男"换为"女",可以按以下步骤操作。

(1) 在【开始】选项卡的【编辑】组中单击【查找和选择】按钮的下拉列表中的【查找】选项,弹出如图 10-5 所示的【查询和替换】对话框。

(2) 选择【替换】选项卡。

(3) 在【查找内容】文本框中输入"男",在【替换为】文本框中输入"女",如图 10-5 所示。

图 10-5 【查找和替换】对话框【替换】功能

(4) 将光标定位到文档的开始处,然后单击【查找下一个】按钮开始查找,找到第一个字符串后会暂时停止查找,并将找到的字符串所在的单元格显示出来。这时单击【替换】按钮,即可完成字符串替换。不断单击【查找下一个】按钮,即可查找其余的"男"字符串,再根据需要决定是否进行替换。

(5) 单击【全部替换】按钮,可以将文档中所有的"男"都替换为"女"。

10.1.7 填充输入

利用 Excel 2013 提供的自动填充功能,可以向表格中若干连续单元格快速填充一组有规律的数据,以减少用户的录入工作量。可以用不同方法实现数据填充操作。

1. 使用填充柄

使用系统提供的填充柄功能实现一些重复的或者有规律的数据信息的录入,具体操作步骤如下。

(1) 在某个单元格或单元格区域输入要填充的数据内容。

(2) 选中已输入内容的单元格或单元格区域,此时区域边框的右下角出现一个点,即填充柄。

（3）鼠标指向填充柄时，鼠标指针变成黑色十字形，此时按着鼠标左键并拖动填充柄经过相邻单元格，就会将选中区域的数据按照某种规律填充到这些单元格中去。

2. 重复数据的自动完成

Excel 2013 提供的自动完成功能，可以帮助用户实现重复数据的快速录入。如果在单元格中输入的文本字符（不包括数值和日期时间类型数据）的前几个字符与该列上一行中已有的单元格内容相匹配，Excel 会自动输入其余的字符。例如，当前列上一行单元格的内容为"机械工程系"，当输入"机"后，"械工程系"会自动出现在单元格中。

要接受建议的内容可按 Enter 键。如果不想采用自动提供的字符，可继续输入文本的后续部分。

在【文件】选项卡中单击【选项】按钮，在弹出的【Excel 选项】对话框中单击【高级】选项，在【编辑选项】组中选中或取消【为单元格值启用记忆式键入】复选框，即可启用或关闭【自动完成】功能。

3. 相同数据的自动填充

如果需要在相邻的若干个单元格中输入完全相同的文本或数值，可以使用 Excel 2013 提供的自动填充功能。

例如，在某单元格输入内容为"计算机应用专业"，将鼠标移至单元格的右下角的"填充柄"（右下角的黑色点标记）上，当鼠标变成黑色十字形时，向上、下、左、右方向按住鼠标左键拖动，即可完成相同数据的快速输入。

4. 自定义序列

在创建表格时，常会遇到需要输入一些按某规律变化的数据序列。如第一季、第二季……，星期日、星期一……。使用自动填充功能录入数据序列是十分方便的。

Excel 2013 除本身提供的预定义序列外，还允许用户自定义序列。例如，可以把经常用到的时间序列、课程科目、商品名称等做成一个自定义序列。在 Excel 中自定义序列步骤如下。

（1）选择【文件】选项卡中的【选项】，弹出【Excel 选项】对话框。

（2）在【Excel 选项】对话框中单击【高级】选项，弹出如图 10-6 所示的【Excel 选项】|【高级】选项界面。

图 10-6 【Excel 选项】对话框

(3)单击【编辑自定义列表】按钮,弹出【自定义序列】对话框,在【输入序列】输入框中,填入要填充的新序列,项与项之间用 Enter 键换行间隔。

(4)输入完成后单击【添加】按钮,把新定义的序列加入左边的【自定义序列】列表中。

(5)单击【确定】按钮。

如图 10-7 所示为添加的自定义序列,内容是"你,我,他"。

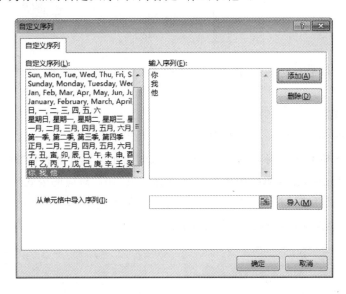

图 10-7 【自定义序列】对话框

5. 自学习序列填充

如果在连续的 3 个单元格中分别输入了"您好"、"谢谢"、"欢迎",再同时选中这 3 个单元格执行自动填充操作,Excel 2013 可以自动将"您好"、"谢谢"、"欢迎"填充为一个数据序列,填充结果如图 10-8 所示。

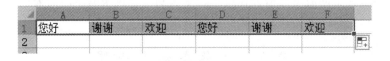

图 10-8 自学习序列填充

6. 规律变化的数字序列填充

制作表格时经常会遇到需要输入众多有规律变化的数字序列的情况,Excel 2013 默认能按等差数列的方式自动填充数字序列。

例如,在工作表中填充编号,如图 10-9 所示,可在第一行输入"NO.1",第二行输入"NO.2"。按住左键拖动选中这两个单元格,将指针移动到所选区域右下角的"填充柄"上。按住鼠标左键向下拖动,Excel 2013 能自动推算出用户希望的数字序列为"1、2、3、4、…",并在屏幕上显示出当前的填充数值情况。图 10-10 中显示的编号"NO.8"表示该位置填充的编号为"NO.8"。如图 10-11 所示的是释放开左键后得到的填充结果。

  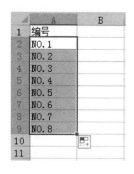

图 10-9　进入填充状态　　　　图 10-10　填充"编号"序列　　　　图 10-11　填充结果

7. 公式自动填充

已有工作表如图 10-12 所示,在 E2 单元格中输入求和计算公式"＝c2｜d2"后按 Enter 键(不区分大小写,则该单元格中将显示 C2 单元格与 D2 单元格中数据的和"167")。

单击选择 E2 单元格,在编辑栏中可以看到计算结果"167"对应的公式"＝C2+D2"。将鼠标指向填充柄标记,当鼠标变成黑色十字形时,按住左键向下拖动到 E7 单元格,执行计算公式的填充,放开鼠标后得到图 10-13 所示的填充结果。

图 10-12　原始数据　　　　　　　　　图 10-13　求和并自动填充公式

填充完成后,选择不同的单元格会在编辑栏中看到填充进来的不同的公式。这就是公式、函数自动填充的特点,它是一种快速执行相同计算方法的功能。

10.2　工作表格式设置

若用户对建立好的工作表不满意,可以对工作表做一些格式设置,使工作表更加美观,一目了然。

10.2.1　设置单元格字体

对工作表的内容进行一些格式设置,就像 Word 中对正文进行排版一样,需要进行字体、段落等格式设置。具体操作步骤如下。

(1) 选定要设置字体的单元格。

(2) 右击单元格,在弹出的快捷菜单中选择【设置单元格格式】命令,或者在【开始】选项卡的【单元格】组中单击【格式】按钮下拉列表中的【设置单元格格式】选项。

(3) 在【设置单元格格式】对话框中打开【字体】选项卡,如图 10-14 所示,进行文字格式的设置。

图 10-14　设置【字体】选项卡

10.2.2　对齐单元格

默认情况下,单元格中的文字内容左对齐,而数字则是右对齐。用户可以根据需要设置各种对齐方式。设置单元格内容的对齐方式,具体操作步骤如下。

(1) 单击需要设置的单元格。

(2) 右击单元格,在弹出的快捷菜单中选择【设置单元格格式】命令,或者在【开始】选项卡的【单元格】组中单击【格式】按钮下拉列表中的【设置单元格格式】选项。

(3) 在【设置单元格格式】对话框中打开【对齐】选项卡,设置【水平对齐】方式和【垂直对齐】方式。

(4) 设置完成后,单击【确定】按钮。

10.2.3　合并后居中单元格

在 Excel 工作表中,有时需要将几个单元格设置成一个单元格,当合并两个或多个相邻的水平或垂直单元格时,这些单元格就成为一个跨多列或多行显示的大单元格。其中一个单元格的内容出现在合并的单元格的中心。合并后的单元格名称将使用原始选定区域的左上角单元格的名称。实现方法有以下 3 种。

(1) 选定所要合并的单元格区域,在【开始】选项卡的【对齐方式】组中单击【合并后居中】按钮 ,在弹出的下拉列表中选择合并方式。

(2) 选定所要合并的单元格区域,右击,在弹出的快捷菜单中选择【设置单元格格式】命令。在【设置单元格格式】对话框中打开【对齐】选项卡,在【文本对齐方式】选项栏的【水平对齐】与【垂直对齐】中均选择【居中】,在【文本控制】选项栏中选择【合并单元格】复选框,可以实现单元格的合并及居中。

(3) 直接单击【开始】选项卡的【对齐方式】组中的【合并后居中】按钮 。

10.2.4 添加底纹

默认情况下,单元格既无颜色也无图案,用户可以根据自己的喜好为单元格添加颜色或图案,以增强工作表的视觉效果,具体操作步骤如下。

(1) 选定要添加图案的单元格区域。

(2) 右击单元格,在弹出的快捷菜单中选择【设置单元格格式】命令;或者在【开始】选项卡的【单元格】组中单击【格式】按钮下拉列表中的【设置单元格格式】选项。

(3) 在弹出的【设置单元格格式】对话框中,选择【填充】选项卡,如图 10-15 所示。

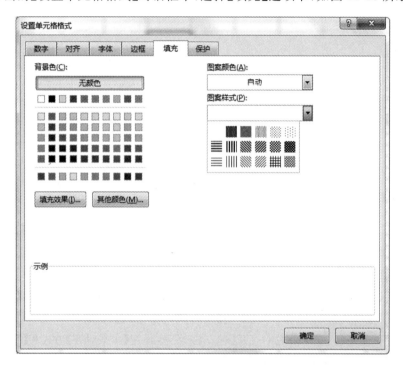

图 10-15　设置【填充】选项卡

(4) 在该选项卡中可以设置单元格底纹颜色或图案,在【示例】预览框中可以预览设置的效果。选择颜色之后单击【确定】按钮,就添加了单元格颜色或图案。

10.2.5 添加边框

默认情况下,单元格之间线条没有颜色,为了便于观看,可以为单元格添加边框,以增强工作表的视觉效果。实现步骤如下。

(1) 选定要添加边框的单元格区域。

(2) 右击单元格,在弹出的快捷菜单中选择【设置单元格格式】命令;或者在【开始】选项卡的【单元格】组中单击【格式】按钮下拉列表中的【设置单元格格式】选项。

(3) 在弹出的【设置单元格格式】对话框中,选中【边框】选项卡,如图 10-16 所示。

(4) 在该选项卡中可以设置单元格线条样式、线条颜色,在【示例】预览框中可以预览设置的效果。设置完成后按【确定】按钮完成对边框的设置。

图 10-16　设置【边框】选项卡

10.2.6　插入和编辑批注

1. 插入批注

根据需要可以对单元格内容添加批注信息,如果单独制作会影响整体效果,可以用插入批注的方法来解决,具体操作方法如下。

(1) 单击要插入批注的单元格。

(2) 右击单元格,在弹出的快捷菜单中选择【插入批注】命令。弹出批注文本框,如图 10-17 所示。

(3) 在打开的批注文本框里输入批注内容。

(4) 输入完毕后,单击其他任意单元格。

以后每当鼠标移动到插入批注的单元格上,该单元格的批注都会自动显示出来。

2. 编辑批注

要对已插入的批注进行编辑,可以用以下方法实现。

右击要编辑批注的单元格,单击快捷菜单的【编辑批注】命令,在批注文本框中重新输入信息。

3. 删除批注

右击需要删除批注的单元格,单击快捷菜单的【删除批注】命令。

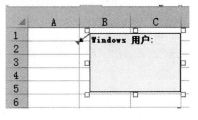

图 10-17　批注文本框

10.2.7　应用表格格式

Excel 2013 内嵌很多表格格式供用户使用,只需要简单套用即可。这样既可以美化工作表,又可以节省时间,具体操作步骤如下。

(1) 选中要设置样式的单元格区域。

(2)在【开始】选项卡的【样式】组中,单击【套用表格格式】按钮,弹出如图 10-18 所示下拉列表。

(3)在弹出的格式中选择一种即可套用,设置结果如图 10-19 所示。

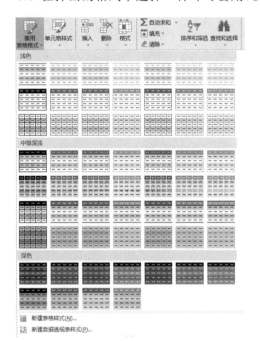

编号	姓名	性别	学历	部门
XS001	唐树林	男	大学	销售部
XS002	伍和平	男	大学	销售部
XS003	罗凤	女	大专	销售部
XS004	秦兴	男	大专	销售部
XS005	付华	女	大专	销售部
QH001	陈建华	男	硕士	企划部
QH002	田玲	女	大学	企划部

图 10-18 【套用表格样式】下拉列表　　　　图 10-19 套用样式效果

【任务实战】制作精美工作表

1. 效果图

"基本信息表"效果图,如图 10-20 所示。

	A	B	C	D	E	F	G	H	I	J
1	计算机应用1401班学生基本信息									
2	学号	姓名	性别	出生日期	家庭住址	身份证号	联系电话	QQ号	身高(M)	火车到站时间
3	WJYY140101	高寒	男	1992/5/8	内蒙古乌兰察布市	152627199205086124	15645852542	54585215	1.78	7:50 PM
4	WJYY140102	张宏轩	男	1992/6/10	内蒙古呼和浩特市	152631199206103214	13652451245	22235854221	1.80	7:50 PM
5	WJYY140103	李俊哲	男	1991/4/16	内蒙古通辽市	152301199104169012	13356252541	102545225541	1.76	4:30 PM
6	WJYY140104	嘉玉	女	1993/1/15	河北省广宗市	130531199301159214	13956874851	2545258659	1.64	6:50 AM
7	WJYY140105	孙静雅	女	1991/3/25	山西省大同市	140226199103256015	15024853625	58452145852	1.67	6:50 AM
8	WJYY140106	孟凡	男	1991/12/15	内蒙古兴安盟	152223199112154023	04762258452	100252545854	1.79	4:30 PM
9	WJYY140107	麦冬	女	1992/8/15	内蒙古呼伦贝尔盟	152131199208156023	18652146369	25451258712	1.63	4:30 PM
10	WJYY140108	明珠	女	1992/4/1	内蒙古锡林郭勒盟	152531199204015623	15869854563	2562541	1.60	5:40 PM
11	WJYY140109	于邵辉	男	1993/4/21	内蒙古包头市	150223199304216750	15622452635	25845623	1.72	7:50 PM
12	WJYY140110	瑞泽	男	1992/3/7	内蒙古鄂尔多斯市	152727199203071524	13125854256	5541122352	1.82	7:50 PM
13	WJYY140111	向晨			内蒙古赤峰市	150404199305230521	15149181323	86521245522	1.74	无
14	WJYY140112	曼青			内蒙古赤峰市	150404199310135210	15904868825	584125632	1.67	无
15	WJYY140113	刘雨泽			内蒙古呼和浩特市	152631199207215021	13369582541	258952521	1.77	7:50 PM
16	WJYY140114	郑嘉欣	女	33767	内蒙古通辽市	152301199206128235	13656258541	48552226512	1.65	4:30 PM
17	WJYY140115	吴旭	男	1993/5/24	内蒙古乌兰察布市	152627199305247532	13856854256	855455221	1.85	7:50 PM

图 10-20 "基本信息表"效果图

2. 操作要求

(1)工作簿文件另存为"学号后两位+姓名+基本信息表",如"03 张伟基本信息表"。

(2) 将第 1 行、A~J 列 10 个单元格合并成一个单元格。
(3) 所有单元格数据的对齐方式为"居中对齐"。
(4) 1、2 行所有单元格中字体为"华文楷体",字号为"12 磅"、格式为"加粗"。
(5) 3~17 行所有单元格中字体为"宋体",字号为"11 磅"。
(6) 1~17 行、A~J 列所包含的单元格区域设置边框,外边框为"双实线型",内边框为"实线型"。
(7) 工作表标题行所在单元格的底纹颜色为"深灰色"。
(8) 列标题所在单元格的底纹颜色为"浅灰色"。
(9) 工作表中 3~17 行的 B、D、G、H 列所有单元格的底纹颜色为"浅灰色"。
(10) B13 单元格的批注内容为"班长",B14 单元格的批注内容为"团支书"。

3. 操作步骤

(1) 利用所给素材,按照效果图 10-20 所示,将工作表数据填充完整。

① 单击 A3 单元格,鼠标移动至 A3 单元格右下角黑点处,当鼠标变为黑色十字形时,按住鼠标左键不放,一直拖动到 A17 单元格,利用自动填充功能将所有学生的学号填充完整,如图 10-21 所示。

② 选定 C3、C4、C5 单元格,按住 Ctrl 键,再同时选取 C8、C11、C12、C13、C15、C17 单元格,这些单元格都处于选中状态后,在编辑栏输入"男",然后按 Ctrl+Enter 组合键,利用输入相同数据方法录入性别。性别"女"的输入方法相同。

③ 选中 F9~F23 单元格区域,按 Ctrl+X 组合键,完成剪切功能,然后单击选中 F3 单元格,按 Ctrl+V 组合键,将各学生给定的身份证号信息粘贴在相应单元格内。然后使用相同方法把联系电话、身高、火车站到站时间这 3 列信息进行剪切、粘贴操作调整正确。

④ 选中 L2~M19 单元格区域,在【开始】选项卡的【编辑】组中,单击【清除】按钮,在弹出的下拉列表中选择【全部清除】选项,将无关数据清除。

(2) 合并单元格。

选中 A1~J1 单元格区域,在【开始】选择卡的【对齐方式】组中,单击【合并后居中】按钮。

(3) 字体格式设置。

① 单击 A1 单元格,按住左键不放向下拖动到第 17 行,在【开始】选项卡的【对齐方式】组中单击【居中】按钮。

② 单击 A1 单元格,按住左键不放向下拖动到第 2 行,在【开始】选项卡的【字体】组中,设置字体为"华文楷体",字号为"12",再单击【加粗】按钮。

③ 选取 A3~J17 单元格区域,在【开始】选项卡的【字体】组中,设置字体为"宋体",字号为"11 磅"。

(4) 设置边框和底纹。

① 单击 A1 单元格,按住左键不放向下拖动到第 17 行,选取完工作表区域后,右击,在弹出的快捷菜单中选择【设置单元格格式】命令,在弹出的【设置单元格格式】对话框中选择【边框】选项卡,在【线条】样式里选择"双实线"线形,单击【预置】的【外边框】。再选择【线条】样式

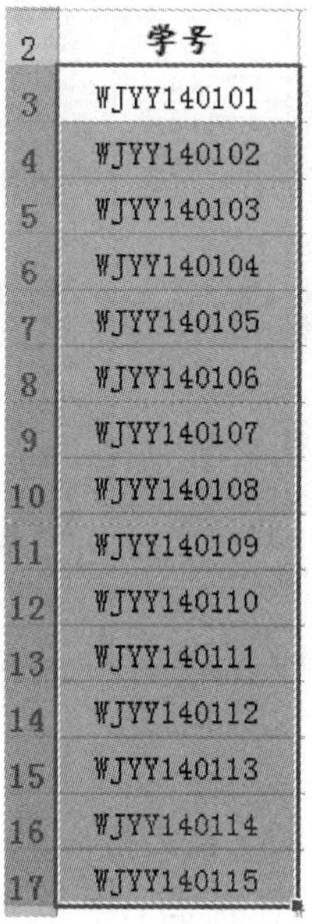

图 10-21 填充学号

里的"单直线"线形,单击【预置】的【内边框】,通过预览框查看设置是否满足要求,如图 10-22 所示,设置正确后,单击【确定】按钮,完成工作表的边框设置。

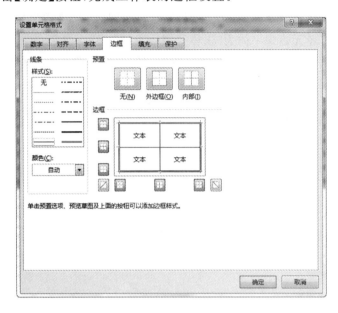

图 10-22　边框效果预览图

② 右击 A1 单元格,在弹出的快捷菜单中选择【设置单元格格式】命令,在弹出的【设置单元格格式】对话框中选择【填充】选项卡,在【背景色】里选择"深灰色",单击【确定】按钮。

③ 同时选取 A2～J2 单元格区域、B3～B17 单元格区域、D3～D17 单元格区域、G3～G17 单元格区域、H3～H17 单元格区域,右击这些单元格区域,在弹出的快捷菜单中选择【设置单元格格式】命令,在弹出的【设置单元格格式】对话框中选择【填充】选项卡,在【背景色】里选择"浅灰色",单击【确定】按钮。设置效果如图 10-23 所示。

	A	B	C	D	E	F	G	H	I	J
1					计算机应用1401班学生基本信息					
2	学号	姓名	性别	出生日期	家庭住址	身份证号	联系电话	QQ号	身高(M)	火车到站时间
3	WJYY140101	高寒	男	1992/5/8	内蒙古乌兰察布市	152627199205086124	15645852542	54585215	1.78	7:50 PM
4	WJYY140102	张宏轩	男	1992/6/10	内蒙古呼和浩特市	152631199206103214	13652451245	22235854221	1.80	7:50 PM
5	WJYY140103	李俊哲	男	1991/4/16	内蒙古通辽市	152301199104169012	13356252541	102545225541	1.76	4:30 PM
6	WJYY140104	嘉玉	女	1993/1/15	河北省广宗市	130531199301159214	13956874851	2545258659	1.64	6:50 AM
7	WJYY140105	孙静雅	女	1991/3/25	山西省大同市	140226199103256015	15024853625	58452145852	1.67	6:50 AM
8	WJYY140106	孟凡	男	1991/12/15	内蒙古兴安盟	152223199112154023	04762258452	100252545854	1.79	4:30 PM
9	WJYY140107	麦冬	男	1992/8/15	内蒙古呼伦贝尔盟	152131199208156023	18652146369	25451258712	1.63	4:30 PM
10	WJYY140108	明珠	女	1992/4/1	内蒙古锡林郭勒盟	152531199204015623	15869854563	2562541	1.68	5:40 PM
11	WJYY140109	于邵辉	男	1993/4/21	内蒙古包头市	150223199304216750	15622452635	25845623	1.72	7:50 PM
12	WJYY140110	瑞泽	男	1992/3/7	内蒙古鄂尔多斯市	152727199203071524	13125854256	5541122352	1.82	7:50 PM
13	WJYY140111	向晨	男	1993/5/23	内蒙古赤峰市	150404199305230521	15149181323	86521245522	1.74	无
14	WJYY140112	曼青	女	1993/10/13	内蒙古赤峰市	150404199310135210	15904868825	584125632	1.67	无
15	WJYY140113	刘雨泽	男	1992/7/21	内蒙古呼和浩特市	152631199207215021	13369582541	258952521	1.77	7:50 PM
16	WJYY140114	郑嘉欣	女	33767	内蒙古通辽市	152301199206128235	13656258541	48552226512	1.65	4:30 PM
17	WJYY140115	吴旭	男	1993/5/24	内蒙古乌兰察布市	152627199305247532	13856854256	855455221	1.85	7:50 PM

图 10-23　设置单元格填充效果

(5) 插入批注。

① 选定 B13 单元格,右击,在弹出的快捷菜单中选择【插入批注】命令,在批注文本框中输入"班长"。

② 选定 B14 单元格,右击,在弹出的快捷菜单中选择【插入批注】命令,在批注文本框中输入"团支书"。

【其他典题 1】制作"奖学金领取表"

1. 效果图

"奖学金领取表"效果图,如图 10-24 所示。

奖学金领取表				
姓名	性别	出生年月	奖学金金额	领取时间
李天娟	女	1990年5月20日	¥2,500.00	4:40 PM
石彩玲	女	1991年2月15日	¥1,500.00	3:30 PM
顾德琴	男	1993年5月24日	¥800.00	9:25 AM
曾文	男	1992年10月12日	¥400.00	10:00 AM
胡斌	男	1995年6月15日	¥1,500.00	4:55 PM
王维	女	1996年12月21日	¥800.00	2:25 PM
李莉莉	女	1993年10月14日	¥800.00	11:25 AM
张扬	男	1993年4月5日	¥1,500.00	8:40 AM
张文军	男	1992年4月25日	¥2,500.00	11:00 AM

图 10-24 "奖学金领取表"效果图

2. 操作要求

(1) 保存工作簿名称为"学号后两位+姓名+奖学金领取表",如"03 张伟奖学金领取表"。
(2) 将工作表标签重命名为"奖学金领取表",设置工作表标签颜色为"绿色"。
(3) 根据效果图 10-24,录入"奖学金领取表"数据信息。
(4) 设置"出生年月"列格式为"年月日"类型;"奖学金金额"列数据带有货币符号并保留小数位数两位;"领取时间"列数据设置时间类型为"1:30PM"。
(5) 第一行 A~E 列 5 个单元格合并成一个单元格。
(6) 所有单元格数据的对齐方式为"居中对齐"。
(7) 所有单元格字体为"隶书",字号为"16 磅"。
(8) 设置行高为"25",列宽为"21"。
(9) 设置工作表边框颜色,内边框使用"深红色、粗虚线条",外边框使用"深蓝色、粗实线型"。

【其他典题 2】制作"个人工作记录表"

1. 效果图

"个人工作记录表"效果图,如图 10-25 所示。

2. 操作要求

(1) 将工作表标签重命名为"个人工作记录表"。
(2) 根据效果图 10~25,录入"个人工作记录表"数据信息。
(3) 选定 A1:F1 区域合并成一个单元格。
(4) 所有单元格数据的对齐方式为"水平居中、垂直居中对齐"。
(5) 所有单元格字体为"宋体",字号为"12 磅"。
(6) 设置行高为"25",列宽为"12"。
(7) 设置工作表底纹颜色为"浅灰色",内边框使用"虚线条",外边框使用"实线型"。

	A	B	C	D	E	F
1	个人工作记录表					
2	工作项目	周期	开始日期	结束日期	完成情况	领导评价
3	新产品发布会	2天	2016.7.25	2016.7.26	已完成	良好
4	纪念品采购	3天	2016.7.20	2016.7.22	已完成	优秀
5	市场调研	10天	2016.6.13	2016.6.22	已完成	良好
6	宣传活动	5天	2016.8.10	2016.8.14	已完成	良好
7	工作室项目	20天	2016.5.10	2016.5.29	已完成	良好
8	信息采集	7天	2016.7.21	2016.7.27	未完成	待定
9	资料整理	3天	2016.7.28	2016.7.30	未完成	选定
10	公文通告	2天	2016.7.14	2016.7.15	已完成	良好
11	撰写计划书	3天	2016.6.10	2016.6.12	已完成	优秀

图 10-25 "个人工作记录表"效果图

【其他典题 3】制作"调查问卷"

1. 效果图

"调查问卷"效果图,如图 10-26 所示。

	A	B
1	一、基本信息	
2	姓名:	填写日期:
3	职务名称:	职务编号:
4	所属部门:	部门经理姓名:
5	二、工作内容调查	
6	1、请准确、简洁地列举你的主要工作内容(若多于8项请附纸填写,下同):	
7		
8		
9		
10		
11	2、请列举你有决策权的工作项目:	
12		
13		
14		
15		
16	3、请列举你没有决策权的工作项目:	
17		
18		
19		
20		

图 10-26 "调查问卷"效果图

2. 操作要求

(1) 将工作表标签重命名为"调查问卷"。

(2) 根据效果图 10-26,录入"调查问卷"数据信息。

(3) 第 1 行、第 5 行、第 6 行、第 11 行、第 16 行 A～B 列两个单元格合并成一个单元格。

(4) 所有单元格数据的对齐方式为"水平左对齐、垂直居中对齐"。

(5) 所有单元格字体为"宋体",字号为"12 磅"。

(6) 设置行高为"20",列宽为"35"。

(7) 如效果图所示,标题单元格设置"深灰色"和"浅灰色"底纹颜色,设置"实线型"内外边框。

【其他典题 4】制作"工程质量检验标准表"

1. 效果图

"工程质量检验标准表"效果图,如图 10-27 所示。

土方开挖工程质量检验标准							
	序号	项目	允许偏差或允许值/mm				检验方法
			柱基、基坑、基槽	挖方场地平整		管沟	地(路)面基层	
				人工	机械			
主控项目	1	标高	-50	±30	±50	-50	-50	水准仪
	2	长度、宽度(由设计中心线向两边量)	+200 -50	+300 -100	+500 -150	+100		经纬仪,用钢直尺量
	3	边坡坡度	按设计要求					观察或用坡度尺检查
一般项目	1	表面平整度	20	20	50	20	20	用2m靠尺和塞尺检查
	2	基底土性	按设计要求					观察或土样分析

图 10-27 "工程质量检验标准表"效果图

2. 操作要求

(1) 将工作表标签重命名为"工程质量检验标准表"。
(2) 根据效果图 10-27,录入"工程质量检验标准表"数据信息。
(3) 设置标题行行高为"35",其他行行高为"25",数据信息两行的行高设置为"40"。设置列宽为最适合的列宽。
(4) 根据效果图所示使用【合并后居中】按钮完成表格结构设置。
(5) 所有单元格数据的对齐方式为"水平居中对齐、垂直居中对齐"。
(6) 设置表格标题行字体属性为"宋体、14磅、加粗",其他单元格字体属性为"宋体、12磅"。
(7) 设置自动换行属性。
(8) 如效果图所示,标题单元格设置"浅灰色"底纹颜色,设置"粗实线型"上方、下方外边框,设置"细实线型"内边框。

【其他典题 5】制作"偏差及检验方法表"

1. 效果图

"偏差及检验方法表"效果图,如图 10-28 所示。

现浇结构模板安装的允许偏差及检验方法			
项目		允许偏差/mm	检验方法
轴线位置		5	钢尺检查
底模上表面标高		±5	水准仪或拉线、钢尺检查
截面内部尺寸	基础	±10	钢尺检查
	柱、墙、梁	+4,-5	钢尺检查
层高垂直度	不大于5m	6	经纬仪或吊线、钢尺检查
	大于5m	8	经纬仪或吊线、钢尺检查
相邻两板表面高低差		2	钢尺检查
表面平整度		5	2m靠尺和塞尺检查

图 10-28 "偏差及检验方法表"效果图

2. 操作要求

(1) 将工作表标签重命名为"偏差及检验方法表"。
(2) 根据效果图10-28,录入"偏差及检验方法表"数据信息。
(3) 设置标题行行高为"35",其他行行高为"25"。设置列宽为"25"。
(4) 根据效果图所示使用【合并后居中】按钮完成表格结构设置。
(5) 所有单元格数据的对齐方式为"水平居中对齐、垂直居中对齐"。
(6) 设置表格标题行字体属性为"宋体、14磅、加粗",其他单元格字体属性为"宋体、12磅"。
(7) 如效果图所示,标题单元格设置"浅灰色"底纹颜色,设置"粗实线型、深红色"上方、下方外边框,设置"点虚线型、深红色"内边框。

【其他典题6】制作"原料的配比分类表"

1. 效果图

"原料的配比分类表"效果图,如图10-29所示。

饼干按原料的配比分类表			
种类	油糖比	油糖与面粉比	品种
粗饼干	9:10	1:5	硬饼干、发酵饼干等
韧性饼干	1:2.5	1:2.5	低档甜饼干如动物、什锦、玩具饼干等
酥性饼干	1:2	1:2	一般甜饼干如椰子、橘子、乳脂饼干等
甜酥性饼干	1:1.35	1:1.35	高档甜酥饼干如桃酥、椰蓉酥、奶油酥等
发酵饼干	10:0	1:5	中、高档梳打饼干

图 10-29 "原料的配比分类表"效果图

2. 操作要求

(1) 将工作表标签重命名为"原料的配比分类表"。
(2) 根据效果图10-29,录入"原料的配比分类表"数据信息。
(3) 设置表格各行行高为"35"。设置各列列宽为最适合的列宽。
(4) 根据效果图所示使用【合并后居中】按钮完成表格标题行设置。
(5) 根据效果图所示设置对应列单元格数据的对齐方式分别为"水平居中对齐、水平左对齐",设置所有单元格"垂直居中对齐"。
(6) 设置表格标题行字体属性为"宋体、14磅、加粗",其他单元格字体属性为"宋体、12磅",设置列标题字体"加粗"。
(7) 如效果图所示,标题行单元格设置"浅灰色"底纹颜色,设置相对应线型边框。

【其他典题7】制作"电算化系统的使用程度表"

1. 效果图

"电算化系统的使用程度表"效果图,如图10-30所示。

2. 操作要求

(1) 将工作表标签重命名为"电算化系统的使用程度表"。
(2) 根据效果图10-30,录入"电算化系统的使用程度表"数据信息。
(3) 设置表格各行行高为"20"。设置表格各列列宽为"40"。

电算化系统的使用程度	
典型的电算化交易	典型的非电算化交易
赊销与开票	所得税费用及税务处理
现金收讫	银行贷款
应收账款管理	债务偿付
购货	递延资产及其处理
现金发放	预付费用
应付账款管理	投资
制造成本管理	股权交易
存货	购并交易
固定资产的购置与处理	
工资	
性质：经常性的、数量较多的、重复性的	性质：非经常性的、偶尔发生的、数量较少的

图 10-30 "电算化系统的使用程度表"效果图

(4) 根据效果图所示使用【合并后居中】按钮完成表格标题行设置。
(5) 设置表格标题行和列标题单元格的对齐方式为"水平居中对齐、垂直居中对齐"，其他单元格数据的对齐方式为"水平左对齐、垂直居中对齐"。
(6) 设置所有单元格字体属性为"宋体、12磅"，标题单元格数据字体"加粗"。
(7) 如效果图所示，列标题单元格设置"浅灰色"底纹颜色，设置"粗实线型"上方、下方外边框，设置 3 条"细实线型"内边框。

【其他典题 8】制作"粮食产量数据资料表"

1. 效果图

"粮食产量数据资料表"效果图，如图 10-31 所示。

我国1981~2010年粮食产量数据资料					
年份	产量/万吨	年份	产量/万吨	年份	产量/万吨
1981	32502	1991	43524	2001	45264
1982	35450	1992	44258	2002	45706
1983	38728	1993	45649	2003	43070
1984	40731	1994	44510	2004	46947
1985	37911	1995	46662	2005	48401
1986	39151	1996	50454	2006	49746
1987	40298	1997	49417	2007	50150
1988	39408	1998	51230	2008	52850
1989	40755	1999	50839	2009	53080
1990	43498	2000	46218	2010	54640

图 10-31 "粮食产量数据资料表"效果图

2. 操作要求

(1) 将工作表标签重命名为"粮食产量数据资料表"。
(2) 根据效果图 10-31，录入"粮食产量数据资料表"数据信息。
(3) 设置表格各行行高为"25"。设置各列列宽为"15"。
(4) 根据效果图所示使用【合并后居中】按钮完成表格标题行设置。
(5) 所有单元格数据的对齐方式为"水平居中对齐、垂直居中对齐"。

(6) 设置表格标题行字体属性为"宋体、14 磅、加粗",其他单元格字体属性为"宋体、12 磅"。

(7) 如效果图所示,标题单元格设置"浅灰色"底纹颜色,设置"粗实线型"上方、下方外边框,设置 3 条"细单实线型"内边框和两条"双实线型"内边框。

【其他典题 9】制作"防水设防表"

1. 效果图

"防水设防表"效果图,如图 10-32 所示。

明挖法地下工程防水设防																		
工程部位		主体					施工缝				后浇带				变形缝、诱导缝			
防水措施 || 防水混凝土	防水砂浆	防水卷材	防水涂料	塑料防水板	金属板	遇水膨胀止水条	中埋式止水带	外贴式止水带	外抹防水砂浆	外涂防水涂料	膨胀防水混凝土	遇水膨胀止水条	外贴式止水带	防水嵌缝材料	中埋式止水带	可缺式止水带	外贴式止水带	防水嵌缝材料	外贴防水卷材	外涂防水涂料	遇水膨胀止水条
防水等级	一级	应选	应选一至两种					应选两种				应选两种				应选两种			
	二级	应选	应选一种					应选一至两种				应选一至两种				应选一至两种			
	三级	应选	应选一种					应选一至两种				应选一至两种				应选一至两种			
	四级	应选						应选一种				应选	应选一种			应选	应选一种		

图 10-32 "防水设防表"效果图

2. 操作要求

(1) 将工作表标签重命名为"防水设防表"。

(2) 根据效果图 10-32,录入"防水设防表"数据信息。

(3) 设置标题行行高为"35",其他行行高为最适合的行高。设置列宽为"4"。

(4) 根据效果图所示使用【合并后居中】按钮完成表格结构设置。

(5) 所有单元格数据的对齐方式为"水平居中对齐、垂直居中对齐"。

(6) 设置标题行字体属性为"宋体、14 磅、加粗",其他单元格字体属性为"宋体、11 磅"。

(7) 设置自动换行属性。

(8) 如效果图所示,标题行单元格设置"浅灰色"底纹颜色,设置"粗实线型"上方、下方外边框,设置"细实线型"内边框。

【其他典题 10】制作"汽车制造业产量表"

1. 效果图

"汽车制造业产量表"效果图,如图 10-33 所示。

近年汽车制作业产量统计表										
年份	2001	2002	2003	2004	2005	2006	2007	2008	2009	2010
汽车产量/万辆	234.2	325.4	444.3	507.0	570.8	728.0	888.2	934.5	1379.1	1826.5
摩托车产量/万辆	1231.7	1298.1	1471.8	1664.4	1774.7	2193.4	2544.7	2750.1	2542.8	2669.4
资料来源:《中国汽车工业年鉴》											

图 10-33 "汽车制造业产量表"效果图

2. 操作要求

（1）将工作表标签重命名为"汽车制造业产量表"。
（2）根据效果图 10-33，录入"汽车制造业产量表"数据信息。
（3）设置表格各行行高为"30"。设置各列列宽为最适合的列宽。
（4）根据效果图所示使用【合并后居中】按钮完成表格结构设置。
（5）所有单元格数据的对齐方式为"水平居中对齐、垂直居中对齐"。
（6）设置标题栏字体属性为"宋体、14 磅、加粗"，其他单元格字体属性为"宋体、12 磅"，设置列标题和行标题字体"加粗"。
（7）如效果图所示，标题单元格设置"浅灰色"底纹颜色，设置"粗实线型"外边框、"细实线型"内边框。

【其他典题 11】制作会计凭证"收款凭证"

1. 效果图

"收款凭证"效果图，如图 10-34 所示。

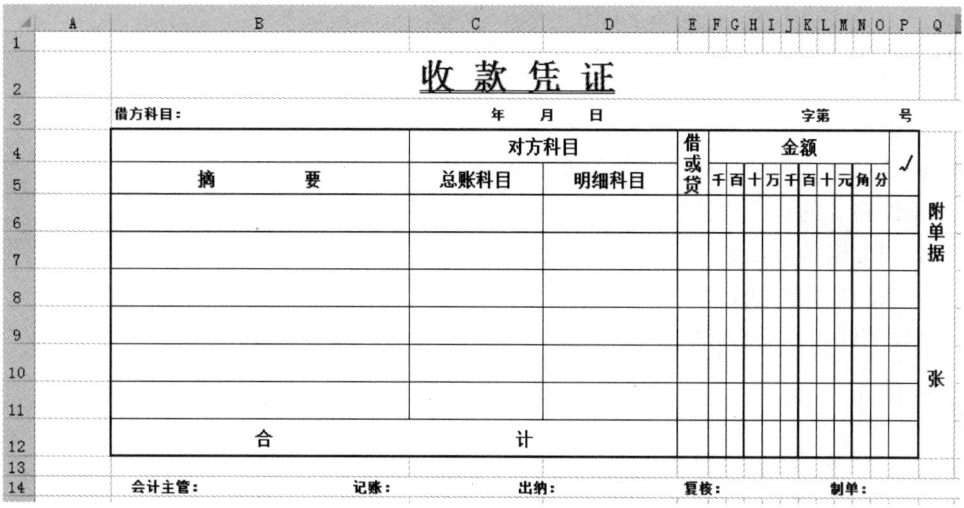

图 10-34　"收款凭证"效果图

2. 操作要求

（1）将工作表标签重命名为"收款凭证"。
（2）根据效果图 10-34 所示，录入"收款凭证"数据信息。
（3）选定第 1 行，在第 1 行前插入 1 行，选定 A 列，在 A 列左插入一列，如效果图所示。
（4）设置第 2 行行高为"32"，第 3、4、5 行行高为"22"，第 6~12 行行高为"26"。
（5）设置"摘要"列列宽为"34"，"总账科目、明细科目"列列宽为"15"，"千~分"列列宽为"1.5"，"借或贷"列、"√"列、附单据列列宽为"3"。
（6）如效果图如示，使用【合并后居中】按钮完成表格结构设置。"借或贷"单元格、"附单据列"单元格设置文字方向为"竖向"，其余单元格设置"居中"。
（7）设置标题栏格式为"宋体、24 磅、加粗"，设置"双下划线"。设置第 3 行、14 行、"千~分"格式为"宋体、10 磅、加粗"，其他单元格格式为"宋体、12 磅、加粗"。
（8）给表格设置边框，设置外边框为"粗实线"，内框线设置 3 条"粗实线型"，其余为"细实线型"框线，如效果图 10-34 所示。

任务 11　数据清单的建立和工作表的计算

Excel 2013 中提供了大量用于数据计算的函数,同时还支持用户使用自定义的计算公式,具有十分强大的数据处理功能。

【工作情景】

期末成绩公布了,同学们找到张伟帮忙创建一份数据清单,要求数据清单中记录每名学生的各科成绩,把不及格的分数和高于 90 分的分数标识出来,并计算出每名学生的总成绩和平均分。怎样通过工作表建立数据清单以及怎么计算总分和平均分呢,张伟运用所学知识帮助同学们完成了班级成绩单的制作。

【学习目标】

（1）数据清单的概念;
（2）创建数据清单的原则和编辑数据清单的方法;
（3）条件格式的设置方法;
（4）公式编辑的方法;
（5）函数的应用方法;
（6）地址引用的 3 种方式。

【效果展示】

"成绩表"效果图,如图 11-1 所示。

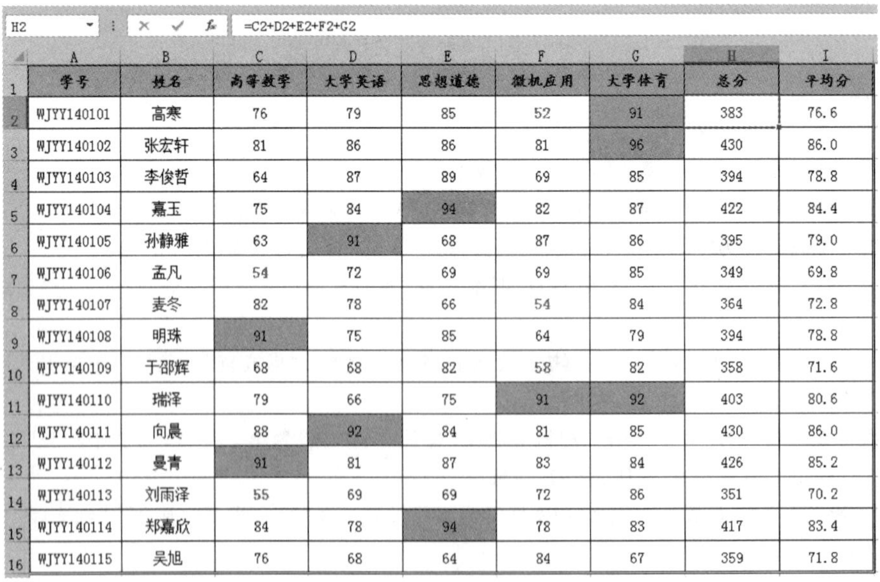

学号	姓名	高等数学	大学英语	思想道德	微机应用	大学体育	总分	平均分
WJYY140101	高寒	76	79	85	52	91	383	76.6
WJYY140102	张宏轩	81	86	86	81	96	430	86.0
WJYY140103	李俊哲	64	87	89	69	85	394	78.8
WJYY140104	嘉玉	75	84	94	82	87	422	84.4
WJYY140105	孙静雅	63	91	68	87	86	395	79.0
WJYY140106	孟凡	54	72	69	69	85	349	69.8
WJYY140107	麦冬	82	78	66	54	84	364	72.8
WJYY140108	明珠	91	75	85	64	79	394	78.8
WJYY140109	于邵辉	68	68	82	58	82	358	71.6
WJYY140110	瑞泽	79	66	75	91	92	403	80.6
WJYY140111	向晨	88	92	84	81	85	430	86.0
WJYY140112	曼青	91	81	87	83	84	426	85.2
WJYY140113	刘雨泽	55	69	69	72	86	351	70.2
WJYY140114	郑嘉欣	84	78	94	78	83	417	83.4
WJYY140115	吴旭	76	68	64	84	67	359	71.8

图 11-1　"成绩表"效果图

【知识准备】

11.1 数据清单的概念

在 Excel 中,数据清单是包含相似数据组并带有标题的一组工作表数据行。可以把"数据清单"看成是简单的"数据库",其中行作为数据库中的记录,列作为字段,列标题作为数据库中字段的名称。借助数据清单,就可以实现数据库中的数据管理。

数据清单必须包括两个部分:列标题和数据。要正确创建数据清单,应该遵守以下原则。

（1）避免在一张工作表中建立多个数据清单。

（2）在数据清单的第一行建立列标题。

（3）列标题名唯一。

（4）单元格中数据的对齐方式可以用【设置单元格格式】命令来设置,不要用输入空格的方法调整。

11.2 条件格式的应用

条件格式的功能是突出显示满足特定条件的单元格。如果单元格中的值发生了改变而不满足设定的条件时,Excel 会暂停突出显示的格式。设置条件格式的具体操作步骤如下。

（1）打开工作表,选定要进行条件格式设定的数据区域（如一列或者连续单元格区域）。

（2）在【开始】选项卡的【样式】组中单击【条件格式】按钮,在弹出的下拉列表中选择【突出显示单元格规则】选项,如图 11-2 所示,在弹出的级联列表中根据需要选择具体条件要求。假如按照题意选择【大于】选项。

（3）在弹出的【大于】对话框中,设置数据具体范围,如图 11-3 所示。

（4）单击【设置为】后方的下拉菜单按钮,设置单元格格式。例如,选择最末一个选项【自定义格式】,弹出【设置单元格格式】对话框。如图 11-4 所示,可以通过选项卡对格式进行设置,单击【确定】按钮完成设置。

图 11-2 【突出显示单元格规则】级联列表

图 11-3 【大于】对话框 　　图 11-4 【设置单元格格式】对话框

(5) 若需要继续设置,则重复上面的操作,完成第 2 种条件格式、第 3 种条件格式……的设置。

11.3 公式的编辑和函数的应用

使用 Excel 2013 中的公式和函数不但可以完成一些常用的数学运算,还可以完成很多复杂的运算,但不管进行什么样的运算,都必须符合一定的运算规则。

11.3.1 运算符

运算符是进行数据计算的基础,Excel 2013 的常用运算符包括算术运算符、关系运算符、连接运算符和引用运算符。

1. 算术运算符

算术运算符用于完成基本数学运算,它们连接数字并产生计算结果,包括"＋(加)、－(减)、*(乘)、/(除)、%(百分比)、∧(乘方)"。

2. 关系运算符

关系运算符用来比较两个数值大小关系的运算符,它们返回逻辑值 True 或 False,包括"＝(等于)、＞(大于)、＜(小于)、＞＝(大于等于)、＜＝(小于等于)、＜＞(不等于)"。

3. 连接运算符

连接运算符使用和号(&)连接一个或更多字符串文本。

4. 引用运算符

使用引用运算符可以将单元格区域合并运算,包括":(冒号)"。

遇到混合运算的公式,必须先了解公式的运算顺序,也就是运算的优先级。这 4 类运算符的优先级从高到低依次为引用运算符、算术运算符、连接运算符、关系运算符。对于不同优先级的运算,按照优先级从高到低的顺序进行计算,对于同一优先级的运算,按照从左到右的顺序进行计算。

和数学运算的习惯一样,Excel 也是按照先乘除后加减的顺序计算,要更改求值的顺序,对公式中要先计算的部分加括号。例如,公式"＝6＋2*3"的结果是 12,如果使用括号改变语法,将公式变为"＝(6＋2)*3",则先用 6 加上 2,再用结果乘以 3,得到的结果是 24。

11.3.2 公式的创建

公式是利用单元格的引用地址对存放在其中的数值进行计算的等式。在 Excel 2013 中要正确地创建一个公式,就是要将等式中参与运算的每个运算数和运算符正确地书写出来。创建公式的步骤如下。

(1) 单击要输入公式的单元格。
(2) 输入等号"＝"。
(3) 在单元格或者编辑栏中输入公式的具体内容。
(4) 按 Enter 键,完成公式的创建。

例如,A1 单元格内容为"足球比赛",D1 单元格内容为"赛程表",F1 单元格内容为 A1 单元格和 D1 单元格内容的连接运算结果"足球比赛赛程表",在 F1 单元格中创建公式的步骤如下。

(1) 单击 F1 单元格。
(2) 在编辑栏中输入公式"＝A1&D1",如图 11-5 所示。
(3) 输入完毕,按 Enter 键,计算结果会显示在 F1 单元格中,结果如图 11-6 所示。

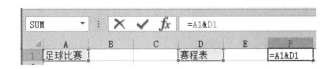

图 11-5　创建公式

图 11-6　显示公式结果

11.3.3　函数的应用

1. 插入函数

函数是 Excel 2013 自带的一些已经定义好的公式。函数处理数据的方式和公式的处理方式是相似的。例如,使用公式"＝F4＋F5＋F6＋F7＋F8＋F9＋F10＋F11"与使用函数"＝SUM(F4:F11)"的结果是相同的。使用函数不但可以减少计算的工作量,而且可以减少出错的概率。

函数的基本格式为:函数名(参数 1,参数 2,…)。函数名代表该函数的功能,例如,常用的 SUM 函数实现数值相加功能。不同类型的函数要求不同类型的参数,可以是数值、文本、单元格地址等。以下是几个常用函数的功能。

(1) 求和函数。SUM(),计算单元格区域中所有数值的累加和。

(2) 求平均值函数。AVERAGE(),求一组数值中的平均值。

(3) 求最小值函数。MIN(),求一组数值中的最小值。

(4) 求最大值函数。MAX(),求一组数值中的最大值。

(5) 计算函数。COUNT(),计算区域中包含数字的单元格个数;COUNTIF(),计算某个区域中满足给定条件的单元格数目。

(6) 逻辑判断函数。IF(),IF 函数判断给出的条件是否满足,如果满足返回一个值,不满足返回另一个值。

插入函数的具体操作步骤如下。

(1) 单击要插入函数的单元格。

(2) 单击【插入函数】按钮 fx,弹出【插入函数】对话框,如图 11-7 所示。

(3) 在选择类别【常用函数】|【选择函数】列表框中选择相应函数,单击【确定】按钮,弹出【函数参数】对话框,如图 11-8 所示。

图 11-7　【插入函数】对话框

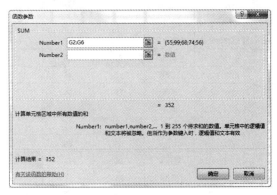

图 11-8　【函数参数】对话框

(4) 在【Number1】输入框中显示出要进行计算的单元格区域,如果该区域符合要求,可直接单击【确定】按钮,计算结果立即显示在选中单元格中。如果不符合要求,可单击文本框右侧的【拾取】按钮,在工作表中选取正确的区域。

2. 公式的复制

公式和函数可以复制和自动填充,以减少不必要的重复操作。在复制或自动填充公式时,如果公式中有单元格的引用,则自动填充的公式会根据单元格引用的情况产生不同的变化。Excel 2013之所以有如此功能是由单元格的相对引用地址和绝对引用地址所致。

1) 相对引用地址

在公式的复制或自动填充时,该地址相对目的单元格发生变化,相对引用地址由列号行号表示,如"D4"。比如前面的例子,F1单元格中的公式"=A1&D1"填充到F4单元格时,由于结果单元格由F1变为F4,公式随着目的位置自动变化为"=A4&D4",其他单元格的填充效果也是类似的。

2) 绝对引用地址

该地址不随复制或填充的目的单元格的变化而变化。绝对引用地址的表示方法是在行号和列号之前都加上一个"$"符号,如"$D$4"。"$"符号就像一把"锁",锁住了参与运算的单元格,使它们不会随着复制或填充的目的单元格的变化而变化。

3) 混合引用地址

如果单元格引用地址的一部分为绝对引用地址,另一部分为相对引用地址,如"$D4"或"D$4,"这类地址称为"混合引用地址"。如果"$"符号在行号前,表示该行位置是"绝对不变"的,而列位置会随目的位置的变化而变化;反之,如果"$"符号在列号前,表示该列位置是"绝对不变"的,而行位置会随目的位置的变化而变化。

【任务实战】制作简单"成绩表"

1. 效果图

简单"成绩表"效果图,如图11-9所示。

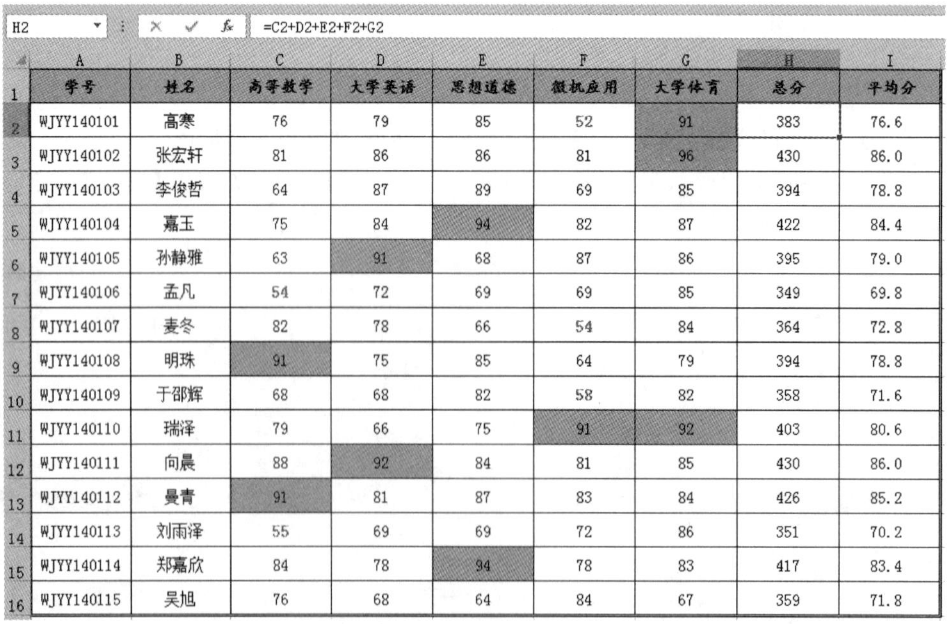

	A	B	C	D	E	F	G	H	I
1	学号	姓名	高等数学	大学英语	思想道德	微机应用	大学体育	总分	平均分
2	WJYY140101	高寒	76	79	85	52	91	383	76.6
3	WJYY140102	张宏轩	81	86	86	81	96	430	86.0
4	WJYY140103	李俊哲	64	87	89	69	85	394	78.8
5	WJYY140104	嘉玉	75	84	94	82	87	422	84.4
6	WJYY140105	孙静雅	63	91	68	87	86	395	79.0
7	WJYY140106	孟凡	54	72	69	69	85	349	69.8
8	WJYY140107	麦冬	82	78	66	54	84	364	72.8
9	WJYY140108	明珠	91	75	85	64	79	394	78.8
10	WJYY140109	于邵辉	68	68	82	58	82	358	71.6
11	WJYY140110	瑞泽	79	66	75	91	92	403	80.6
12	WJYY140111	向晨	88	92	84	81	85	430	86.0
13	WJYY140112	曼青	91	81	87	83	84	426	85.2
14	WJYY140113	刘雨泽	55	69	69	72	86	351	70.2
15	WJYY140114	郑嘉欣	84	78	94	78	83	417	83.4
16	WJYY140115	吴旭	76	68	64	84	67	359	71.8

图11-9 简单"成绩表"效果图

2. 操作要求

（1）将工作簿保存名称为"学号后两位＋姓名＋成绩表"，如"03 张伟成绩表"。

（2）将"Sheet 1"工作表标签重命名为"成绩表"。

（3）设置行高和列宽。1～16 行行高设置为"25"，A～I 列列宽设置为"12"。

（4）"成绩表"A～G 列录入效果图所示的数据信息。

（5）所有数据字体为"宋体"，字号为"12 磅"。

（6）A1～I1 单元格字体"加粗"。

（7）所有单元格对齐方式为"居中对齐"。

（8）列名所在单元格 A1～I1 的底纹颜色为"浅灰色"。

（9）设置"单实线"内、外边框。

（10）条件格式设置分数高于 90 分的单元格添加"浅灰色"底纹颜色。

（11）条件格式设置分数不及格的单元格字体颜色为"红色"，字体"加粗"。

（12）编辑公式的方法算出每名学生的总分。

（13）插入函数的方法算出每名学生的平均分。

3. 操作步骤

（1）重命名工作簿和工作表。

① 将工作簿重命名为"学号后两位＋姓名＋成绩表"。

② 打开工作簿，双击"Sheet 1"工作表标签，当工作表标签名称处于可编辑状态后，输入新工作表名称"成绩表"。

（2）设置行高和列宽。

① 单击行号"1"，按住鼠标不放，一直拖动到行号"16"，右击，在弹出的快捷菜单中选择【行高】命令，在弹出的【行高】对话框内输入"25"。

② 单击列号"A"，并按住鼠标不放，一直拖动到列号"I"，右击，在弹出的快捷菜单中选择【列宽】命令，在弹出的【列宽】对话框内输入"12"。

（3）设置表格边框。

选中要设置边框的单元格区域，右击，在弹出的快捷菜单中选择【设置单元格格式】命令，在【设置单元格格式】对话框中打开【边框】选项卡，在【样式】列表框中选择边框的内、外框线样式。

（4）内容录入和格式设置。

① 按照效果图所示录入数据信息。

② 选中 A1～I1 单元格区域，在【开始】选项卡中的【字体】组中单击【加粗】按钮 **B**。

③ 选中 A1～I16 单元格区域，在【开始】选项卡中单击【对齐方式】组的【居中】按钮 ≡。

④ 选取 A1～I1 单元格区域，鼠标右键单击单元格区域，在弹出的快捷菜单中选择【设置单元格格式】命令，在弹出的【设置单元格格式】对话框中选择【填充】选项卡，在【背景色】里选择"浅灰色"，单击【确定】按钮。

（5）条件格式的设置。

① 首先完成分数高于"90 分"的单元格格式的设置：选取C2～G16单元格区域，在【开始】选项卡中的【样式】组中单击【条件格式】按钮，根据习题要求首先选择【突出显示单元格规则】选项，如图 11-10 所示。在弹出的级联列表中选择第 1 项【大于】条件格式设置，弹出【大于】对话框，根据题意，将文本框中的值设置为"90"，如图 11-11 所示。在【设置为】下拉列表中选择【自定义格

· 203 ·

式】,弹出【设置单元格格式】对话框,选择【填充】选项卡,设置背景色为"浅灰色",如图 11-12 所示,最后单击【确定】按钮。

② 分数不及格的单元格格式的设置:选取 C2~G16 单元格区域,在【开始】选项卡中的【样式】组中单击【条件格式】按钮,根据习题要求首先选择【突出显示单元格规则】选项,如图 11-10 所示。在弹出的级联列表中选择第 2 项【小于】条件格式设置,弹出【小于】对话框,根据题意,将文本框中的值设置为"60",在【设置为】下拉列表中选择【自定义格式】,弹出【设置单元格格式】对话框,选择【字体】选项卡,设置字体颜色为"红色",字体"加粗",单击【确定】按钮。

(6) 单元格计算。

① 单击 H2 单元格,在编辑栏中键入公式"=C2+D2+E2+F2+G2",按 Enter 键,计算出

图 11-10 【条件格式】列表框

"高寒"同学的总分,再利用自动填充功能计算出其余 14 名学生的总分。

② 单击 I2 单元格,单击【插入函数】按钮 ƒx,弹出如图 11-13 所示对话框,在弹出的对话框中的【常用函数】|【选择函数】组中选定【AVERAGE】,单击【确定】按钮。

③ 在弹出的【函数参数】对话框中,单击【Number1】后面的【拾取】按钮,选中 C2~G2 单元格,再单击【拾取】按钮,最后单击【确定】按钮,利用函数完成"高寒"同学的平均分计算,如图 11-14 所示。

图 11-11 【大于】条件格式对话框

④ 最后运用自动填充功能得出其余 14 名学生的平均分。

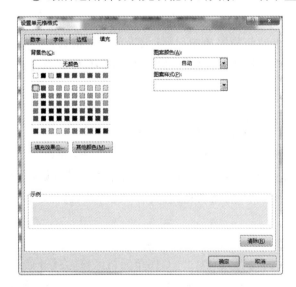

图 11-12 设置【填充】选项卡

图 11-13 【插入函数】对话框

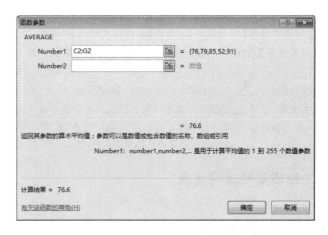

图 11-14　设置【函数参数】对话框

【其他典题 1】制作"工资明细表"

1．效果图

"工资明细表"效果图，如图 11-15 所示。

	A	B	C	D	E	F	G	H	I	J	K	L
1					工资明细							
2	员工编号	姓名	性别	部门	基本工资	养老保险	医疗保险	失业保险	住房公积金	奖金	社会保险	应发工资
3	3000	雪晴	女	电购部	5600	448	112	28	448	400	1036	4964
4	3001	百合	女	电购部	2500	200	50	12.5	200	300	462.5	2337.5
5	3002	阳子	男	电购部	2600	208	52	13	208	400	481	2519
6	3003	列文	男	培训部	5800	464	116	29	464	500	1073	5227
7	3004	豆丁	女	培训部	2700	216	54	13.5	216	300	499.5	2500.5
8	3005	晨曦	男	培训部	4500	360	90	22.5	360	400	832.5	4067.5
9	3006	文章	男	高等事业部	4900	392	98	24.5	392	400	906.5	4393.5
10	3007	阿杜	男	高等事业部	2500	200	50	12.5	200	500	462.5	2537.5
11	3008	吉祥	女	高等事业部	3700	296	74	18.5	296	300	684.5	3315.5
12	3009	易天	女	高等事业部	3600	288	72	18	288	100	666	3034

图 11-15　"工资明细表"效果图

2．操作要求

（1）工作簿另存为"学号后两位＋姓名＋工资明细表"，如"03 张伟工资明细表"。

（2）将"Sheet 1"工作表标签重命名为"工资明细表"，设置工作表标签颜色为"红色"。

（3）根据效果图 11-15 所示，录入"工资明细"表中的数据信息。使用键盘录入信息的有以下几列：员工编号、姓名、性别、部门、基本工资、奖金。其他列要求用公式计算。

（4）所有单元格数据的对齐方式为"居中对齐"。

（5）设置表格标题字体为"幼圆"，字号为"16 磅、加粗"。

（6）列名字体为"黑体、14 磅"。

（7）表格中其他单元格字体为"宋体、12 磅"。

（8）设置行高为"25"，列宽为"12"。

（9）根据效果图所示使用【合并后居中】按钮完成表格标题行设置。

（10）设置边框，使用"黑色"、"实线型"内、外边框。

（11）前两行使用"浅灰色"底纹颜色填充。

（12）应用条件格式填充表格底纹颜色，从第 3 行开始，奇数行填充"浅橙色"，偶数行填充"淡蓝色"（使用条件格式的公式进行设置，"奇数行"的公式为"＝MOD(ROW(),2)＝1"，"偶数行"的公式为"＝MOD(ROW(),2)＝0"）。

提示：在【开始】选项卡中的【样式】组中单击【条件格式】按钮，在弹出的下拉列表中选择【突出显示单元格规则】选项，然后在弹出的级联列表中选择【其他规则】。弹出【新建格式规则】对话框，在【选择规则类型】组中选择【使用公式确定要设置格式的单元格】，在【为符合此公式的值设置格式】文本框中输入公式，单击【格式】按钮设置单元格填充效果。

（13）使用公式或者函数求各个员工的养老保险、医疗保险、失业保险、住房公积金、社会保险和应发工资。对应关系为：养老保险＝基本工资×8％；医疗保险＝基本工资×2％；失业保险＝基本工资×0.5％；住房公积金＝基本工资×8％；社会保险＝养老保险＋医疗保险＋失业保险＋住房公积金；应发工资＝基本工资＋奖金－社会保险。

【其他典题 2】制作"工程质量检验评定表"

1. 效果图

"工程质量检验评定初表"效果图，如图 11-16 所示。

施工单位	分项工程					备注
	工程名称	质量评定				
		实得分	权值	加权得分	等级	
	级配碎石垫层	92	1			
	水泥稳定碎石基层	91	2			
	水泥混凝土面层	94	2			
	路肩	88	1			
	路缘石	90	1			
质量等级	合格	加权平均分				
评定意见						

图 11-16 "工程质量检验评定初表"效果图

2. 操作要求

（1）将工作表标签重命名为"工程质量检验评定表"。
（2）根据效果图 11-16 所示，录入"工程质量检验评定表"数据信息。
（3）所有单元格数据的对齐方式为"水平居中对齐、垂直居中对齐"。
（4）设置表格字体为"宋体、12 磅"。
（5）设置行高为"20"，列宽为"16"。
（6）根据效果图所示使用【合并后居中】按钮完成表格结构设置。
（7）设置"粗实线型"上、下外边框和"细实线型"内边框。
（8）应用条件格式。实得分介于 85～90 分之间的设置字体属性为"绿色、加粗、倾斜"，权值是 2 的设置单元格为"浅灰色"图案。
（9）使用公式或者函数求各项的加权得分、等级、加权平均分，如图 11-17 所示。加权得分＝实得分×权值；实得分≥75 分，等级为"合格"，否则为"不合格"；加权平均分＝加权得分总和/权值总和。

施工单位	分项工程					备注
	工程名称	质量评定				
		实得分	权值	加权得分	等级	
	级配碎石垫层	92	1	92	合格	
	水泥稳定碎石基层	91	2	182	合格	
	水泥混凝土面层	94	2	188	合格	
	路肩	88	1	88	合格	
	路缘石	90	1	90	合格	
质量等级	合格	加权平均分		91.4		
评定意见						

图 11-17 "工程质量检验评定表"效果图

【其他典题 3】制作"废品损失汇总计算表"

1. 效果图

"废品损失汇总计算初表"效果图,如图 11-18 所示。

不可修复废品损失汇总计算表									
工序	废品件数/件	损失工时数/工时	废品损失/元				应承担废品损失的责任单位		
			原材料	动力	人工	合计	第一车间	供应科	检验科
第一工序	200	120	2000	96	1080		794	2382	
第二工序	20	70	450	56	630		1136		
第三工序	30	240	1140	192	2160		2619		837
第四工序	6	80	300	64	720		1084		
合计									
减:废品残值			222				222		
废品净损失									

图 11-18 "废品损失汇总计算初表"效果图

2. 操作要求

(1)将工作表标签重命名为"废品损失汇总计算表"。
(2)根据效果图 11-18 所示,录入"废品损失汇总计算初表"数据信息。
(3)所有单元格数据的对齐方式为"水平居中对齐、垂直居中对齐"。
(4)设置表格字体为"宋体、12 磅"。
(5)设置行高为"25",列宽为最适合的列宽。
(6)根据效果图所示使用【合并后居中】按钮完成表格结构设置。
(7)设置自动换行属性。
(8)设置"粗实线型"上、下外边框和"细实线型"内边框,设置标题行为"浅灰色"图案。
(9)应用条件格式。四道工序废品件数小于或等于 100 件的设置字体属性为"蓝色、加粗、倾斜",件数大于 150 件的设置单元格为"浅灰色"图案;损失工时数小于或等于 100 工时的设置字体属性为"橙色、加粗、倾斜",损失工时数介于 100~200 工时之间的设置字体属性为"绿色、加粗、倾斜",损失工时数大于 200 工时的设置字体属性为"紫罗兰色、加粗、倾斜"。
(10)使用公式或者函数求废品损失合计、四道工序的各项合计、废品净损失,如图 11-19 所示。废品损失合计＝原材料＋动力＋人工;废品净损失＝合计－废品残值。

不可修复废品损失汇总计算表									
工序	废品件数/件	损失工时数/工时	废品损失/元				应承担废品损失的责任单位		
			原材料	动力	人工	合计	第一车间	供应科	检验科
第一工序	200	120	2000	96	1080	3176	794	2382	
第二工序	20	70	450	56	630	1136	1136		
第三工序	30	240	1140	192	2160	3492	2619		837
第四工序	6	80	300	64	720	1084	1084		
合计			510	3890	408	4590	8888	5633	2382	837
减:废品残值			222			222	222		
废品净损失			3668	408	4590	8666	5411	2382	837

图 11-19 "废品损失汇总计算表"效果图

【其他典题 4】制作"科技人才数量及分布表"

1. 效果图

"科技人才数量及分布初表"效果图,如图 11-20 所示。

企业科技人才数量及分布				
分布	研发部门	高层次	其他	11家企业科技人才数量
数量/人	12639	4575	20568	
比例				
注:广汽本田拥有科技人才2208人,但分类数据缺失,此表仅含有其他11家企业的数据				

图 11-20 "科技人才数量及分布初表"效果图

2. 操作要求

(1) 将工作表标签重命名为"科技人才数量及分布表"。
(2) 根据效果图 11-20 所示,录入"科技人才数量及分布表"数据信息。
(3) 所有单元格数据的对齐方式为"水平居中对齐、垂直居中对齐"(注释水平左对齐)。
(4) 表格标题设置为"宋体、14 磅、加粗",其他单元格设置为"宋体、12 磅",列标题和行标题"加粗"。
(5) 设置行高为"25",列宽为最适合的列宽。
(6) 根据效果图所示使用【合并后居中】按钮完成表格结构设置。
(7) 设置"粗实线型"外边框和"细实线型"内边框。
(8) 使用函数计算 11 家企业科技人才数量,使用公式计算各项百分比,如图 11-21 所示。

企业科技人才数量及分布				
分布	研发部门	高层次	其他	11家企业科技人才数量
数量/人	12639	4575	20568	37782
比例	33.45%	12.11%	54.44%	100.00%
注:广汽本田拥有科技人才2208人,但分类数据缺失,此表仅含有其他11家企业的数据				

图 11-21 "科技人才数量及分布表"效果图

【其他典题 5】制作"人才学历状况调查表"

1. 效果图

"人才学历状况调查初表"效果图,如图 11-22 所示。

2. 操作要求

(1) 将工作表标签重命名为"人才学历状况调查表"。
(2) 根据效果图 11-22 所示,录入数据信息,所有数值保留一位小数。
(3) 所有单元格数据的对齐方式为"水平居中对齐、垂直居中对齐"。
(4) 表格标题设置为"宋体、14 磅、加粗",其他单元格设置为"宋体、12 磅",将列标题和行标题"加粗"。
(5) 设置行高为"25",第 1 列列宽为"14",其他各列列宽为最适合的列宽。
(6) 根据效果图所示使用【合并后居中】按钮完成表格结构设置。
(7) 设置"粗实线型"外边框和"细实线型"内边框。根据效果图所示设置对应单元格"深灰色"、"浅灰色"图案。
(8) 使用公式或函数计算平均值与合计,如图 11-23 所示。

汽车行业科技人才学历状况调查表							
年份		2006	2007	2008	2009	2010	平均值
品牌特约企业	博士	0	0.2	0.4	0	0.1	
	硕士	0	7.6	9.0	1.4	4.6	
	本科	9.6	9.0	6.6	8.8	13.0	
	高职	41.0	36.7	42.6	46.9	45.9	
	中职	49.4	46.5	41.4	42.9	36.4	
	合计						
综合维修企业	博士	0	0	0	0	0	
	硕士	0.5	0.1	0.1	0.1	0.2	
	本科	6.5	7.2	5.7	7.0	10.0	
	高职	38.1	37.9	37.4	36.7	39.3	
	中职	54.9	54.8	56.8	56.2	50.5	
	合计						

图 11-22 "人才学历状况调查初表"效果图

汽车行业科技人才学历状况调查表							
年份		2006	2007	2008	2009	2010	平均值
品牌特约企业	博士	0	0.2	0.4	0	0.1	0.1
	硕士	0	7.6	9.0	1.4	4.6	4.5
	本科	9.6	9.0	6.6	8.8	13.0	9.4
	高职	41.0	36.7	42.6	46.9	45.9	42.6
	中职	49.4	46.5	41.4	42.9	36.4	43.3
	合计	100.0	100.0	100.0	100.0	100.0	100.0
综合维修企业	博士	0	0	0	0	0	0.0
	硕士	0.5	0.1	0.1	0.1	0.2	0.2
	本科	6.5	7.2	5.7	7.0	10.0	7.3
	高职	38.1	37.9	37.4	36.7	39.3	37.9
	中职	54.9	54.8	56.8	56.2	50.5	54.6
	合计	100.0	100.0	100.0	100.0	100.0	100.0

图 11-23 "人才学历状况调查表"效果图

【其他典题6】制作"研发经费投入比较表"

1. 效果图

"研发经费投入比较初表"效果图,如图 11-24 所示。

2. 操作要求

(1) 将工作表标签重命名为"研发经费投入比较表"。
(2) 根据效果图 11-24 所示,录入"研发经费投入比较表"数据信息,所有数值保留一位小数。
(3) 所有单元格数据的对齐方式为"水平居中对齐、垂直居中对齐"。
(4) 表格标题设置为"宋体、14磅、加粗",其他单元格设置为"宋体、12磅",列标题和行标题"加粗"。

近年汽车制造业研发经费投入比较表				
产品	研发经费投入/亿元		占汽车制造业研发投入的比例/%	
	2001年	2010年	2001年	2010年
整车生产	33.8	270.6	57.6	54.3
改装车	4.4	33.5	7.5	6.7
汽车发动机	1.2	18.8	2.1	3.8
汽车零部件	15.0	163.2	25.6	32.7
摩托车及部件	4.2	12.7	7.2	2.5
合计				

图 11-24 "研发经费投入比较初表"效果图

(5) 设置行高为"25",列宽为最适合的列宽。
(6) 根据效果图所示使用【合并后居中】按钮完成表格结构设置。
(7) 设置"粗实线型"外边框和"细实线型"内边框。
(8) 使用公式或函数计算合计值,如图 11-25 所示。

近年汽车制造业研发经费投入比较表				
产品	研发经费投入/亿元		占汽车制造业研发投入的比例/%	
	2001年	2010年	2001年	2010年
整车生产	33.8	270.6	57.6	54.3
改装车	4.4	33.5	7.5	6.7
汽车发动机	1.2	18.8	2.1	3.8
汽车零部件	15.0	163.2	25.6	32.7
摩托车及部件	4.2	12.7	7.2	2.5
合计	58.6	498.8	100.0	100.0

图 11-25 "研发经费投入比较表"效果图

【其他典题 7】制作"工资明细表"

1. 效果图

"工资明细初表"效果图,如图 11-26 所示。

工资明细										
员工编号	工龄	工龄工资	职务工资	学历工资	基本工资	养老保险	医疗保险	失业保险	住房公积金	社会保险
3000										
3001										
3002										
3003										
3004										
3005										
3006										
3007										
3008										
3009										

图 11-26 "工资明细初表"效果图

2. 操作要求

（1）将工作表标签重命名为"工资明细表"。
（2）根据效果图 11-26 所示，录入"工资明细表"中的数据信息。
（3）所有单元格数据的对齐方式为"水平居中、垂直居中对齐"。
（4）设置表格标题"工资明细"字体为"宋体、14 磅、加粗"。
（5）设置其他单元格字体为"宋体、12 磅"。
（6）设置第 1 行行高为"35"，其他各行行高为"25"，各列列宽为"12"。
（7）根据效果图所示使用【合并后居中】按钮完成表格标题行设置。
（8）设置"粗实线型"外边框、"细实线型"内边框。
（9）根据给定素材"员工信息表"应用纵向查找函数 VLOOKUP( )填充各工龄信息。公式为"＝VLOOKUP(lookup_value,table_array,col_index_num,range_lookup)"。例如，"＝VLOOKUP(B4,'员工信息'! B3:I13,8,FALSE)"表示在"员工信息"工作表的 B3:I13 数据区域，查找与单元格 B4 中的员工编号对应的第 8 列（即工龄）数据值。
（10）根据给定素材"工龄工资表"应用 IF( )函数嵌套计算各员工的工龄工资。公式为"＝IF(工龄＜＝1,100,IF(工龄＜＝5,200,IF(工龄＜＝10,300,500)))"。
（11）根据给定素材"员工信息表"和"职务工资表"应用 VLOOKUP( )函数的嵌套计算各员工的职务工资。例如，公式为"＝VLOOKUP(VLOOKUP(B4,'员工信息'! B3:I13,5,FALSE),'职务工资表'! ＄B＄3:＄C＄10,2,FALSE)"。内函数 VLOOKUP( )通过"员工信息表"的模糊查询计算出各员工编号对应的职务，外 VLOOKUP( )函数通过"职务工资表"的模糊查询计算出各职务对应的职务工资。（注：查找表格区域时注意单元格区域的相对引用和绝对引用。）
（12）根据给定素材"员工信息表"和"学历工资表"应用 VLOOKUP( )函数的嵌套计算各员工的学历工资。公式为"＝VLOOKUP(VLOOKUP(B4,'员工信息'! B3:I13,6,FALSE),'学历工资表'! ＄B＄3:＄C＄7,2,FALSE)"。内函数 VLOOKUP( )通过"员工信息表"的模糊查询计算出各员工编号对应的学历，外 VLOOKUP( )函数通过"学历工资表"的模糊查询计算出各学历对应的学历工资。（注：查找表格区域时注意单元格区域的相对引用和绝对引用。）
（13）应用公式或函数计算各员工的基本工资。基本工资＝工龄工资＋职务工资＋学历工资。
（14）使用公式或者函数求各个员工的养老保险、医疗保险、失业保险、住房公积金和社会保险。对应关系为：养老保险＝基本工资×8％；医疗保险＝基本工资×2％；失业保险＝基本工资×0.5％；住房公积金＝基本工资×8％；社会保险＝养老保险＋医疗保险＋失业保险＋住房公积金。

完成的"工资明细"表效果图，如图 11-27 所示。

工资明细										
员工编号	工龄	工龄工资	职务工资	学历工资	基本工资	养老保险	医疗保险	失业保险	住房公积金	社会保险
3000	8	300	4500	800	5600	448	112	28	448	1036
3001	5	200	2000	300	2500	200	50	12.5	200	462.5
3002	8	300	2000	300	2600	208	52	13	208	481
3003	9	300	4500	1000	5800	464	116	29	464	1073
3004	2	200	2000	500	2700	216	54	13.5	216	499.5
3005	3	200	3500	800	4500	360	90	22.5	360	832.5
3006	1	100	4000	800	4900	392	98	24.5	392	906.5
3007	2	200	2000	300	2500	200	50	12.5	200	462.5
3008	3	200	3000	500	3700	296	74	18.5	296	684.5
3009	0	100	3000	500	3600	288	72	18	288	666

图 11-27 "工资明细表"效果图

【其他典题 8】制作"工资汇总表"

1. 效果图

"工资汇总初表"效果图,如图 11-28 所示。

工资汇总										
员工编号	姓名	部门	基本工资	奖金	社会保险	应发工资	计税工资	个人所得税	实发工资
3000									
3001									
3002									
3003									
3004									
3005									
3006									
3007									
3008									
3009									

图 10-28 "工资汇总初表"效果图

2. 操作要求

(1) 将工作表标签重命名为"工资汇总表"。
(2) 根据效果图 11-28 所示,录入"工资汇总初表"中的数据信息。
(3) 所有单元格数据的对齐方式为"水平居中、垂直居中对齐"。
(4) 设置表格标题字体为"宋体、14 磅、加粗"。
(5) 设置其他单元格字体为"宋体、12 磅"。
(6) 设置第 1 行行高为"35",其他各行行高为"20",各列列宽为"12"。
(7) 根据效果图所示使用【合并后居中】按钮完成表格标题行设置。
(8) 设置"粗实线型"外边框、"细实线型"内边框。
(9) 根据给定素材"员工信息表"应用纵向查找函数 VLOOKUP( )填充各员工姓名。公式为"=VLOOKUP(B4,'员工信息'!B3:I13,2,FALSE)"。
(10) 根据给定素材"员工信息表"应用纵向查找函数 VLOOKUP( )填充各员工部门。公式为"=VLOOKUP(B4,'员工信息'!B3:I13,4,FALSE)"。
(11) 根据给定素材"工资明细表"应用纵向查找函数 VLOOKUP( )填充各员工基本工资。公式为"=VLOOKUP(B4,'工资明细'!B3:L13,6,FALSE)"。
(12) 根据给定素材"员工考核成绩表"和"考核等级与奖金表"应用 VLOOKUP( )函数的嵌套计算各员工的奖金。公式为"=VLOOKUP(VLOOKUP(B4,'员工考核成绩'!$B$3:$D$13,3,FALSE),'考核等级与奖金'!$C$3:$D$8,2,FALSE)"。内函数 VLOOKUP( )通过"员工考核成绩"表的模糊查询计算出各员工编号对应的考核等级,外 VLOOKUP( )函数通过"考核等级与奖金"表的模糊查询计算出各等级对应的奖金。(注:查找表格区域时注意单元格区域的相对引用和绝对引用。)
(13) 根据给定素材"工资明细表"应用纵向查找函数 VLOOKUP( )填充各员工社会保险。公式为"=VLOOKUP(B4,'工资明细'!B3:L13,11,FALSE)"。
(14) 创建公式计算各员工的应发工资。应发工资=基本工资+奖金-社会保险。
(15) 根据给定素材"个人所得税税率表"应用 IF( )函数计算各员工的计税工资。公式为"=IF(应发工资<=2 000,0,应发工资-2 000)"。
(16) 根据给定素材"个人所得税税率表"应用 IF( )函数嵌套计算各员工个人所得税。公式为"=IF(计税工资>60 000,计税工资*35%-6 375,IF(计税工资>40 000,计税工资*30%-3 375,IF(计税工资>20 000,计税工资*25%-1 375,IF(计税工资>5 000,计税工资*20%-375,IF(计税工资>2 000,计税工资*15%-125,

IF(计税工资＞500,计税工资＊10％－25,IF(计税工资＞0,计税工资＊5％－0,0)))))))"。

(17) 创建公式计算各员工的实发工资。实发工资＝应发工资－个人所得税。实发工资数据值保留两位小数。

完成的"工资汇总表"效果图，如图 11-29 所示。

工资汇总									
员工编号	姓名	部门	基本工资	奖金	社会保险	应发工资	计税工资	个人所得税	实发工资
3000	雪晴	电购部	5600	400	1036	4964	2964	319.60	4644.40
3001	百合	电购部	2500	300	462.5	2337.5	337.5	16.88	2320.63
3002	阳子	电购部	2600	400	481	2519	519	26.90	2492.10
3003	列文	培训部	5800	500	1073	5227	3227	359.05	4867.95
3004	豆丁	培训部	2700	300	499.5	2500.5	500.5	25.05	2475.45
3005	晨曦	培训部	4500	400	832.5	4067.5	2067.5	185.13	3882.38
3006	文章	高等事业部	4900	400	906.5	4393.5	2393.5	234.03	4159.48
3007	阿杜	高等事业部	2500	500	462.5	2537.5	537.5	28.75	2508.75
3008	吉祥	高等事业部	3700	300	684.5	3315.5	1315.5	106.55	3208.95
3009	易天	高等事业部	3600	100	666	3034	1034	78.40	2955.60

图 11-29 "工资汇总表"效果图

【其他典题 9】制作"员工考核成绩表"

1. 效果图

"员工考核成绩初表"效果图，如图 11-30 所示。

员工考核成绩		
员工编号	考核分数	考核等级
3000	85	
3001	78	
3002	82	
3003	92	
3004	77	
3005	80	
3006	89	
3007	91	
3008	70	
3009	65	

图 11-30 "员工考核成绩初表"效果图

2. 操作要求

(1) 将工作表标签重命名为"员工考核成绩表"。

(2) 根据效果图 11-30，录入"员工考核成绩表"数据信息。

(3) 设置标题行行高为"35"，其他行行高为"20"。设置各列列宽为"20"。

(4) 根据效果图所示使用【合并后居中】按钮完成表格标题行设置。

(5) 所有单元格数据的对齐方式为"水平居中对齐、垂直居中对齐"。

(6) 设置标题栏字体属性为"宋体、14 磅、加粗"，其他单元格字体属性为"宋体、12 磅"。

(7) 如效果图所示，设置"粗实线型"外边框和"细实线型"内边框。

(8) 应用 IF 函数嵌套计算各员工的考核等级，如图 11-31 所示。计算考核等级的公式为"＝IF(考核分数＞＝90,

"优秀",IF(考核分数>=80,"良好",IF(考核分数>=70,"中等",IF(考核分数>=60,"及格","不及格"))))"。

提示：公式供参考，录入公式时注意不同记录条的考核分数所对应的单元格。

员工考核成绩		
员工编号	考核分数	考核等级
3000	85	良好
3001	78	中等
3002	82	良好
3003	92	优秀
3004	77	中等
3005	80	良好
3006	89	良好
3007	91	优秀
3008	70	中等
3009	65	及格

图 11-31 "员工考核成绩表"效果图

【其他典题 10】制作"员工信息表"

1. 效果图

"员工信息初表"效果图，如图 11-32 所示。

员工信息							
员工编号	姓名	性别	部门	职务	学历	工作日期	工龄
3000	雪晴	女	电购部	部门经理	硕士	2007/2/14	
3001	百合	女	电购部	文员	专科	2010/7/8	
3002	阳子	男	电购部	文员	专科	2007/12/4	
3003	列文	男	培训部	部门经理	博士	2006/3/5	
3004	豆丁	女	培训部	文员	本科	2013/1/25	
3005	晨曦	男	培训部	工程师	硕士	2012/11/3	
3006	文章	男	高等事业部	项目经理	硕士	2014/9/7	
3007	阿杜	男	高等事业部	文员	专科	2013/12/24	
3008	吉祥	女	高等事业部	编辑	本科	2012/3/19	
3009	易天	女	高等事业部	程序员	本科	2015/2/3	

图 11-32 "员工信息初表"效果图

2. 操作要求

（1）将工作表标签重命名为"员工信息表"。
（2）根据效果图 11-32，录入"员工信息表"数据信息。
（3）设置标题行行高为"35"，其他行行高为"20"。设置各列列宽为"12"。
（4）根据效果图所示使用【合并后居中】按钮完成表格标题行设置。
（5）所有单元格数据的对齐方式为"水平居中对齐、垂直居中对齐"。
（6）设置标题栏字体属性为"宋体、14 磅、加粗"，其他单元格字体属性为"宋体、12 磅"。
（7）如效果图所示，设置"粗实线型"外边框和"细实线型"内边框。

(8) 应用 YEAR()函数和 TODAY()函数计算各员工的工龄,如图 11-33 所示。计算工龄的公式为"=YEAR(TODAY())−YEAR(工作日期)"。

员工信息							
员工编号	姓名	性别	部门	职务	学历	工作日期	工龄
3000	雪晴	女	电购部	部门经理	硕士	2007/2/14	9
3001	百合	女	电购部	文员	专科	2010/7/8	6
3002	阳子	男	电购部	文员	专科	2007/12/4	9
3003	列文	男	培训部	部门经理	博士	2006/3/5	10
3004	豆丁	女	培训部	文员	本科	2013/1/25	3
3005	晨曦	男	培训部	工程师	硕士	2012/11/3	4
3006	文章	男	高等事业部	项目经理	硕士	2014/9/7	2
3007	阿杜	男	高等事业部	文员	专科	2013/12/24	3
3008	吉祥	女	高等事业部	编辑	本科	2012/3/19	4
3009	易天	女	高等事业部	程序员	本科	2015/2/3	1

图 11-33 "员工信息表"效果图

提示:公式供参考,录入公式时注意不同记录条的"工作日期"所对应的单元格;注意工龄列的单元格格式设置。

任务 12　数据管理与分析

前面介绍过 Excel 2013 具有强大的数据管理、分析与处理功能,可以将其看作是一个简易的数据库管理系统;也可以将每个 Excel 工作簿看成是一个"数据库",每张工作表看成是一个"数据表"(也称为"数据清单");将工作表中的每一行看成是一条"记录",工作表中每一列看成是一个"字段"。Excel 完全符合由各字段组成一条记录,各记录组成数据表,各数据表组成数据库的数据组织形式。在 Excel 2013 中可以对数据进行排序,也可以使用"筛选器"查找符合条件的数据。实用性强、方便灵活。

【工作情景】

期末成绩下发后,为了方便班级同学能够很容易地看出自己的排名以及与其他同学相比较之下的不足,例如,按照成绩高低进行排序,打印大学英语成绩前三名的学生各科成绩,这就需要对数据清单中的数据进行管理与分析,张伟与几名同学积极承担了此项任务。

【学习目标】

(1) 快速排序和高级排序的方法;
(2) 自动筛选和高级筛选的方法;
(3) 数据分类汇总的操作方法;
(4) 合并计算的操作方法;
(5) 创建数据透视表。

【效果展示】

(1) "学生成绩排序"效果图,如图 12-1 所示。

	A	B	C	D	E	F	G	H	I	J
1	学号	姓名	性别	高等数学	大学英语	思想道德	微机应用	大学体育	总分	平均分
2	WJYY140115	吴旭	男	76	68	64	84	67	359	71.8
3	WJYY140107	麦冬	女	82	78	66	54	84	364	72.8
4	WJYY140105	孙静雅	女	63	91	68	87	86	395	79.0
5	WJYY140106	孟凡	男	54	72	69	69	85	349	69.8
6	WJYY140113	刘雨泽	男	55	69	69	72	86	351	70.2
7	WJYY140110	瑞泽	男	79	66	75	91	92	403	80.6
8	WJYY140109	于邵辉	男	68	68	82	58	82	358	71.6
9	WJYY140111	向晨	男	88	92	84	81	85	430	86.0
10	WJYY140101	高寒	男	76	79	85	52	91	383	76.6
11	WJYY140108	明珠	女	91	75	85	64	79	394	78.8
12	WJYY140102	张宏轩	男	81	86	86	81	96	430	86.0
13	WJYY140112	曼青	女	91	81	87	83	84	426	85.2
14	WJYY140103	李俊哲	男	64	87	89	69	85	394	78.8
15	WJYY140114	郑嘉欣	女	84	78	94	78	83	417	83.4
16	WJYY140104	嘉玉	女	75	84	94	82	87	422	84.4

图 12-1　"学生成绩排序"效果图

(2) 自动筛选效果如图 12-2 所示。

	A	B	C	D	E	F	G	H	I	J
1	学号	姓名	性别	高等数学	大学英语	思想道德	微机应用	大学体育	总分	平均分
3	WJYY140102	张宏轩	男	81	86	86	81	96	430	86.0
12	WJYY140111	向晨	男	88	92	84	81	85	430	86.0
13	WJYY140112	曼青	女	91	81	87	83	84	426	85.2

图 12-2　自动筛选效果图

(3) 高级筛选效果如图 12-3 所示。

23	学号	姓名	性别	高等数学	大学英语	思想道德	微机应用	大学体育	总分	平均分
24	WJYY140102	张宏轩	男	81	86	86	81	96	430	86.0
25	WJYY140111	向晨	男	88	92	84	81	85	430	86.0

图 12-3　高级筛选效果图

(4) 分类汇总效果如图 12-4 所示。

	A	B	C	D	E	F	G	H	I	J
1	学号	姓名	性别	高等数学	大学英语	思想道德	微机应用	大学体育	总分	平均分
2	WJYY140101	高寒	男	76	79	85	52	91	383	76.6
3	WJYY140102	张宏轩	男	81	86	86	81	96	430	86.0
4	WJYY140103	李俊哲	男	64	87	89	69	85	394	78.8
5	WJYY140106	孟凡	男	54	72	69	69	85	349	69.8
6	WJYY140109	于邵辉	男	68	68	82	58	82	358	71.6
7	WJYY140110	瑞泽	男	79	66	75	91	92	403	80.6
8	WJYY140111	向晨	男	88	92	84	81	85	430	86.0
9	WJYY140113	刘雨泽	男	55	69	69	72	86	351	70.2
10	WJYY140115	吴旭	男	76	68	64	84	67	359	71.8
11			男 平均值	71.22222222	76.33333333	78.11111111	73	85.44444444		
12	WJYY140104	嘉玉	女	75	84	94	82	87	422	84.4
13	WJYY140105	孙静雅	女	63	91	68	87	86	395	79.0
14	WJYY140107	麦冬	女	82	78	66	54	84	364	72.8
15	WJYY140108	明珠	女	91	75	85	64	79	394	78.8
16	WJYY140112	曼青	女	91	81	87	83	84	426	85.2
17	WJYY140114	郑嘉欣	女	84	78	94	78	83	417	83.4
18			女 平均值	81	81.16666667	82.33333333	74.66666667	83.83333333		
19			总计平均值	75.13333333	78.26666667	79.8	73.66666667	84.8		

图 12-4　分类汇总效果图

【知识准备】

12.1　数据排序

排序是组织数据的基本手段之一。对于 Excel 中的数据，有很多种排序的方法，可以按升序排序或降序排序，升序或者降序实际是按大小排序或按字母的先后排序。如果选择的是字母，则按字母的升序或降序来排列；如果是汉字，则是按照其汉语拼音中的第 1 个字母的升序或降序来排列。

12.1.1 快速排序

如果仅仅需要对数据清单中的某一列数据进行排序,使用排序按钮直接操作,具体步骤如下。

(1) 选中此列中的任一单元格。

(2) 在【开始】选项卡的【编辑】组中单击【排序和筛选】按钮,如果想要进行升序排序则选择【升序】,想要进行降序排列则选择【降序】即可完成单条件排序。或者在【数据】选项卡的【排序和筛选】组中,单击【升序】按钮 或【降序】按钮 实现快速排序。

12.1.2 高级排序

如果某列的数据有相同数值,通过按钮对单一列进行排序也不能达到预期效果,这时可以根据多列数据进行排序,即高级排序,具体操作步骤如下。

(1) 单击数据区域中的任意一个单元格。

(2) 单击【数据】选项卡的【排序和筛选】组中的【排序】按钮 ,弹出【排序】对话框,如图 12-5 所示,单击【添加条件】按钮。按照要求依次在弹出的对话框中选择【主要关键字】、【次要关键字】、并在各关键字后选择【升序】或【降序】排列。

图 12-5　高级【排序】对话框

(3) 单击【确定】按钮,实现高级排序。

12.2 数据筛选

数据筛选可以实现在数据清单中提炼出满足某些条件的数据,不满足条件的数据只是被暂时隐藏起来,并未真正被删除。一旦筛选条件被取消,这些数据又重新出现。

Excel 2013 提供了两种条件筛选命令:自动筛选和高级筛选。

12.2.1 自动筛选

自动筛选是指将数据清单中按照一个或多个条件筛选出满足条件的某数据列的值。自动筛选器提供了快速访问数据的管理功能。通过简单的操作,用户能筛选掉那些不想看到的或不想打印的数据。自动筛选的具体操作步骤如下。

(1) 单击数据清单中任意一个单元格。

(2) 在【数据】选项卡的【排序和筛选】组中单击【筛选】按钮,在每一列的列标题右侧都会出现【自动筛选箭头】按钮 。

(3)单击筛选箭头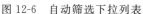,在打开的下拉列表中显示了该列的所有信息,如图12-6所示。

如果要筛选某一区间的数据,在下拉列表中选择【数字筛选】,在弹出的级联菜单中选择【自定义筛选】选项,打开【自定义自动筛选方式】对话框,在对话框中设定筛选条件,如图12-7所示。

图12-6 自动筛选下拉列表

图12-7 【自定义自动筛选方式】对话框

如果要筛选最大或最小几项,可以在下拉列表中选择【数字筛选】,弹出的级联菜单中选择【前10项】命令,打开【自动筛选前10个】对话框,在对话框中设定筛选条件,如图12-8所示。

图12-8 【自动筛选前10个】对话框

自动筛选可以重复使用,即可以在前一个筛选结果中再次执行新条件的筛选。例如,希望筛选出学生成绩表中高等数学和微机应用都大于80的行,可首先筛选出高等数学大于80的行,然后再在筛选结果中筛选出微机应用大于80的行。

再次单击【排序和筛选】组中的【筛选】按钮,可取消系统在当前工作表中设置的筛选状态,将工作表恢复到原始状态。

12.2.2 高级筛选

在进行数据筛选时,经常有条件更为复杂的筛选,自动筛选无法实现,这就需要使用高级筛选。与自动筛选不同,执行高级筛选操作时需要在工作表中建立一个单独的条件区域,即输入各条件的字段名和条件值,并在其中键入高级筛选条件。Excel 2013将【高级筛选】对话框中的单独条件区域用作成高级条件的源。

为了防止条件区域受到数据表的插入、删除等操作的影响,一般放在数据区域的正上方或正下方或右部。值得注意的是:条件区域的字段名排列顺序可以和数据区域的排列顺序不一致,但对应的字段名必须完全一样,因此在创建条件区域字段名时,最好从原有的条件区域中复制字段名,以免筛选发生错误。

条件区域的第2行用来书写筛选条件,分成"与"关系和"或"关系两种。其中"与"关系表示"并且",即其中所有的表达式都要同时满足。"与"关系的条件的输入要在同一行。写在不同行相同列中的条件满足其一即可,属于"或"关系。

高级筛选适合复杂条件筛选,具体操作步骤如下所述。

(1) 在当前工作表的空白区域输入筛选条件。

(2) 单击数据清单中任意一个单元格,在【数据】选项卡中的【排序和筛选】组中单击【高级】按钮,弹出【高级筛选】对话框,在【方式】选项下有两个单选按钮,第 1 个表示将筛选的结果在源数据区域显示,第 2 个表示将筛选结果存放于其他区域中,用户只能二选一。在【列表区域】中选择要筛选的数据列表,【条件区域】中选择高级筛选条件,【复制到】选择筛选后的结果存储区域。

图 12-9 【高级筛选】对话框

(3) 设置完成,单击【确定】按钮。

注意:

(1) 输入筛选条件时,列标题名称与原数据清单的列标题名称完全一致;

(2) 输入运算符时,使用英文输入法。

思考: "条件与"和"条件或"的条件如何完成?

12.3　数据分类汇总

12.3.1　分类汇总简介

前面介绍的数据筛选数据排序只是简单的数据库操作。在数据库应用中还有一种重要的操作,就是对数据的分类汇总。分类汇总是数据处理的另一种重要工具。使用 Excel 2013 的分类汇总工具可以完成以下工作。

(1) 创建数据组。

(2) 在数据库中显示一级组的分类汇总及总和。

(3) 在数据库中显示多级组的分类汇总及总和。

(4) 对数据组执行各种计算,如求和、求平均值等。

(5) 创建分类汇总后,打印结果报告。

对数据库进行分类汇总,首先要求数据库的每个字段都有字段名,即数据区的每一列都有列标题。Excel 2013 会根据字段名来创建数据并进行分类汇总。

12.3.2　分类汇总的具体操作

使用数据分类汇总的具体操作步骤如下。

(1) 单击数据库清单的任意一个单元格。

(2) 以【分类字段】为关键字进行排序(在分类汇总之前必须先以分类字段进行排序操作)。

(3) 在【数据】选项卡的【分级显示】组中单击【分类汇总】按钮,弹出【分类汇总】对话框。

(4) 在【分类汇总】对话框中的【分类字段】下拉列表中选择所需的分类字段选项。

(5) 在【汇总方式】下拉列表框中选择所需的汇总方式选项。

图 12-10 【分类汇总】对话框

(6) 在【选定汇总项】列表框中选择所需的汇总项复选框,可选多个,如图 12-10 所示。

12.4 合并计算

12.4.1 合并计算简介

合并计算和分类汇总都是用来对一张或多张工作表中的数据进行统计的操作。若要汇总和报告多个单独工作表中数据的结果,可以将每个工作表中的数据合并到一个工作表(或主工作表)中。所合并的工作表可以与主工作表位于同一个工作簿中,也可以位于其他工作簿中。如果在一个工作表中对数据进行合并计算,则可以更加轻松地对数据进行定期或不定期的更新和汇总。

例如,如果有一个用于每个地区分公司开支数据的工作表,则可使用合并计算将这些开支数据合并到公司的总开支工作表中。

12.4.2 合并计算的两种方法

在 Excel 2013 中实现合并计算的方法主要有以下两种。

(1)按位置进行合并计算:该方法适用于当多个源区域中的数据按照相同的顺序排列并使用相同的行和列标签时。例如,各分公司的开支工作表使用了相同的模板。

(2)按分类进行合并计算:该方法适用于当多个源区域中的数据以不同的方式排列,但却使用相同的行或列标签时。例如,每个月生成布局相同的一系列出库工作表,但每个工作表包含不同的项目或不同数量的项目。

12.5 数据透视表

数据透视表是一种对大量数据快速汇总和建立交叉列表的交互式动态表格,用户可以在其中进行求和、计数等计算。可以帮助用户分析、组织既有数据,是 Excel 2013 中数据分析的重要组成部分。

创建数据透视表步骤如下。

(1)单击【插入】选项卡的【表格】组中的【数据透视表】按钮,弹出【创建数据透视表】对话框,如图 12-11 所示。

图 12-11 【创建数据透视表】对话框

(2)在【选择要分析的数据】组中选定数据区域,数据区域一般是工作表内部的数据,也可以使用外部链接数据源。

(3)在【选择放置数据透视表的位置】中输入放置的位置,单击【确定】按钮,完成空的数据透视表的创建。

(4)在工作表的指定区域出现一个空白表格,其中包括为表格添加行标签、列标签、数据项等,如图12-12所示。

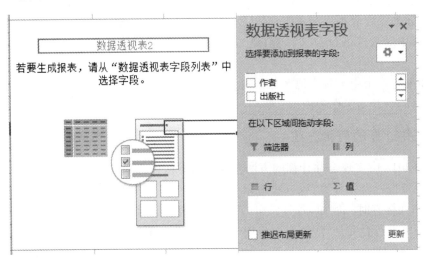

图12-12 设置数据透视表字段

- 【行字段】:在数据透视表的行方向显示出来。
- 【列字段】:在数据透视表的列方向显示出来。
- 【页字段】:在数据透视表中的上方显示出来,用于"筛选"不同的数据进行统计。
- 【数据区域】:包含汇总数据的数据透视表单元格。

(5)在工作表右侧的【数据透视表字段列表】中的【选择要添加到报表的字段】按要求将字段添加到行标签、列标签和求和项中。

(6)设置完成后关闭【数据透视表字段列表】对话框,即可完成数据透视表的创建。

【任务实战1】数据分析

1. 效果图

数据分析效果图,分别如图12-1至图12-4所示。

2. 操作要求

(1)工作簿文件另存为"学号后两位+姓名+成绩数据分析"。

(2)根据所做操作分别给工作表标签重命名。

(3)对数据清单排序,排序要求按照"思想道德"分数"升序","微机应用"分数"升序"。

(4)应用自动筛选功能筛选出总分前5名并且5科成绩均高于80分的学生。

(5)应用高级筛选功能筛选出5科成绩均高于75分的男学生。

(6)对数据清单进行分类汇总,按照男女学生的性别,汇总男学生和女学生的每科平均分。

3. 操作步骤

(1)排序。

①打开工作簿,单击数据清单中任意一个单元格。

② 单击【数据】选项卡的【排序和筛选】组中的【排序】按钮,弹出【排序】对话框,选择【添加条件】。
③ 在【主要关键字】下拉列表中选择"思想道道",【次序】选择"升序"。
④ 在【次要关键字】下拉列表中选择"微机应用",【次序】选择"升序"。
⑤ 如图 12-13 所示,单击【确定】按钮,即可完成排序操作,排序结果如图 12-1 所示。

图 12-13　【排序】对话框设置方法

(2) 自动筛选。
① 单击数据清单中任意一个单元格。
② 在【数据】选项卡的【排序和筛选】组中单击【筛选】按钮,在每个字段名后会出现一个筛选箭头 。
③ 在字段【总分】下拉列表中选择【数字筛选】|【前 10 项】,弹出【自动筛选前 10 个】对话框,如图 12-14 所示,依次设置【最大值】、【5】、【项】。
④ 在字段【思想道德】下拉列表中选择【数字筛选】|【自定义筛选】,打开【自定义自动筛选方式】对话框,关系运算符选择"大于",空白栏中输入"80",如图 12-15 所示,单击【确定】按钮。

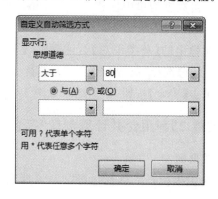

图 12-14　【自动筛选前 10 个】对话框　　图 12-15　【自定义自动筛选方式】对话框

⑤ 方法同步骤④,分别筛选【微机应用】、【大学英语】、【高等数学】、【大学体育】均大于 80 的记录。
⑥ 自动筛选结果如图 12-2 所示。
(3) 高级筛选。
① 在数据清单外的单元格区域内键入高级筛选条件,如图 12-16 所示。

性别	高等数学	大学英语	思想道德	微机应用	大学体育
男	>75	>75	>75	>75	>75

图 12-16　设置高级筛选条件

② 单击数据清单中任意一个单元格。

③ 单击【数据】选项卡的【排序和筛选】组中的【高级】按钮，弹出【高级筛选】对话框，在【列表区域】中选择要筛选的数据列表，在【条件区域】中选择高级筛选条件，【复制到】选择筛选后的结果存储区域，如图 12-17 所示。

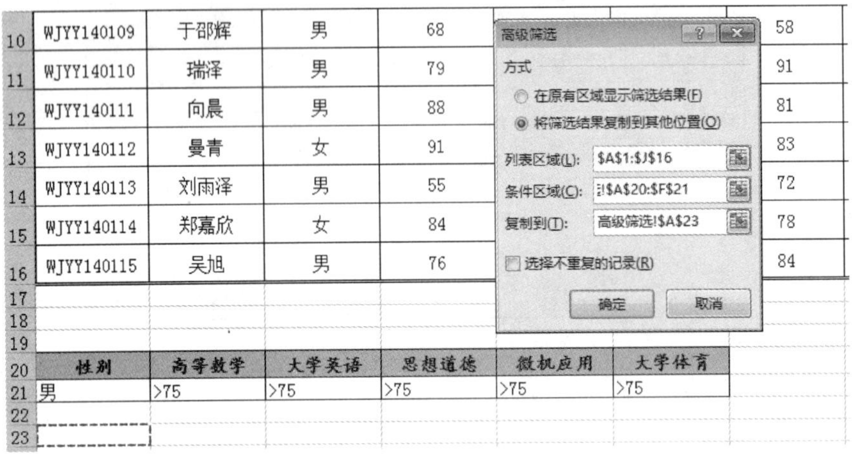

图 12-17　设置【高级筛选】对话框

④ 设置完成后，单击【确定】按钮，高级筛选结果如图 12-3 所示。

(4) 分类汇总。

① 选定【性别】列任一单元格，单击【数据】选项卡的【排序和筛选】组中的【升序】按钮 A↓Z 或【降序】按钮 Z↓A，完成排序操作。

② 单击数据清单中任意一个单元格。单击【数据】选项卡的【分级显示】组中的【分类汇总】选项。

③ 在弹出的【分类汇总】对话框中，【分类字段】选择“性别”，【汇总方式】选择“平均值”，【选定汇总项】选择“高等数学”、“大学英语”、“思想道德”、“微机应用”、“大学体育”这 5 项。

④ 单击【确定】按钮，汇总结果如图 12-4 所示。

【任务实战 2】利用合并计算创建“宿舍卫生检查汇总表”

1. 效果图

“宿舍卫生检查汇总表”如图 12-18 所示。

宿舍卫生检查情况汇总表

宿舍号	室内地面	床上用品	桌面物品	门	窗	得分
1101	-1	-2	-2		-2	93
1102		-1	-3			96
1103		-5	-1		-1	93
1104		-3		-3	-2	92

图 12-18　宿舍检查情况合并计算结果

2. 操作要求

学院宿舍卫生每周的检查情况都单独保存在一个 Excel 工作簿中，检查完的 3 个周的 3 个 Excel 文件的名称分别为“第 1 周. xlsx”、“第 2 周. xlsx”、“第 3 周. xlsx”，文件数据如图 12-19 所示。

第1周宿舍卫生检查情况

宿舍号	室内地面	床上用品	桌面物品	门	窗	得分
1101			-1			99
1102						100
1103		-4				96
1104				-1	-1	98

第2周宿舍卫生检查情况

宿舍号	室内地面	床上用品	桌面物品	门	窗	得分
1101		-1	-1			98
1102		-1	-2			97
1103					-1	99
1104		-3			-1	96

第3周宿舍卫生检查情况

宿舍号	室内地面	床上用品	桌面物品	门	窗	得分
1101	-1	-1			-1	97
1102			-1			99
1103		-1	-1			98
1104				-2		98

图 12-19　3 个工作簿中的内容

要求汇总这 3 周的宿舍卫生检查情况。

3. 操作步骤

因为所有工作表都是按相同的格式编排的，因此可以使用【按位置方式】进行合并计算。

① 创建一个名为“学号后两位＋姓名＋周检查汇总. xlsx”的工作簿，其格式编排与各周统计表格式相同，如图 12-20 所示。

宿舍卫生检查情况汇总表

宿舍号	室内地面	床上用品	桌面物品	门	窗	得分
1101						
1102						
1103						
1104						

图 12-20　周检查汇总表

② 将“第 1 周. xlsx”、“第 2 周. xlsx”、“第 3 周. xlsx”3 个工作簿全部处于打开状态。

③ 选定汇总表中 B3 单元格，单击【数据】选项卡【数据工具】组中的【合并计算】按钮，弹出【合并计算】对话框。在【函数】下拉列表框中列出了支持合并计算的所有函数类型(求和、计数、平均值、最大值、最小值等)。本题选择“求和”。单击引用位置右侧的拾取按钮，在已事先打开的“第 1 周. xlsx”中选择数据，如图 12-21 所示。

④ 单击【添加】按钮，重复上述操作，直至将 3 个周的检查数据都添加到【所有引用位置】栏中。【合并计算】对话框设置如图 12-22 所示。

第1周宿舍卫生检查情况

宿舍号	室内地面	床上用品	桌面物品	门	窗	得分
1101			-1			99
1102						100
1103		-4				96
1104				-1	-1	98

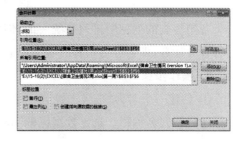

图 12-21　选择“第 1 周”数据

图 12-22　【合并计算】对话框的设置

⑤ 最后单击【确定】按钮,得到如图 12-18 所示的合并计算结果。

【任务实战 3】利用合并计算创建“各分店销售汇总表”

1. 效果图

“各分店销售汇总表”如图 12-23 所示。

	A	B	C	D
1	销售总账			
2	品名	数量	金额	单价
3	橡皮	25	12.5	
4	大田字格	48	96	
5	水彩笔(16)	3	63	
6	小田字格	45	45	
7	小刀	9	31.5	
8	文具盒	62	124	
9	大笔记本	54	81	
10	书包	2	70	
11	大橡皮	3	6	
12	中性笔(黑)	10	25	

图 12-23　3 家分店销售额合并计算结果

2. 操作要求

例如,某超市下设有 3 家分店,每个分店每天上报一个保存有当日营业数据的流水账的(按时间顺序记录发生的业务)工作簿。3 个 Excel 文件名为“分店 1. xlsx”、“分店 2. xlsx”和“分店 3. xlsx”,文件内容如图 12-24 所示。

	A	B	C	D
1	第1分店销售表			
2	品名	数量	金额	单价
3	橡皮	5	2.5	0.5
4	大田字格	20	40	2
5	小田字格	15	15	1
6	小刀	3	10.5	3.5
7	文具盒	12	24	2
8	大笔记本	18	27	1.5

	A	B	C	D
1	第2分店销售表			
2	品名	数量	金额	单价
3	橡皮	10	5	0.5
4	大田字格	14	28	2
5	小田字格	15	15	1
6	文具盒	25	50	2
7	大笔记本	18	27	1.5
8	小刀	3	10.5	3.5
9	书包	1	35	35

	A	B	C	D
1	第3分店销售表			
2	品名	数量	金额	单价
3	橡皮	10	5	0.5
4	大田字格	14	28	2
5	水彩笔(16)	3	63	21
6	小田字格	15	15	1
7	文具盒	25	50	2
8	大笔记本	18	27	1.5
9	小刀	3	10.5	3.5
10	书包	1	35	35
11	大橡皮	3	6	2
12	中性笔(黑)	10	25	2.5

图 12-24　各分店销售情况

各销售表的列标题排列是统一的,但各分店的销售内容却是散乱的,因此,只能选择按分类进行合并计算,即各分店销售的各类商品按“品名”汇总,得到该商品的销售数据和销售总金额。

3. 操作步骤

① 创建一个名为“班级+姓名+销售账. xlsx”的工作簿。在 Sheet 1 工作表中录入汇总表的标题栏和列名称栏。选定数据区的 A3 单元格(要填写汇总数据的第一个单元格)为当前单元格,如图 12-25 所示。

② 单击【数据】选项卡【数据工具】组中的【合并计算】按钮,显示【合并计算】对话框,与前面

介绍过的方法类似,单击【引用位置】栏右侧的拾取按钮,在已事先打开的"分店 1.xlsx"中选择分店 1 数据区,如图 12-26 所示,单击【添加】按钮。

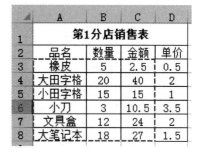

图 12-25　选定单元格　　　　　　　　图 12-26　选择"分店 1"数据

③ 重复上述操作,直至将各店数据都添加到【所有引用位置】栏中,在选择了【函数】和位于 3 个工作簿中的【引用位置】后,注意在【标签位置】栏中选择【最左列】,这也是【按分类合并计算】与【按位置合并计算】最关键的不同点。【合并计算】对话框设置如图 12-27 所示。

④ 单击【确定】按钮,得到如图 12-18 所示合并计算结果。

图 12-27　将 3 个店的数据添加到【所有引用位置】栏

【其他典题 1】进行"学生数据分析"

1. 效果图

"学生数据分析"结果如图 12-28 至图 12-32 所示。

2. 操作要求

(1) 工作簿文件另存为"学号后两位+姓名+学生数据分析表"。

	学号	姓名	性别	高等数学	大学英语	思想道德	微机应用	大学体育	总分	平均分
2	WJYY140106	孟凡	男	54	72	69	69	85	349	69.8
3	WJYY140113	刘雨泽	男	55	69	69	72	86	351	70.2
4	WJYY140105	孙静雅	女	63	91	68	87	86	395	79.0
5	WJYY140103	李俊哲	男	64	87	89	69	85	394	78.8
6	WJYY140109	于邵辉	男	68	68	82	58	82	358	71.6
7	WJYY140104	嘉玉	女	75	84	94	82	87	422	84.4
8	WJYY140101	高寒	男	76	79	85	52	91	383	76.6
9	WJYY140115	吴旭	男	76	68	64	84	67	359	71.8
10	WJYY140110	瑞泽	男	79	66	75	91	92	403	80.6
11	WJYY140102	张宏轩	男	81	86	86	81	96	430	86.0
12	WJYY140107	麦冬	女	82	78	66	54	84	364	72.8
13	WJYY140114	郑嘉欣	女	84	78	94	78	83	417	83.4
14	WJYY140111	向晨	男	88	92	84	81	85	430	86.0
15	WJYY140108	明珠	女	91	75	85	64	79	394	78.8
16	WJYY140112	曼青	女	91	81	87	83	84	426	85.2

图 12-28 “高等数学升序排序”效果图

	学号	姓名	性别	高等数学	大学英语	思想道德	微机应用	大学体育	总分	平均分
3	WJYY140102	张宏轩	男	81	86	86	81	96	430	86.0
12	WJYY140111	向晨	男	88	92	84	81	85	430	86.0
13	WJYY140112	曼青	女	91	81	87	83	84	426	85.2

图 12-29 “总分前三名学生”效果图

	学号	姓名	性别	高等数学	大学英语	思想道德	微机应用	大学体育	总分	平均分
3	WJYY140102	张宏轩	男	81	86	86	81	96	430	86.0
4	WJYY140103	李俊哲	男	64	87	89	69	85	394	78.8
5	WJYY140104	嘉玉	女	75	84	94	82	87	422	84.4
6	WJYY140105	孙静雅	女	63	91	68	87	86	395	79.0
9	WJYY140108	明珠	女	91	75	85	64	79	394	78.8
11	WJYY140110	瑞泽	男	79	66	75	91	92	403	80.6
12	WJYY140111	向晨	男	88	92	84	81	85	430	86.0
13	WJYY140112	曼青	女	91	81	87	83	84	426	85.2
15	WJYY140114	郑嘉欣	女	84	78	94	78	83	417	83.4
16	WJYY140115	吴旭	男	76	68	64	84	67	359	71.8

图 12-30 “全部科目及格学生”效果图

	学号	姓名	性别	高等数学	大学英语	思想道德	微机应用	大学体育	总分	平均分
9	WJYY140108	明珠	女	91	75	85	64	79	394	78.8
16	WJYY140115	吴旭	男	76	68	64	84	67	359	71.8

图 12-31 “大学体育低于 80 分学生”效果图

	A	B	C	D	E	F	G	H	I	J
1	学号	姓名	性别	高等数学	大学英语	思想道德	微机应用	大学体育	总分	平均分
2	WJYY140101	高寒	男	76	79	85	52	91	383	76.6
3	WJYY140102	张宏轩	男	81	86	86	81	96	430	86.0
4	WJYY140103	李俊哲	男	64	87	89	69	85	394	78.8
5	WJYY140106	孟凡	男	54	72	69	69	85	349	69.8
6	WJYY140109	于邵辉	男	68	68	82	58	82	358	71.6
7	WJYY140110	瑞泽	男	79	66	75	91	92	403	80.6
8	WJYY140111	向晨	男	88	92	84	81	85	430	86.0
9	WJYY140113	刘雨泽	男	55	69	69	72	86	351	70.2
10	WJYY140115	吴旭	男	76	68	64	84	67	359	71.8
11			男 汇总	641	687	703	657	769		
12	WJYY140104	嘉玉	女	75	84	94	82	87	422	84.4
13	WJYY140105	孙静雅	女	63	91	68	87	86	395	79.0
14	WJYY140107	麦冬	女	82	78	66	54	84	364	72.8
15	WJYY140108	明珠	女	91	75	85	64	79	394	78.8
16	WJYY140112	曼青	女	91	81	87	83	84	426	85.2
17	WJYY140114	郑嘉欣	女	84	78	94	78	83	417	83.4
18			女 汇总	486	487	494	448	503		
19			总计	1127	1174	1197	1105	1272		

图 12-32 "分类汇总"结果

（2）根据所做操作分别给不同的工作表标签重命名。

（3）按照高等数学字段升序排序，工作表标签相应的重命名为"高等数学升序排序"。

（4）筛选总分前 3 名的学生，工作表标签重命名为"总分前 3 名的学生"。

（5）筛选所有科目都及格的学生，工作表标签重命名为"所有科目及格学生"。

（6）筛选大学体育科目低于 80 分的学生，工作表标签重命名为"大学体育低于 80 分"。

（7）对数据清单进行分类汇总，按照男女学生的性别汇总男学生和女学生的每科总分。工作表标签重命名为"按性别汇总每科总分"。

【其他典题 2】进行"工资汇总数据分析"

1. 效果图

根据给定素材"工资汇总表"，如图 12-33，完成各数据管理与分析要求。

工资汇总										
姓名	部门	职务	学历	工龄	学历工资	基本工资	奖金	计税工资	个人所得税	实发工资
吉祥	高等事业部	编辑	本科	3	500	3700	300	1315.5	106.55	3208.95
易天	高等事业部	程序员	本科	0	500	3600	100	1034	78.4	2955.6
豆丁	培训部	文员	本科	2	500	2700	300	500.5	25.05	2475.45
列文	培训部	部门经理	博士	9	1000	5800	500	3227	359.05	4867.95
雪晴	电购部	部门经理	硕士	8	800	5600	400	2964	319.6	4644.4
文章	高等事业部	项目经理	硕士	1	800	4900	400	2393.5	234.025	4159.475
晨曦	培训部	工程师	硕士	3	800	4500	400	2067.5	185.125	3882.375
阳子	电购部	文员	专科	8	300	2600	400	519	26.9	2492.1
百合	电购部	文员	专科	5	300	2500	300	337.5	16.875	2320.625
阿杜	高等事业部	文员	专科	2	300	2500	500	537.5	28.75	2508.75

图 12-33 "工资汇总表"

2. 操作要求

（1）按工龄降序、学历工资降序排序，如图 12-34 所示。

工资汇总										
姓名	部门	职务	学历	工龄	学历工资	基本工资	奖金	计税工资	个人所得税	实发工资
列文	培训部	部门经理	博士	9	1000	5800	500	3227	359.05	4867.95
雪晴	电购部	部门经理	硕士	8	800	5600	400	2964	319.6	4644.4
阳子	电购部	文员	专科	8	300	2600	400	519	26.9	2492.1
百合	电购部	文员	专科	5	300	2500	300	337.5	16.875	2320.625
晨曦	培训部	工程师	硕士	3	800	4500	400	2067.5	185.125	3882.375
吉祥	高等事业部	编辑	本科	3	500	3700	300	1315.5	106.55	3208.95
豆丁	培训部	文员	本科	2	500	2700	300	500.5	25.05	2475.45
阿杜	高等事业部	文员	专科	2	300	2500	500	537.5	28.75	2508.75
文章	高等事业部	项目经理	硕士	1	800	4900	400	2393.5	234.025	4159.475
易天	高等事业部	程序员	本科	0	500	3600	100	1034	78.4	2955.6

图 12-34 按"工龄、学历工资降序排序"效果图

(2)按基本工资降序、奖金降序排序,如图 12-35 所示。

工资汇总										
姓名	部门	职务	学历	工龄	学历工资	基本工资	奖金	计税工资	个人所得税	实发工资
列文	培训部	部门经理	博士	9	1000	5800	500	3227	359.05	4867.95
雪晴	电购部	部门经理	硕士	8	800	5600	400	2964	319.6	4644.4
文章	高等事业部	项目经理	硕士	1	800	4900	400	2393.5	234.025	4159.475
晨曦	培训部	工程师	硕士	3	800	4500	400	2067.5	185.125	3882.375
吉祥	高等事业部	编辑	本科	3	500	3700	300	1315.5	106.55	3208.95
易天	高等事业部	程序员	本科	0	500	3600	100	1034	78.4	2955.6
豆丁	培训部	文员	本科	2	500	2700	300	500.5	25.05	2475.45
阳子	电购部	文员	专科	8	300	2600	400	519	26.9	2492.1
阿杜	高等事业部	文员	专科	2	300	2500	500	537.5	28.75	2508.75
百合	电购部	文员	专科	5	300	2500	300	337.5	16.875	2320.625

图 12-35 按"基本工资、奖金降序排序"效果图

(3)应用自动筛选功能筛选出高等事业部的编辑,如图 12-36 所示。

工资汇总										
姓名	部门	职务	学历	工龄	学历工资	基本工资	奖金	计税工资	个人所得税	实发工资
吉祥	高等事业部	编辑	本科	3	500	3700	300	1315.5	106.55	3208.95

图 12-36 "自动筛选出高等事业部的编辑"效果图

(4)应用自动筛选功能筛选出学历至少为硕士的部门经理,如图 12-37 所示。

工资汇总										
姓名	部门	职务	学历	工龄	学历工资	基本工资	奖金	计税工资	个人所得税	实发工资
雪晴	电购部	部门经理	硕士	8	800	5600	400	2964	319.6	4644.4
列文	培训部	部门经理	博士	9	1000	5800	500	3227	359.05	4867.95

图 12-37 "自动筛选学历至少为硕士的部门经理"效果图

(5)应用自动筛选功能筛选出奖金高于 300 的文员,如图 12-38 所示。

工资汇总										
姓名	部门	职务	学历	工龄	学历工资	基本工资	奖金	计税工资	个人所得税	实发工资
阳子	电购部	文员	专科	8	300	2600	400	519	26.9	2492.1
阿杜	高等事业部	文员	专科	2	300	2500	500	537.5	28.75	2508.75

图 12-38 "自动筛选出奖金高于 300 的文员"效果图

(6)筛选实发工资前 5 名的员工信息,如图 12-39 所示。

工资汇总										
姓名	部门	职务	学历	工龄	学历工资	基本工资	奖金	计税工资	个人所得税	实发工资
雪晴	电购部	部门经理	硕士	8	800	5600	400	2964	319.6	4644.4
文章	高等事业部	项目经理	硕士	1	800	4900	400	2393.5	234.025	4159.475
吉祥	高等事业部	编辑	本科	3	500	3700	300	1315.5	106.55	3208.95
列文	培训部	部门经理	博士	9	1000	5800	500	3227	359.05	4867.95
晨曦	培训部	工程师	硕士	3	800	4500	400	2067.5	185.125	3882.375

图 12-39 "自动筛选实发工资前 5 名的员工信息"效果图

（7）筛选出专科学历或者工龄少于 3 年的员工信息，如图 12-40 所示。

工资汇总										
姓名	部门	职务	学历	工龄	学历工资	基本工资	奖金	计税工资	个人所得税	实发工资
阳子	电购部	文员	专科	8	300	2600	400	519	26.9	2492.1
百合	电购部	文员	专科	5	300	2500	300	337.5	16.875	2320.625
文章	高等事业部	项目经理	硕士	1	800	4900	400	2393.5	234.025	4159.475
易天	高等事业部	程序员	本科	0	500	3600	100	1034	78.4	2955.6
阿杜	高等事业部	文员	专科	2	300	2500	500	537.5	28.75	2508.75
豆丁	培训部	文员	本科	2	500	2700	300	500.5	25.05	2475.45

图 12-40 "筛选出专科学历或者工龄少于 3 年的员工信息"效果图

（8）筛选出工龄少于 5 年或者学历工资不大于 500 的文员，如图 12-41 所示。

工资汇总										
姓名	部门	职务	学历	工龄	学历工资	基本工资	奖金	计税工资	个人所得税	实发工资
阳子	电购部	文员	专科	8	300	2600	400	519	26.9	2492.1
百合	电购部	文员	专科	5	300	2500	300	337.5	16.875	2320.625
阿杜	高等事业部	文员	专科	2	300	2500	500	537.5	28.75	2508.75
豆丁	培训部	文员	本科	2	500	2700	300	500.5	25.05	2475.45

图 12-41 "筛选出工龄少于 5 年或者学历工资不大于 500 的文员"效果图

（9）分别应用自动筛选功能和高级筛选功能筛选出计税工资高于 2 000 的经理，如图 12-42 所示。

工资汇总										
姓名	部门	职务	学历	工龄	学历工资	基本工资	奖金	计税工资	个人所得税	实发工资
雪晴	电购部	部门经理	硕士	8	800	5600	400	2964	319.6	4644.4
文章	高等事业部	项目经理	硕士	1	800	4900	400	2393.5	234.025	4159.475
列文	培训部	部门经理	博士	9	1000	5800	500	3227	359.05	4867.95

图 12-42 "计税工资高于 2 000 的部门经理"效果图

（10）筛选出基本工资高于 3 000 且奖金高于 300 且实发工资高于 4 500 的员工信息，如图 12-43 所示。

工资汇总										
姓名	部门	职务	学历	工龄	学历工资	基本工资	奖金	计税工资	个人所得税	实发工资
雪晴	电购部	部门经理	硕士	8	800	5600	400	2964	319.6	4644.4
列文	培训部	部门经理	博士	9	1000	5800	500	3227	359.05	4867.95

图 12-43 "筛选结果"效果图

（11）筛选出基本工资高于 3 000 或奖金高于 300 或实发工资高于 4 500 的员工信息，如图 12-44 所示。

工资汇总										
姓名	部门	职务	学历	工龄	学历工资	基本工资	奖金	计税工资	个人所得税	实发工资
雪晴	电购部	部门经理	硕士	8	800	5600	400	2964	319.6	4644.4
阳子	电购部	文员	专科	8	300	2600	400	519	26.9	2492.1
文章	高等事业部	项目经理	硕士	1	800	4900	400	2393.5	234.025	4159.475
吉祥	高等事业部	编辑	本科	3	500	3700	300	1315.5	106.55	3208.95
易天	高等事业部	程序员	本科	0	500	3600	100	1034	78.4	2955.6
阿杜	高等事业部	文员	专科	2	300	2500	500	537.5	28.75	2508.75
列文	培训部	部门经理	博士	9	1000	5800	500	3227	359.05	4867.95
晨曦	培训部	工程师	硕士	3	800	4500	400	2067.5	185.125	3882.375

图 12-44 "筛选结果"效果图

(12) 筛选出实发工资前 5 名的经理，如图 12-45 所示。

工资汇总										
姓名	部门	职务	学历	工龄	学历工资	基本工资	奖金	计税工资	个人所得税	实发工资
雪晴	电购部	部门经理	硕士	8	800	5600	400	2964	319.6	4644.4
文章	高等事业部	项目经理	硕士	1	800	4900	400	2393.5	234.025	4159.475
列文	培训部	部门经理	博士	9	1000	5800	500	3227	359.05	4867.95

图 12-45 "筛选出实发工资前 5 名经理"效果图

(13) 筛选出学历高于本科的员工信息，如图 12-46 所示。

工资汇总										
姓名	部门	职务	学历	工龄	学历工资	基本工资	奖金	计税工资	个人所得税	实发工资
雪晴	电购部	部门经理	硕士	8	800	5600	400	2964	319.6	4644.4
文章	高等事业部	项目经理	硕士	1	800	4900	400	2393.5	234.025	4159.475
列文	培训部	部门经理	博士	9	1000	5800	500	3227	359.05	4867.95
晨曦	培训部	工程师	硕士	3	800	4500	400	2067.5	185.125	3882.375

图 12-46 "筛选出学历高于本科的员工信息"效果图

(14) 按部门汇总员工的基本工资、奖金和实发工资的平均值，如图 12-47 所示。

	A	B	C	D	E	F	G	H	I	J	K
1						工资汇总					
2	姓名	部门	职务	学历	工龄	学历工资	基本工资	奖金	计税工资	个人所得税	实发工资
3	雪晴	电购部	部门经理	硕士	8	800	5600	400	2964	319.6	4644.4
4	阳子	电购部	文员	专科	8	300	2600	400	519	26.9	2492.1
5	百合	电购部	文员	专科	5	300	2500	300	337.5	16.875	2320.625
6		电购部 平均值					3566.666667	366.6666667			3152.375
7	文章	高等事业部	项目经理	硕士	1	800	4900	400	2393.5	234.025	4159.475
8	吉祥	高等事业部	编辑	本科	3	500	3700	300	1315.5	106.55	3208.95
9	易天	高等事业部	程序员	本科	0	500	3600	100	1034	78.4	2955.6
10	阿杜	高等事业部	文员	专科	2	300	2500	500	537.5	28.75	2508.75
11		高等事业部 平均值					3675	325			3208.19375
12	列文	培训部	部门经理	博士	9	1000	5800	500	3227	359.05	4867.95
13	晨曦	培训部	工程师	硕士	3	800	4500	400	2067.5	185.125	3882.375
14	豆丁	培训部	文员	本科	2	500	2700	300	500.5	25.05	2475.45
15		培训部 平均值					4333.333333	400			3741.925
16		总计平均值					3840	360			3351.5675

图 12-47 "按部门汇总结果"效果图

(15) 按学历汇总员工的学历工资、奖金和个人所得税的平均值，如图 12-48 所示。

	A	B	C	D	E	F	G	H	I	J	K
1						工资汇总					
2	姓名	部门	职务	学历	工龄	学历工资	基本工资	奖金	计税工资	个人所得税	实发工资
3	吉祥	高等事业部	编辑	本科	3	500	3700	300	1315.5	106.55	3208.95
4	易天	高等事业部	程序员	本科	0	500	3600	100	1034	78.4	2955.6
5	豆丁	培训部	文员	本科	2	500	2700	300	500.5	25.05	2475.45
6				本科 平均值		500		233.3333333		70	
7	列文	培训部	部门经理	博士	9	1000	5800	500	3227	359.05	4867.95
8				博士 平均值		1000		500		359.05	
9	雪晴	电购部	部门经理	硕士	8	800	5600	400	2964	319.6	4644.4
10	文章	高等事业部	项目经理	硕士	1	800	4900	400	2393.5	234.025	4159.475
11	晨曦	培训部	工程师	硕士	3	800	4500	400	2067.5	185.125	3882.375
12				硕士 平均值		800		400		246.25	
13	阳子	电购部	文员	专科	8	300	2600	400	519	26.9	2492.1
14	百合	电购部	文员	专科	5	300	2500	300	337.5	16.875	2320.625
15	阿杜	高等事业部	文员	专科	2	300	2500	500	537.5	28.75	2508.75
16				专科 平均值		300		400		24.175	
17				总计平均值		580		360		138.0325	

图 12-48 "按学历汇总结果"效果图

【其他典题 3】进行"学院图书销售情况表"的高级筛选、分类汇总

1. 效果图

(1) "与"关系高级筛选结果，如图 12-49 所示。

	经销部门	图书类别	季度	数量（册）	销售额（元）	销售量排名
20						
21	第1分部	社科类	2	435	21750	1

图 12-49　高级筛选中"与"关系筛选结果

(2) "或"关系高级筛选结果，如图 12-50 所示。

	经销部门	图书类别	季度	数量（册）	销售额（元）	销售量排名
21						
22	第3分部	少儿类	2	321	9630	6
23	第1分部	社科类	2	435	21750	1
24	第2分部	计算机类	2	256	17920	8
25	第2分部	社科类	1	167	8350	19
26	第3分部	社科类	4	213	10650	13
27	第2分部	社科类	4	219	10950	12

图 12-50　高级筛选中"或"关系筛选结果

(3) 分类汇总结果。

	A	B	C	D	E	F
1	学院图书销售情况表					
2	经销部门	图书类别	季度	数量（册）	销售额（元）	销售量排名
3	第1分部	社科类	2	435	21750	1
4	第1分部	计算机类	4	187	13090	18
5	第1分部 汇总				34840	
6	第2分部	计算机类	2	256	17920	8
7	第2分部	社科类	1	167	8350	19
8	第2分部	计算机类	4	196	13720	16
9	第2分部	社科类	4	219	10950	12
10	第2分部 汇总				50940	
11	第3分部	计算机类	3	124	8680	21
12	第3分部	少儿类	2	321	9630	6
13	第3分部	计算机类	4	157	10990	20
14	第3分部	社科类	4	213	10650	13
15	第3分部 汇总				39950	
16	总计				125730	

图 12-51　分类汇总结果

2. 操作要求

(1) 在"学院图书销售情况表"中筛选出"图书类别"社科类，并且"销售排名"为前 10 名的图书，数据显示在原有的数据表中。

① 打开 Excel 工作簿"图书销售情况表"。

② 将工作表标签重命名为"与关系高级筛选"。

③ 在创建条件区域的 A16；B17 中，A16 单元格复制原表字段"图书类别"，B16 单元格中复制原表字段"销售量排名"。在 A17 单元格内输入"图书类别"的条件是"社科类"，在 B17 单元格中输入"销售量排名"的条件是"<=10"。

④ 根据题意,设置【高级筛选】对话框中的项目,如图12-52所示。

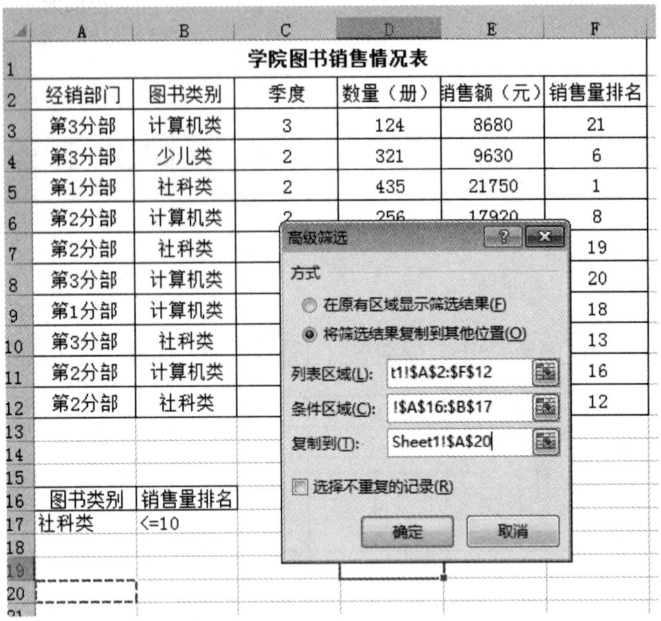

图12-52 设置【高级筛选】对话框

⑤ 设置完成后单击【确定】按钮,结果如图12-49所示。

(2) 在"学院图书销售情况表"中筛选出"图书类别"为社科类,或者"销售排名"为前10的图书。

① 将"图书销售情况表"复制到Sheet 2工作表中,并将标签重命名为"或关系高级筛选"。

② 在创建条件区域的A16:B18中,A16单元格复制原表字段"图书类别",B16单元格中复制原表字段"销售量排名"。在A17单元格内输入"图书类别"的条件是"社科类",在B18单元格中输入"销售量排名"的条件是"<=10"。

③ 根据题意设置【高级筛选】对话框,如图12-53所示。

图12-53 "或"关系【高级筛选】对话框

④ 对话框设置完成后单击【确定】按钮,即可查看高级筛选结果,如图 12-50 所示。
提示:"或"关系表示"或者",即满足其中任何一个条件就算符合条件。"或"关系的条件的输入要在不同行,一般都写在对角线上。

(3) 对工作表"学院图书销售情况表"内的数据清单的内容进行分类汇总。汇总每个经销部门的销售总额。
① 将"图书销售情况表"复制到 Sheet 3 工作表中,并将标签重命名为"分类汇总"。
② 选中数据区域中【经销部门】列任意一个单元格,按"经销部门"进行排序操作。
③ 进行分类汇总设置,【分类字段】为"经销部门",【汇总方式】为"求和",【汇总项】为"销售额(元)"。
④ 设置完成后单击【确定】按钮,分类汇总后的效果如图 12-51 所示。

【其他典题 4】制作"员工年度考核表"的数据透视表

1. 效果图

"员工年度考核表"的数据透视表效果图,如图 12-54 所示。

	A	B	C	D	E
1					
2	职务	(全部) ▼			
3					
4	行标签 ▼	求和项:品德	求和项:业绩	求和项:能力	求和项:态度
5	产品部	73	63	66	68
6	行政部	89	94	93	91
7	后勤部	68	70	67	69
8	技术二部	44	46	46	43
9	技术一部	63	66	68	68
10	市场部	46	44	45	43
11	总计	383	383	385	382

图 12-54 "员工年度考核表"的数据透视表效果图

2. 操作要求

(1) 创建数据透视表,要求行标签选取"所属部门"列。
(2) 数据项选取"品德"列、"业绩"列、"能力"列和"态度"列。
(3) 将"职务"字段添加到透视表中。
(4) 单击【行】中的"职务"字段,在弹出的列表中选择【移动到报表筛选】命令。
(5) 创建的数据透视表如图 12-54 所示。

任务 13　制作数据图表

图表是将工作表中的数据以图的形式表现出来,使数据更加直观、易懂。图表准确反映出数据之间的关系,能够帮助用户直接地观察数据的分布和变化趋势,从而正确地得出结论。当工作表中的数据发生变化时,图表中对应项的数据也会自动更新。

【工作情景】

为了能够更直观地看出每位学生的不同学科间、不同学生相同学科间的对比情况,使学生成绩更加一目了然地比较出来,最好是根据成绩表数据生成图表。学生张伟积极地参与到了此项任务中。

【学习目标】

(1) 插入图表的方法;
(2) 编辑图表和格式化图表的方法。

【效果展示】

"成绩统计图"效果图,如图 13-1 所示。

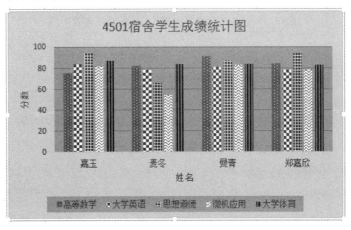

图 13-1　"成绩统计图"效果图

【知识准备】

13.1　图表的插入

如何能将抽象的数据变得更直观呢？Excel 提供了强大的数据图表功能。图表比数据更易于表达数据之间的关系以及数据变化的趋势,极大地增强数据的表现力,并为用户进一步分析数据和进行决策提供了依据。

13.1.1　插入图表

Excel 图表是指将工作表中的数据用图形表示出来。Excel 图表具有较好的视觉效果，易于阅读和评价，可以帮助用户分析和比较工作表中相关的数据，方便用户查看数据的差异并预测趋势。

Excel 2013 可创建两种类型的图表：一种是嵌入式图表，即图表和数据在同一张工作表中；另一种是工作簿中的独立图表。如果工作表中的数据发生变化，图表中的对应部分也会自动更改。

创建图表通常采用以下方法。

（1）在建立之前先选中要创建图表的数据区域，数据区域可以是连续的也可以是不连续的，正确地选定数据区域是成功建立图表的关键，当选中不连续的数据区域时，先选中第一部分后再使用 Ctrl 键选中不连续的数据区域。

（2）在【插入】选项卡中的【图表】组中选中需要建立的图表类型，建立好图表之后再对图表进行布局上的调整，具体包括标题的设定、坐标轴的设定、数据标签的增加和删除等。

例如，根据“各部门员工工资统计表”（见图 13-2），创建“各部门员工工资统计图”要求选取表“部门”列、“应发工资”列和“实发工资”列内容，建立“簇状柱形图”，X 轴上的项为部门名称，图表标题为“各部门员工工资统计图”，插入到表的 A10：F24 区域。

	A	B	C
1	2015年9月各部门员工工资统计表		
2	部门	应发工资	实发工资
3	行政部	11100	10440
4	财务部	4500	4200
5	运营部	10200	9630
6	设计部	10000	9300
7	技术部	9600	9090

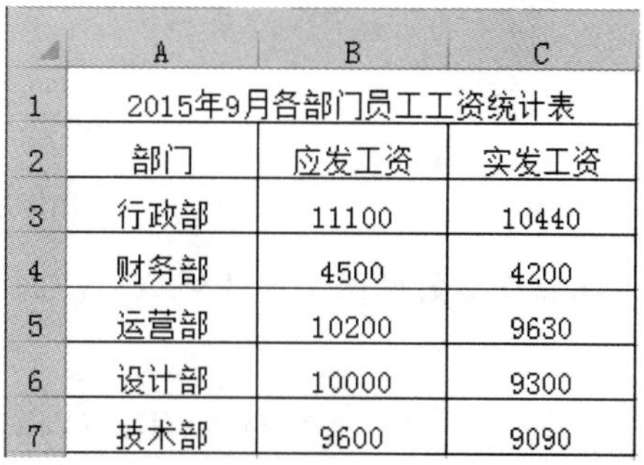

图 13-2　各部门员工工资统计表

操作步骤如下。

（1）选取表中字段“部门”、“应发工资”和“实发工资”所在列的单元格内容。

（2）单击【插入】选项卡，在【图表】组单击【插入柱形图】按钮，在弹出的下拉列表中选择【簇状柱形图】，如图 13-3 所示。

（3）系统将根据选择的数据区域，在当前工作表中自动生成簇状柱形图，如图 13-4 所示。

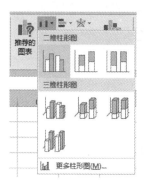

图 13-3　选择【簇状柱形图】

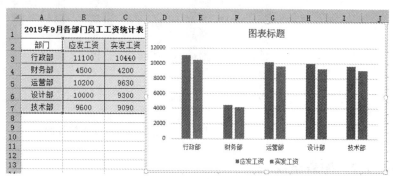

图 13-4　生成【簇状柱形图】

（4）输入图表标题"各部门员工工资统计图"，如图13-5所示。

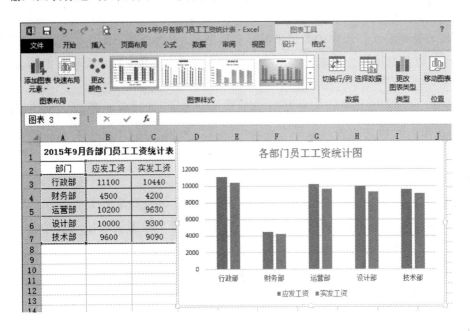

图13-5　输入图表标题

（5）将建立好的图表拖放到A10:F24区域，一个简单的图表完成了，如图13-6所示。

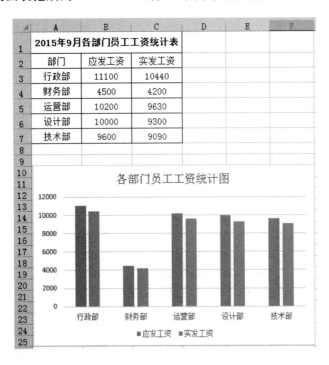

图13-6　各部门员工工资统计图表

13.1.2　图表组成

上一节我们已经创建了一个"簇状柱形图"，那么图表由哪些元素组成的呢？下面来了解一下图表的组成元素。图表由许多部分组成,包括图表区、绘图区、图表标题、坐标轴、数据系列和图例等,如图 13-7 所示。

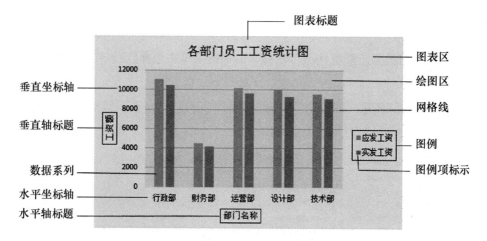

图 13-7　图表组成元素

其中图表标题、坐标轴标题、轴标题、网格线、图例等都在【图表工具】选项卡的【图表布局】组中的【添加图表元素】中,如图 13-8 所示。

图 13-8　【添加图表元素】列表

13.2　编辑图表

图表制作完成后,如果感到不满意,可以更改图表的类型、源数据、图表选项以及图表的位置等,使图表变得更加完善。因此根据实际情况通过修改图表的各组成元素的格式可以得到表现力更强的图表,对图表的编辑通常包括更改图表数据区域、更改图表类型、更改图表布局、更改图表样式、更改图表位置和更改图表格式等。

1. 更改图表类型

在实际应用过程中,为了更加清晰地表示数据的趋势,用户可以根据需要更改图表的类型。例如,将"各部门员工工资统计图"由"簇状柱形图"改为"三维簇状条形图"。具体操作步骤如下。

(1) 右击"各部门员工工资统计图",在弹出的快捷菜单中选择【更改图表类型】命令项,弹出如图 13-9 所示对话框。

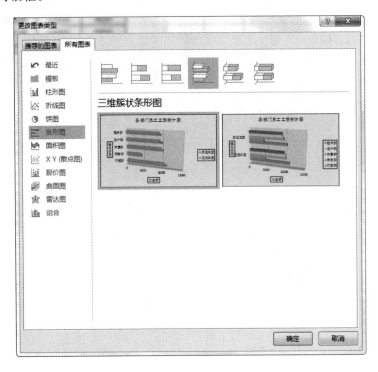

图 13-9　【更改图表类型】对话框

(2) 在对话框中选择【三维簇状条形图】,单击【确定】按钮,即可得到如图 13-10 所示图表。

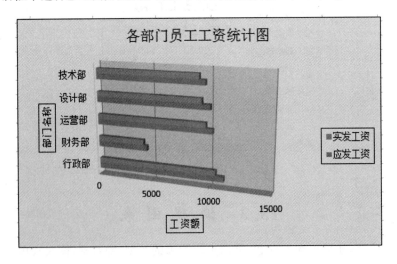

图 13-10　"各部门员工工资统计图"三维簇状条形图

同一组数据可以用不同的图表类型来表示,因此在选择图表类型时可以选择最适合表达数据内容的图表类型。例如,表示各部分数据的对比情况,可以用直方图;表示数据的发展趋势,可以用折线图;表示比例关系,可以用饼图。

2. 更改图表数据区域

在此编辑项中我们可以重新选择数据源、切换图表行和列、编辑图例项和编辑水平轴标签。例如,要求去掉"各部门员工工资统计图"图表中"应发工资"项,如图 13-10 所示。

实现过程如下。

方法 1:在"各部门员工工资统计表"的数据区域中删除"应发工资"列,即可完成操作。

方法 2:

(1) 右击"各部门员工工资统计图",在弹出的快捷菜单中选择【选择数据】命令,弹出如图 13-11 所示对话框。

(2) 选中对话框的【图例项(系列)】中的"应发工资",然后单击【删除】按钮,即可去掉"应发工资"项,得到如图 13-12 所示图表。

图 13-11 【选择数据源】对话框

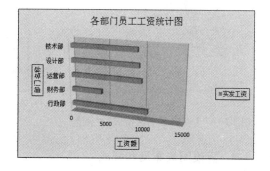

图 13-12 去掉"应发工资"的效果图

3. 图表对象的格式化设置

图表建立并修改完成后,如果显示效果不美观,可以对图表的外观进行适当的格式化,也可以对图表的各个对象进行一些必要的修饰,使其更协调、更美观。

对图表对象的格式化,首先要选中设置的对象,例如,"标题"、"图例"、"数据系列"等,然后双击鼠标,打开相应的格式设置对话框。由于不同对象格式化的内容不同,所以对话框的组成也不相同,有的对话框中可能有多个选项卡。通过改变原有对象的设置值可以改变图表的外观。

例如,设置图表区背景颜色:填充类型为"渐变填充",预设渐变为"浅色渐变-着色 6",类型为"线性",方向为"线性向下",角度为"90 度"。具体操作过程如下。

(1) 双击图表区,即可在窗口右侧打开如图 13-13 所示【设置图表区格式】对话窗格,执行【图表选项】|【填充线条】|【渐变填充】命令,根据要求设置填充效果即可。

(2) 最终效果如图 13-14 所示。

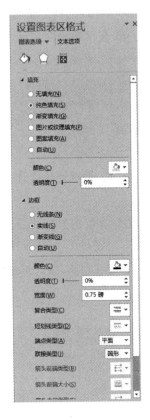

图 13-13 【设置图表区格式】对话框

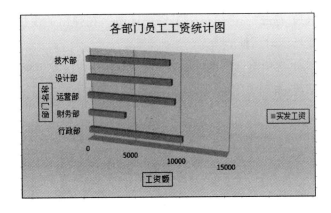

图 13-14 设置图表背景颜色

4. 更改图表布局和样式

系统为用户提供了布局样式,用户可以根据自己的实际需要进行选择和变化。

例如,将图 13-14 的图表布局修改为"布局 5",图表样式改为"样式 3"。

具体操作步骤如下。

首先选中图表,出现【图表工具】选项卡,单击【图表工具】|【设计】选项卡的【图表布局】组中的【快速布局】按钮,在弹出的下拉列表中选择"布局 5",在【图表样式】组中选择"样式 3",得到如图 13-15 所示图表。

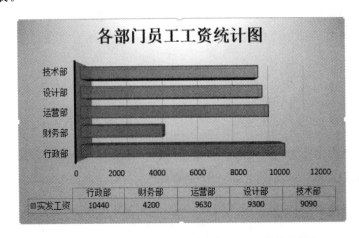

图 13-15 布局 5、样式 3 的"各部门员工工资统计图"

5．更改图表位置

图表位置可以置于当前工作表和其他工作表中，默认置于当前工作表中，在当前工作表中可以通过鼠标拖动改变相对位置。

例如，将图 13-15 所示图表移动到新工作表中，操作步骤如下。

（1）右击图表，在弹出的快捷菜单中选择【移动图表】命令，弹出如图 13-16 所示对话框。

（2）选择【新工作表】项，新工作表的名字可以更改。

（3）单击【确定】按钮，此时在工作表标签中将多出一个名称为"Chart 1"的工作表。

图 13-16　【移动图表】对话框

【任务实战】制作"成绩统计图"

1．操作要求

（1）图表展示的是 4501 宿舍 4 名学生（嘉玉、麦冬、曼青、郑嘉欣）的 5 门成绩的柱形图。

（2）图表区颜色为"灰色-25%，背景 2"。

（3）绘图区颜色为"浅绿色"。

（4）图例颜色为"浅绿色"。

（5）图表标题为"4501 宿舍学生成绩统计图"，X 轴名称为"姓名"，Y 轴名称为"分数"。

（6）图例显示在图表下方。

（7）5 个柱形条分别设置不同的图案。

2．操作步骤

（1）插入图表。

① 打开给定工作表，选取"姓名"、"高等数学"、"大学英语"、"思想道德"、"微机应用"、"大学体育"列标题。

② 按下 Ctrl 键，依次选取"嘉玉"、"麦冬"、"曼青"、"郑嘉欣"4 位学生以及所对应的 5 门成绩，选取完成后松开 Ctrl 键。

③ 单击【插入】选项卡的【图表】组中的【插入柱形图】按钮，在弹出的下拉列表中选择【二维簇状柱形图】，生成簇状柱形图初始效果如图 13-17 所示。

④ 需要对图 13-17 进行行列切换。右击【图表区】，在弹出的快捷菜单中选择【选择数据】命令，弹出【选择数据源】对话框，如图 13-18 所示。

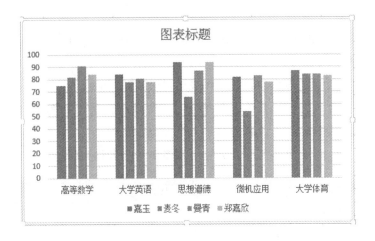

图 13-17　生成簇状柱形图初始效果

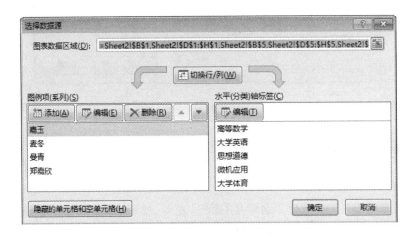

图 13-18　【选择数据源】对话框

⑤ 单击【选择数据源】对话框中的【切换行/列】按钮，则图表效果如图 13-19 所示。

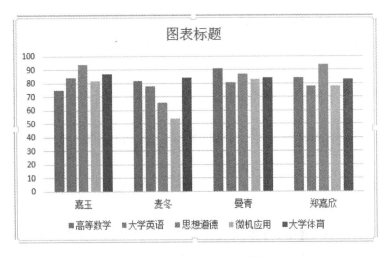

图 13-19　数据系列行/列交换

⑥ 修改标题为"4501 宿舍学生成绩统计图"。

⑦ 单击图表，选择【图表工具】中的【设计】选项卡，单击【添加图表元素】按钮，在弹出的列表菜单中选择【轴标题】选项，设置主要横坐标轴与主要纵坐标轴的标题。X 轴名称为"姓名"，Y 轴名称为"分数"，如图 13-20 所示。

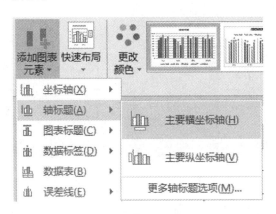

图 13-20　设置轴标题

⑧ 选定网格线，右击在弹出的快捷菜单中选择【设置网格线格式】命令，在【填充线条】中设置【线条】为"实线"。

（2）为图表对象更改颜色。

① 双击【图表区】，打开【设置图表区格式】窗格，单击【图表选项】|【填充线条】按钮，选择【纯色填充】，颜色选择"灰色-25%，背景 2"。如图 13-21 所示。

② 双击【绘图区】，打开【设置绘图区格式】窗格，单击【绘图区选项】|【填充线条】按钮，在纯色填充中选择颜色"浅绿"，如图 13-22 所示。

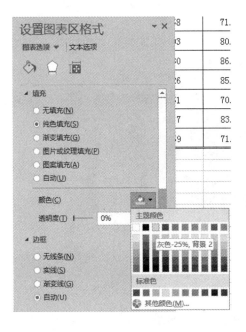

图 13-21　设置图表区背景颜色

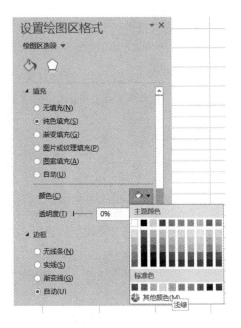

图 13-22　设置绘图区背景颜色

③ 双击【图例】,打开【设置图例项格式】窗格,在【图例选项】|【填充线条】中选择纯色填充,颜色设置为"浅绿"。

④ 完成底纹设置的效果如图13-23所示。

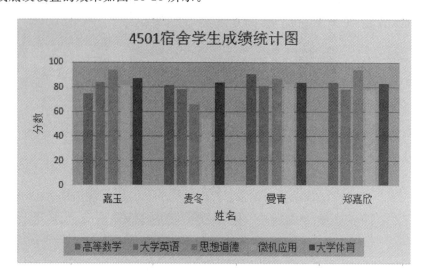

图13-23 设置底纹后图表效果

(3) 为数据系列添加图案。

① 选定系列"大学体育"柱形条,右击,在弹出的快捷菜单中选择【设置数据系列格式】命令,弹出对话框,在【填充线条】|【填充】中,选择【图案填充】,图案样式选择"深色竖线",设置前景"深蓝",背景"浅蓝"。选定系列"微机应用",设置【图案填充】,样式选择"对角砖型",前景色背景色自选。

② 相同的操作方法设置"思想道德"、"大学英语"、"高等数学"柱形条的图案,注意这5个柱形条的图案各不相同。

③ 设置完成后最终效果如图13-24所示。

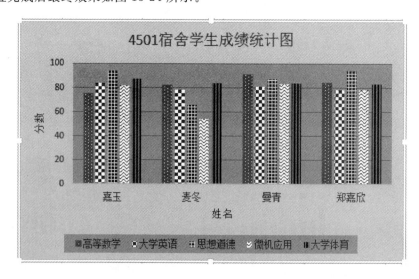

图13-24 "4501宿舍学生成绩统计图"效果图

【其他典题 1】为班级所有男同学的"微机应用"科目制作一张图表

1. 效果图

"微机应用成绩统计图"图表效果图,如图 13-25 所示。

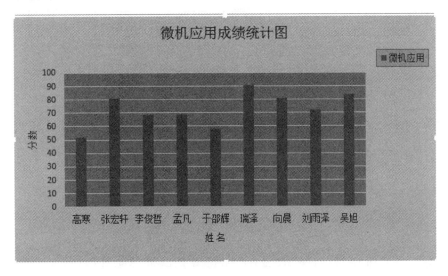

图 13-25 "微机应用成绩统计图"图表效果图

2. 操作要求

(1) 选定数据区域插入图表。
(2) 图表展示的是所有男学生"微机应用"成绩的柱形图。
(3) 图表区颜色为"橙色、着色 2、淡色 60%"。
(4) 绘图区颜色为"浅蓝色"。
(5) 图例颜色为"浅绿色",加实线边框。
(6) 柱形系列颜色为"红色"。
(7) 图表标题为"微机应用成绩统计图",X 轴名称为"姓名",Y 轴名称为"分数"。
(8) 图例显示在图表右上角。

【其他典题 2】制作"汽车制造业各产品研发经费比较图"

1. 效果图

"汽车制造业各产品研发经费比较图"图表效果图,如图 13-26 所示。

2. 操作要求

(1) 根据工作簿文件"研发经费投入比较表",使用图表工具制作柱形图。
(2) 图表展示的是 2001 年和 2010 年汽车 5 类产品投入经费柱形图。
(3) 图表区颜色为"浅绿色"。
(4) 绘图区颜色为"紫色"。
(5) 图例颜色为"浅蓝"。
(6) 柱形系列设置图案填充效果。
(7) 图表标题、X 轴名称、Y 轴名称、图例名称如效果图所示。
(8) 图例显示在图表右侧。

近年汽车制造业研发经费投入比较表				
产品	研发经费投入/亿元		占汽车制造业研发投入的比例/%	
	2001年	2010年	2001年	2010年
整车生产	33.8	270.6	57.6	54.3
改装车	4.4	33.5	7.5	6.7
汽车发动机	1.2	18.8	2.1	3.8
汽车零部件	15.0	163.2	25.6	32.7
摩托车及部件	4.2	12.7	7.2	2.5
合计	58.6	498.8	100.0	100.0

图 13-26 "汽车制造业各产品研发经费比较图"图表效果图

【其他典题 3】制作"2010 年汽车制造业各产品研发投入百分比"图表

1. 效果图

"2010 年各产品研发投入百分比"图表效果图,如图 13-27 所示。

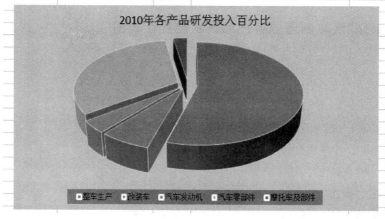

图 13-27 "2010 年各产品研发投入百分比"图表效果图

2. 操作要求

(1) 根据工作簿文件"汽车研发经费表"制作三维饼图。

(2) 图表展示的是 2010 年汽车 5 类产品投入百分比三维饼图。

(3) 图表区填充颜色为"白色、背景 1、深色 15％"。

(4) 图例颜色为"浅粉色"。

(5) 图表标题、图例名称如效果图所示。

(6) 图例显示在图表下方。

(7) 在【设置数据系列格式】中,设置饼图分离程度为 10％。

【其他典题 4】制作"汽车制造业产量统计图"

1. 效果图

"汽车制造业产量统计图"效果图,如图 13-28 所示。

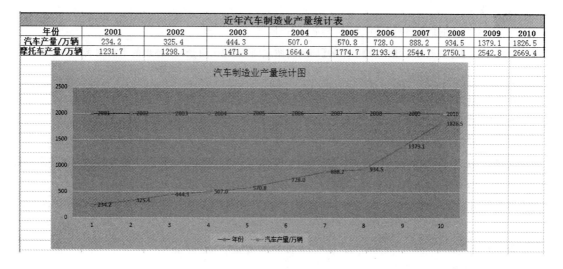

图 13-28 "汽车制造业产量统计图"效果图

2. 操作要求

(1) 根据给定工作簿文件"汽车制造业产量统计表"制作带数据标记的折线图。

(2) 图表展示的是 2001—2010 年汽车产量统计折线图。

(3) 图表区填充颜色为"白色、背景 1、深色 25％"。

(4) 绘图区填充颜色为"绿色、着色 6"。

(5) 图例颜色为"橙色"。

(6) 折线图上数据系列线条颜色分别设置为"红色"与"黑色",线条宽度为"1 磅"。

(7) 折线图上数据点添加数据标签来标注对应的数据值,并根据效果图设置字体属性。

(8) 图表标题、图例名称如效果图所示。

(9) 图例显示在图表下方。

【其他典题 5】制作"学院 1 号餐厅 6 月份销售情况统计"图表

1. 效果图

学院 1 号餐厅 6 月份"销售情况统计"图表效果图如图 13-29 所示。

学院1号餐厅6月份销售情况表			
序号	部门名称	销售额	所占比例
1	1号窗口	10000	8.0%
2	2号窗口	12000	9.6%
3	3号窗口	15000	12.0%
4	4号窗口	11000	8.8%
5	5号窗口	9000	7.2%
6	6号窗口	20000	16.0%
7	7号窗口	25000	20.0%
8	8号窗口	23000	18.4%

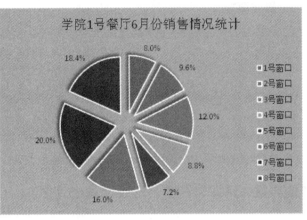

图 13-29 "学院 1 号餐厅 6 月份销售情况统计"图表效果图

2. 操作要求

(1) 在工作表中选取数据区域"部门名称"列和"所占比例"列。

(2) 选择【插入】选项卡,单击【图表】组中的【插入饼图或圆环图】按钮,在弹出的下拉列表中选择【二维饼图】|【饼图】选项,创建初始图表。

(3) 修改饼图标题为"学院 1 号餐厅 6 月份销售情况统计",设置标题格式为"宋体、16 号"。

(4) 双击"图例",在弹出的【设置图例格式】|【图例选项】窗格中选择【图例位置】为【靠右】。

(5) 右击饼图"数据系列",在弹出的快捷菜单中选择【添加数据标签】|【添加数据标签】。

(6) 选定添加成功的"数据标签",右击,在弹出的快捷菜单中选择【设置数据标签格式】命令,在弹出的【设置数据标签格式】窗格中,设置【标签选项】|【标签包括】值,【标签位置】为"数据标签外"。

(7) 双击饼图系列,在【设置数据系列格式】窗格中,设置饼图分离程度为"20%",阴影预设为"左上斜偏移"。

(8) 设置图表区格式。图表背景颜色为"蓝色、着色 1、淡色 60%"。

(9) 最终效果如图 13-29 所示。

【其他典题 6】创建"物流设备销售状况迷你图"

1. 效果图

"物流设备销售状况迷你图"效果如图 13-30 所示。

	A	B	C	D	E	F
1	物流设备销售统计(单位:个)					
2	设备名称	第1季度	第2季度	第3季度	第4季度	
3	托盘(钢)	2000	1500	1800	2500	
4	托盘(塑料)	1500	1000	1200	1000	
5	周转箱(塑料)	500	900	680	1200	
6	仓库笼(钢铁)	350	650	550	620	
7	货架	2500	5000	3900	2000	
8	集装袋	2000	2500	1000	1500	

图 13-30 "物流设备销售状况迷你图"效果图

2. 操作要求

（1）工作簿另存为"学号后两位＋姓名＋迷你图"。

（2）选择 F3 单元格，单击【插入】选项卡中【迷你图】组中的【折线图】按钮。

（3）在弹出的【创建迷你图】对话框中，单击【拾取】按钮，选择 B3:E3 单元格区域，再次单击【拾取】按钮。

（4）单击【确定】按钮，此时 F3 单元格中出现了"折线迷你图"。

（5）将光标移至单元格右下角，按住鼠标左键拖动进行自动填充迷你图。

（6）填充之后 F3:F8 单元格区域均出现了"折线迷你图"，效果如图 13-30 所示。

任务 14　工具使用和表格打印

【工作情景】

张伟按照要求做出相应的表格,但是需要把工作表的内容打印时,由于纸张大小限制和美观因素,要在打印前对工作表进行相关设置。

【学习目标】

(1) 帮助命令的使用方法；
(2) 给工作簿加密；
(3) 工作表页面设置；
(4) Web 导入到工作表的方法。

【知识准备】

14.1　【帮助】菜单

对于初学者而言,通过帮助功能可以系统学习很多知识,对于使用者而言,当在应用时遇到问题,帮助菜单能及时获得帮助从而解决问题。

通过按 F1 键可以获得 Excel 联机帮助或脱机帮助打开【Excel 帮助】任务窗格,如图 14-1、图 14-2 所示。

图 14-1　【Excel 帮助】联机帮助

图 14-2　【Excel 帮助】脱机帮助

14.1.1　使用搜索帮助

使用【搜索】可以快速查找帮助的内容,具体操作步骤如下。

(1) 在【Excel 帮助】任务窗格的带有放大镜图标文本框中键入一个或多个关键词,如图 14-3 所示。

（2）按 Enter 键或单击【放大镜】按钮，弹出【搜索结果】任务窗格，显示出相应的帮助信息，如图 14-4 所示。

图 14-3　输入关键词　　　　　　　　　图 14-4　【搜索结果】任务窗格

14.2　数据文档的保护

像 Word 文档一样，有时工作簿或工作表里的数据也要求保密或者不允许其他用户更改数据，使用数据文档保护功能可以实现不同需求。当文档内容是秘密的，只有知道密码的用户才看以看到内容并修改内容，为 Excel 设置密码的具体操作方法是：单击菜单栏的【文件】选项卡，在【信息】组中单击【保护工作簿】按钮，打开【保护工作簿】对话框，在弹出的下拉列表中选择【用密码进行加密】、【保护当前工作簿】或【保护工作簿结构】进行设置，再分别按照所需进行密码设置，如图 14-5、图 14-6 所示。

图 14-5　【保护工作簿】设置

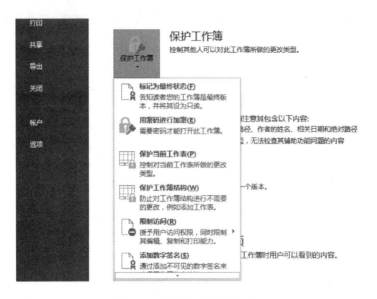

图 14-6 【保护工作簿】选项

知道打开权限密码的用户可以查看到工作簿里面的信息,知道修改权限密码的用户可以修改工作簿里面的信息,否则就不能进行相关操作。

14.2.1 工作簿的结构保护

为了防止对工作簿结构进行修改,可以对其设置密码,具体操作步骤如下。

(1) 单击菜单栏的【文件】选项卡,在【信息】组中单击【保护工作簿】按钮,弹出【保护工作簿】对话框。

(2) 在弹出的【保护工作簿】选项栏中勾选【结构】复选框,在【密码】文本框中输入密码,如图 14-7 所示,单击【确定】按钮,弹出【确认密码】提示框。

(3) 在弹出的【确认密码】文本框中输入相同密码以作验证,如图 14-8 所示,单击【确定】按钮。

图 14-7 输入密码

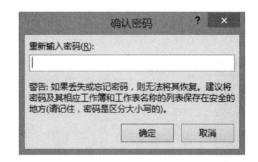

图 14-8 确认密码

14.2.2 工作表的保护

同样,为了保护单张工作表,也可以对其设置密码,具体操作步骤如下。

(1) 将所要保护的工作表转换为当前工作表,单击菜单栏的【文件】选项卡,在【信息】组中单击【保护当前工作表】按钮,弹出【保护工作表】对话框,如图 14-9 所示。

（2）在弹出的【保护工作表】选项栏中勾选【允许此工作表的所有用户进行】复选框，在【取消工作表保护时使用的密码】文本框中输入密码，单击【确定】按钮，弹出【确认密码】提示框，如图14-10所示。

图14-9 【保护工作表】对话框

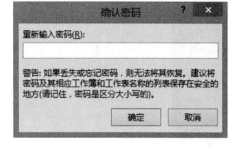

图14-10 【确认密码】提示框

（3）在弹出的【确认密码】文本框中输入相同密码以作验证，单击【确定】按钮。

14.2.3 用密码进行加密

用密码才能打开工作簿，可以对其设置密码，具体操作步骤如下。

（1）将所要保护的工作表转换为当前工作表，单击菜单栏的【文件】选项卡，在【信息】组中单击【用密码进行加密】按钮，弹出【加密文档】对话框，如图14-11所示。

（2）在弹出的【确认密码】文本框中输入相同密码以作验证，单击【确定】按钮，如图14-12所示。

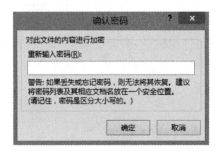

图14-11 保护工作表对话框

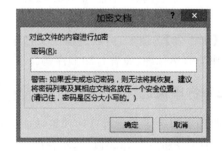

图14-12 工作表确认密码

【课堂实践】

新建一个工作簿，建立工作表，为其添加密码，打开文档密码为"120"，修改文档密码为"110"。

14.3 打印工作表

创建一张工作表，对其进行相应的修饰后，可以通过打印机打印输出。在工作表打印之前，还需要做一些必要的设置,如设置页面、设置页边距、添加页眉和页脚、设置打印区域等。

14.3.1 页面设置

单击【文件】选项卡,在【打印】组中单击【打印】按钮,打开【打印】对话框,如图 14-13 所示。点击右下角【页面设置】按钮弹出【页面设置】对话框包括【页边距】、【页眉和页脚】、【页面】、【工作表】4 个选项卡。

图 14-13 【页面设置】对话框

● 【页面】选项卡:可以设置打印方向、纸张大小、缩放比例、打印起始页码等参数。

● 【页边距】选项卡:可以设置工作表距打印纸边界上、下、左、右的距离,还可以设置工作表的居中方式以及【页眉/页脚】距边界的距离。

● 【页眉/页脚】选项卡:可以编辑页眉和页脚的内容以及插入位置。通常情况下,Excel 页面中只显示工作表内容,不能像 Word 那样直接在页面上编辑页眉和页脚,只能通过页面设置来完成。

● 【工作表】选项卡:可以重新定义打印区域,编辑打印标题,实现在每一页中都打印相同的行或列作为表格标题;设置打印顺序等。

14.3.2 打印预览

在打印工作表之前通过打印预览功能查看打印效果,具体操作步骤如下。

(1) 打开 Excel 工作表以后,单击【文件导航】选项卡。
(2) 在弹出来的下拉列表中,选择【打印】选项。
(3) 这时在 Excel 窗口的右侧就可以看到打印预览效果了。

如果对看到的打印预览效果不是很满意,只需单击窗口左上角的返回箭头按钮即可。单击菜单栏的【文件】选项卡,在【打印】组中,启动【打印预览】功能,如图 14-14 所示。

1.【上一页】与【下一页】按钮

Excel 的打印预览和 Word 稍有不同,默认情况下,用户一次只能预览一页的打印效果。单击【◀】或【▶】按钮,可显示当前页的【上一页】或【下一页】内容,如果按钮呈灰色,则表示为最后一页或第一页。

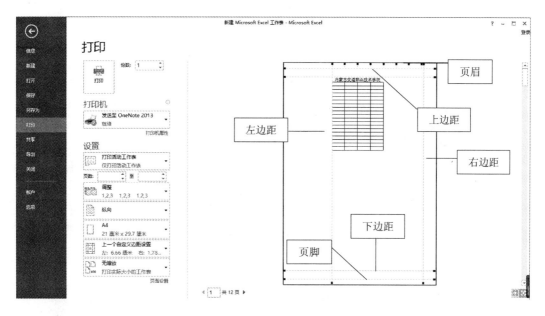

图 14-14 【打印预览】窗口

2.【缩放】按钮

可用 来放大或缩小显示内容，打印【缩放】按钮在打印窗口的右下角，缩放功能并不影响实际打印效果。

3.【打印】按钮

单击【打印】按钮，即可打印，如图 14-15 所示。

● 打印选定区域：只打印选定的区域。

● 打印整个工作簿：按顺序打印工作簿中的工作表。

● 打印活动工作表：这是默认选项，打印当前的工作表。

4.【设置】按钮

单击【页面设置】按钮，即可打开【页面设置】对话框，对页面进行设置。

5.【页边距】按钮

单击【页边距】按钮，显示如图 14-14 所示的效果：当前页的上、下、左、右边距均用虚线表示，而上、下各两条虚线依次表示页眉边界、上边界、下边界和页脚边界，左、右两条虚线表示左、右边界，虚线的位置可用鼠标进行调节。

6.【分页预览】按钮

单击菜单栏的【审阅】选项卡，在快捷菜单中单击【分页预览】按钮，工作表的分页处出现一条蓝色的虚线，此为分页符，用户可以通过拖动分页符来调整各页的大小，如图 14-16 所示。

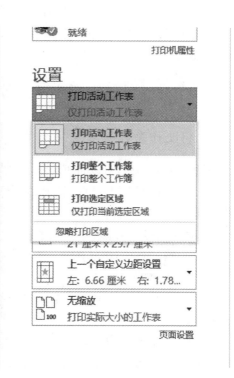

图 14-15 【打印内容选择】对话框

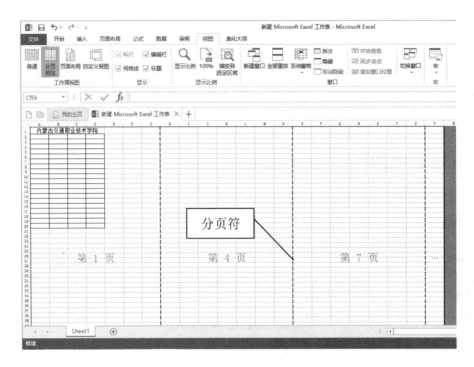

图 14-16 分页预览效果

14.3.3 打印输出

工作表格式设置完成后就可以打印了,单击【打印页面】窗口中的【打印】按钮,即可打印。用户也可以设定打印的页码范围、打印的份数、打印内容等,设置完成后单击【打印】按钮,完成工作表的打印输出。

14.4 Excel 网络功能

14.4.1 将工作表数据创建 Web 页

使用数据发布功能,可以将 Excel 工作簿或其中一部分(如工作表、工作表中的图表等)保存为 Web 页,使其在 HTTP 站点、FTP 站点、Web 服务器或网络服务器上可用,供用户查看或交互使用。

例如,如果已经在 Excel 中建立了销售数据,则可以将这些数据与图表一起发布在 Web 页上进行比较,这样用户无须打开 Excel 即可通过浏览器查看这些数据。

Web 发布步骤如下。

(1) 打开工作簿,单击菜单栏的【文件】选项卡,在【另存为】组中单击【计算机】按钮,在【计算机】下选择相应的位置。

(2) 在【计算机】对话框还可以进行以下设置,选择【保存类型】为"网页"类型如图 14-17 所示。单击【更改标题】按钮,可更改显示在 Web 浏览器标题栏中的文字。在【保存】区域选择"整个工作簿"则发布整个工作簿,选择"工作表"则发布一张工作表。

(3) 如果参数在本对话框中已经全部设置完成,则单击【保存】按钮退出,自动生成 Web 页,如果参数在本对话框中无法设置,则单击【发布】按钮进行进一步设置,如图 14-18 所示。

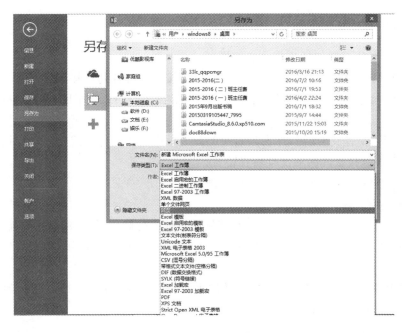

图 14-17 存为网页形式

图 14-18 对发布 Excel 表进行设置

(4) 在 IE 浏览器中打开生成 Web 页进行查看。

14.4.2 在工作表中建立超链接

超链接是从一个工作簿或文件快速跳转到其他工作簿的捷径，它使得用户在自己的计算机上、局域网乃至 Internet 上都能快速切换。

1. 建立超链接

如果要在同一个工作簿中创建超链接，Excel 要求工作簿已经保存。想在同一个文件中跳至另一个位置，可以先选定跳至目标的文字或标题，然后移动鼠标至单元格右端，当鼠标形状变为指向坐上的箭头时，右击，弹出快捷菜单。在下位菜单中选择【超链接】命令，超链接就建立了。

超链接文本为蓝色字符并且带有下划线，当鼠标移动到超链接文本时，鼠标会变成一只小手的形状，单击就可以跳转到超链接所指的位置了。

创建不同工作表之间的超链接步骤如下。

(1) 选择作为超链接显示的单元格或者单元格区域,也可以先输入文本以后再选中。如果是图形,则单击图形使控制句柄出现来选定图形。

(2) 单击菜单栏的【插入】选项卡,单击【超链接】按钮,弹出【超链接】对话框。

(3) 单击【查找范围】下拉列表框右边的下三角形按钮,从打开的下拉列表中选择要链接的文件所在文件夹。

(4) 单击【当前文件夹】按钮,并在其右边的列表框中选择文件夹或文件,此时在【地址】下拉列表框中就会出现链接文件夹或文件所在位置。

(5) 单击【确定】按钮,即可完成超链接的创建。

2. 修改超链接目标

即使建立了超链接,有时候也需要对其链接的目标进行修改,修改的具体操作步骤如下。

(1) 单击超链接旁边的单元格,然后使用方向键移动到包含超链接的单元格上。如果是图形,应该在单击图形同时按住 Ctrl 键。

(2) 单击【超链接】按钮,单击菜单栏的【插入】选项卡,单击【超链接】按钮,弹出【编辑超链接】对话框,输入新的目标地址或跳转位置。

(3) 单击【确定】按钮。

3. 取消或删除超链接

取消所创建的超链接,选定包含超链接的文本或图形然后右击,从弹出的快捷菜单中选择【取消超链接】命令即可。

14.4.3 将网页数据导入到 Excel

如果我们要使用 Excel 收集网页数据的话,有一个非常方便的方法,那就是使用 Excel 2013 自带的工具——从网页获取数据,步骤如下。

(1) 首先打开 Excel,单击菜单栏的【数据】选项卡,单击【自网站】按钮,如图 14-19 所示。

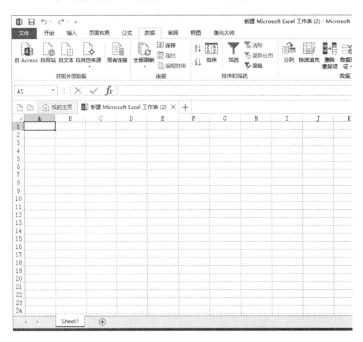

图 14-19 选择自网站

(2) 会打开一个查询对话框,在这里会自动打开 IE 主页,在地址栏输入网址,然后单击【转到】按钮,如图 14-20 所示。

图 14-20　新建 Web 查询

(3) 可以打开了一个网页,如图 14-21 所示。

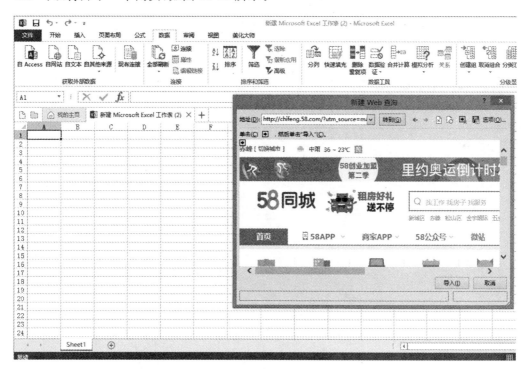

图 14-21　打开网页效果

(4) 接着单击【导入】按钮,等待几秒钟。
(5) 打开对话框,提示将数据放入哪个位置,单击【确定】按钮可以导入数据。
(6) 还可以单击【属性】按钮,对导入进行设置,如图 14-22 所示。
(7) 如果设定刷新频率,会看到 Excel 表格中的数据可以根据网页的数据进行更新。

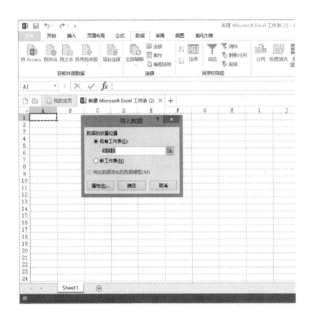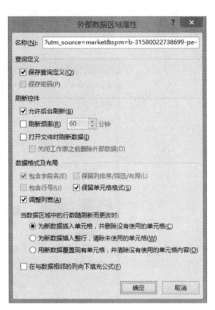

图 14-22 【导入】设置

任务 15　制作简单演示文稿

　　PowerPoint 简称 PPT，PowerPoint 2013 是微软公司套装办公自动化 Office 2013 中重要的组件之一，其主要功能是制作图文并茂的电子演示文稿，现在已被广泛地应用于新产品展示、学术演讲、教育教学等领域。它将文字、图片、表格、图像、动画、声音等内容集成在一起，具有强大的表现能力，制作的演示文稿可以通过计算机屏幕或投影机播放。PowerPoint 2013 相对比于 PowerPoint 2010 变得更加简洁，也适合在平板电脑上使用，在演示文档时只需轻扫；而且 PowerPoint 2013主题提供了很多种变化，可以更加简单地打造我们所需要的外观。

【工作情景】

　　张伟马上要毕业了，毕业设计指导教师通知他准备毕业答辩，要求向论文答辩小组的教师汇报自己的毕业设计结果。为了将自己的成果更加直观、形象、生动地展示给论文答辩小组的教师，张伟开始精心准备一份毕业答辩演示文稿。

【学习目标】

　　（1）幻灯片的基本操作；
　　（2）输入演示文本；
　　（3）设置文本格式。

【效果展示】

　　"论文答辩"演示文稿效果图，如图 15-1 所示。

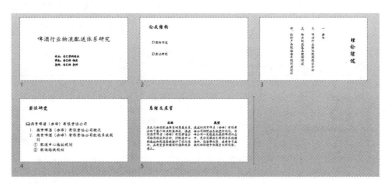

图 15-1　"论文答辩"演示文稿效果图

【知识准备】

15.1　PowerPoint 2013 概述

15.1.1　PowerPoint 2013 简介

　　利用 PowerPoint 2013 制作的文件叫作演示文稿，文件的扩展名为".pptx"，演示文稿中的每一页叫做幻灯片,幻灯片可以包含文字、图形、图像、声音、视频等对象。

制作 PPT 演示文稿的基本过程如下。

(1) 创建一个新的演示文稿。

(2) 演示文稿中添加幻灯片,选择合适的幻灯片版式。

(3) 在幻灯片中输入与编辑文本。

(4) 在幻灯片中插入对象。

(5) 设置演示文稿统一的外观。

(6) 设置演示文稿动画效果及超链接。

(7) 保存演示文稿。

(8) 放映演示文稿。

15.1.2 PowerPoint 2013 的启动和退出

PowerPoint 2013 是一个标准的 Windows 类软件,它的启动和退出遵循 Windows 的操作规范,根据不同情况,有多种启动和退出 PowerPoint 2013 的方法。以下介绍启动和退出 PowerPoint 2013 的常用方法。

1. 启动 PowerPoint 2013 的 3 种方法

方法 1:在【开始】菜单中启动。

执行【开始】|【所有程序】|【Microsoft Office 2013】|【PowerPoint 2013】命令,这是一种标准的启动方法。

方法 2:双击快捷方式。

如果桌面有快捷方式图标【PowerPoint 2013】,可以双击快捷方式图标【PowerPoint 2013】,这种启动方法是一种快速的启动方法。

方法 3:双击目标程序。

PowerPoint 2013 对应的目标程序是 POWERPNT.EXE 利用【搜索】功能找到该文件,如图 15-2 所示,双击打开。当【开始】菜单程序项和桌面快捷方式都被误删后,可以使用该方法。

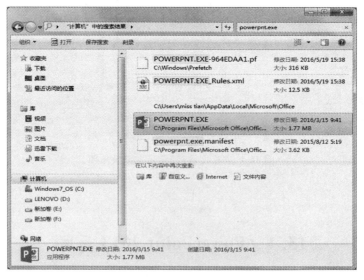

图 15-2 搜索到的"POWERPNT.EXE"文件

2. 退出

(1) 执行【文件】|【关闭】命令。

(2) 单击窗口右上角的【关闭】按钮。

(3) 按 Alt+F4 组合键关闭 PowerPoint 2013 应用程序。

15.1.3 PowerPoint 窗口界面

PowerPoint 2013 的工作界面主要由【文件】按钮、【快速访问】工具栏、标题栏、【窗口控制】按钮、功能区、编辑区、幻灯片浏览窗格、状态栏等组成，具体的分布，如图 15-3 所示，下面将对部分内容进行介绍。

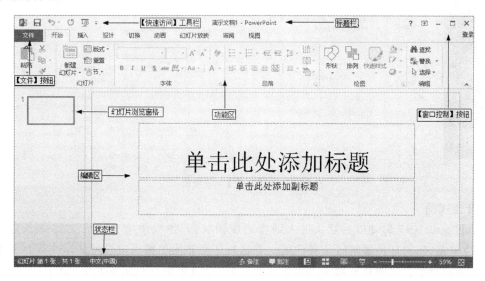

图 15-3　PowerPoint 2013 窗口界面

1. 标题栏

标题栏位于窗口最顶端，显示演示文稿名称，还可以移动并控制窗口位置。最右侧的窗口控制按钮区包含 3 个按钮，分别用于对窗口执行最小化、最大化和关闭操作。

2. 快速访问工具栏

快速访问工具栏上提供了最常用的【保存】按钮、【撤销】按钮和【恢复】按钮，单击对应的按钮可执行相应的操作。如需在快速访问工具栏中添加其他功能按钮，可单击其后方的下拉三角箭头，在弹出的下拉列表中选择所需的功能即可。

3.【文件】按钮

用于执行 PowerPoint 2013 演示文稿的新建、打开、保存、退出等基本操作。返回编辑界面需要单击【文件】下拉菜单中最上面的箭头即可，如图 15-4 所示。

4. 幻灯片浏览窗格

用于显示演示文稿的幻灯片位置（编号）、数量及缩略图。

5. 幻灯片编辑区

在演示文稿的制作中，我们将主要在"幻灯片编辑区"完成各种图、文、声、像等对象的效果编辑。

6. 状态栏

状态栏位于工作界面最下方，用于显示演示文稿中所选的当前幻灯片以及幻灯片总张数、使用的语言、备注区切换按钮、批注按钮、视图切换按钮以及界面显示比例等。备注区可以输入有关幻灯片的解释说明,在全屏幕浏览幻灯片时,可以提供给演示者提示性的文字说明。视图为用户提供了从不同角度和方式查看演示文稿的方法。

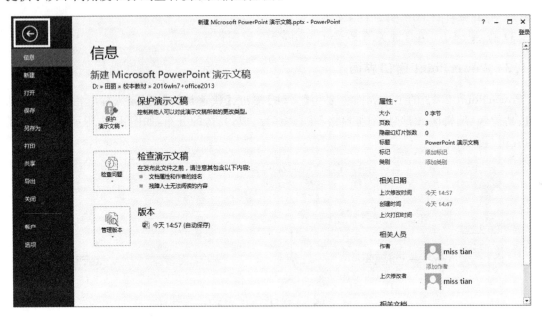

图 15-4　【文件】菜单视图

1)普通视图

PowerPoint 2013 启动以后默认进入到普通视图状态,该视图将工作区主要划分为 3 个区域:幻灯片浏览区、幻灯片编辑区和备注区。普通视图主要用于撰写或设计演示文稿。其中状态栏显示了当前演示文稿的总页数和当前显示的页数,通过单击垂直滚动条上的【上一张幻灯片】按钮和【下一张幻灯片】按钮,可以在幻灯片之间进行切换,如图 15-5 所示。

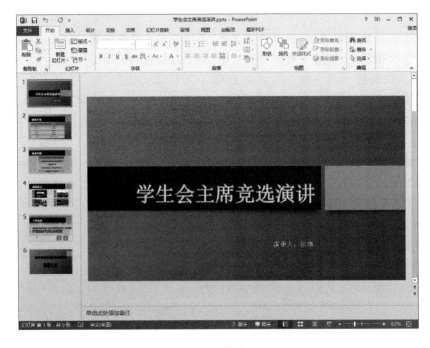

图 15-5　普通视图

2）幻灯片浏览视图

幻灯片浏览视图模式主要用来浏览幻灯片在演示文稿中的整体结构和效果。在该模式下能够改变幻灯片的版式和结构，但不能对单张幻灯片的具体内容进行编辑，如图15-6所示。

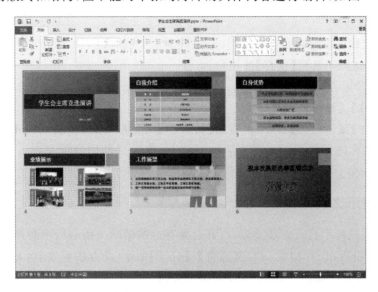

图15-6　幻灯片浏览视图

3）阅读视图

该视图模式仅显示标题栏、阅读区和状态栏，主要用于浏览幻灯片的内容。在该模式下，演示文稿中的幻灯片将以窗口大小进行放映。在阅读视图中放映幻灯片时，用户可以对幻灯片的放映顺序、动画效果等进行检查，按Esc键可以退出幻灯片阅读视图。

4）大纲视图

大纲视图中的幻灯片浏览窗格中显示了演示文稿的大纲内容。在幻灯片浏览窗格中单击幻灯片大纲列表可以快速跳转到相应的幻灯片中。用户可以通过将大纲内容从Word程序中粘贴到幻灯片浏览窗格中，轻松地创建整个演示文稿，如图15-7所示。

5）备注页视图

在备注页视图中，幻灯片窗格下方有一个备注窗格，用户可以在此为幻灯片添加需要的备注内容。在普通视图下备注窗格中只能添加文本内容，而在备注页视图中，用户可以在备注窗格中插入图片，如图15-8所示。

图15-7　大纲视图

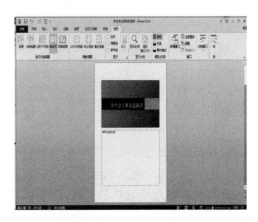

图15-8　备注页视图

15.2 PowerPoint 2013 的基本操作

15.2.1 保存演示文稿

与 Office 其他软件中保存文件方法类似，保存演示文稿有以下 4 种方法。

(1) 执行快速访问工具栏【保存】按钮 。
(2) 按 Ctrl+S 组合键。
(3) 执行【文件】|【保存】命令。
(4) 执行【文件】|【另存为】命令，将弹出【另存为】对话框，用户可将当前正在编辑的演示文稿按新位置和新名称进行保存。这种保存方法可以使修改后的内容保存到一个新文件中，原文档不会修改。

15.2.2 打开演示文稿

与 Office 其他软件中打开方法类似，打开已保存过的演示文稿有以下两种方法。

(1) 启动 PowerPoint 2013 后，执行【文件】|【打开】命令（此方法等效于 Ctrl+O 组合键），在右侧【最近使用的演示文稿】中选择要打开的演示文稿。
(2) 双击 Windows 7 桌面上【计算机】图标，逐级找到要打开的演示文稿，双击即可打开。

15.3 编辑演示文稿

1. 插入新幻灯片

在制作演示文稿的过程中，需要插入新的幻灯片，插入的新幻灯片位于当前幻灯片的后面。插入新的幻灯片操作方法有多种，方法如下。

(1) 执行【开始】|【新建幻灯片】命令。
(2) 执行【插入】|【新建幻灯片】命令。
(3) 按 Ctrl+M 组合键。
(4) 选中当前幻灯片，然后按 Enter 键。
(5) 选中当前幻灯片，在幻灯片上右击，在弹出的快捷菜单中选择【新建幻灯片】命令。

2. 选中幻灯片

(1) 在幻灯片窗格中，通过鼠标单击可以选中相应的幻灯片。
(2) 选中第一张幻灯片后，按住 Shift 键不放，再选取其他幻灯片，则可以选中连续的多张幻灯片。
(3) 选中第一张幻灯片后，按住 Ctrl 键不放，再单击其他的幻灯片，即可以选中多张不连续的幻灯片。
(4) 执行【开始】|【选择】命令，在弹出的下拉列表框中选择【全选】命令（或按 Ctrl+A 组合键），即可选中当前演示文稿中的所有幻灯片。

3. 复制幻灯片

在【幻灯片】浏览窗格选中要复制的幻灯片，在其上右击，在弹出的快捷菜单上选择【复制】命令或按(Ctrl+C 组合键)，选择目标位置右击，在弹出的快捷菜单中选择【粘贴选项】命令中的某一子命令，即可实现幻灯片的复制，【粘贴选项】有 3 个子命令，分别是【使用目标主题】、【保留原有格式】、【图片】，这 3 个子命令分别代表的含义是：套用当前演示文稿所使用的主题；保留复制源所使用的格式；以图片的形式粘贴。

4. 移动幻灯片

选中要移动的幻灯片，然后用鼠标左键拖动到相应位置后，释放鼠标，则在本演示文稿中移动幻灯片，也可以采取剪切后在目标位置粘贴的方式实现移动幻灯片。

5. 删除幻灯片

（1）在普通视图的【幻灯片】窗格中，或在【幻灯片浏览视图】中，选定要删除的一张或多张幻灯片。

（2）直接按 Delete 键，或者在要删除的幻灯片上右击，在弹出的快捷菜单中单击【删除幻灯片】命令，即可对选中的幻灯片进行删除。

6. 输入演示文本

无论是创建空白幻灯片，还是创建模板幻灯片，创建幻灯片后都要为幻灯片输入新的内容。在幻灯片中可以通过两种方式输入文本：一种是在占位符中输入文本，另一种是插入文本框并在其中输入文本。

1）使用占位符输入文本

占位符是幻灯片版式中的容器，是带有虚线边框的矩形框，在这些框内可以放置标题及正文，或者是图表、表格和图片等对象。在幻灯片中输入文本的方式之一就是在占位符中输入文本。

新建的幻灯片默认版式是"标题幻灯片"，因此在这张幻灯片中可以看到包含两个边框为虚线的矩形，它们就是占位符，如图 15-9 所示，在标题占位符中单击鼠标左键，标题占位符将变为可编辑状态，在标题占位符中输入标题文本，然后在【开始】选项卡中进行文本的字体、字形、字号和颜色、项目符号、编号、缩进级别、行距、文字方向、对齐文本等设置。

当输入文本占满整个幻灯片时，可以看到在占位符的左侧会显示一个【自动调整选项】按钮，单击此按钮右侧的下拉箭头，弹出下拉列表，如图 15-10 所示。

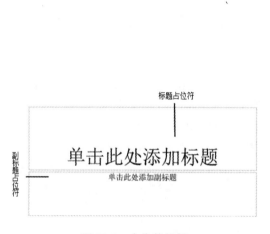

图 15-9　占位符示例

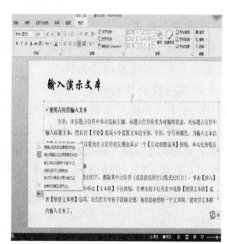

图 15-10　【自动调整选项】按钮

下面介绍【自动调整选项】下拉列表中各选项的含义。
- 【根据占位符自动调整文本】：PowerPoint 2013 自动调整文本的大小适应幻灯片。
- 【停止根据此占位符调整文本】：PowerPoint 2013 保留文本的大小，不自动调整。
- 【将文本拆分到两个幻灯片】：将文本分配到两张幻灯片中。
- 【在新幻灯片上继续】：创建一张新的幻灯片，并且具有相同的标题，内容为空的幻灯片。
- 【将幻灯片更改为两列版式】：将原始幻灯片中内容由单列更改为双列显示。
- 【控制自动更正选项】：打开【自动更正】对话框，设置某种自动更正功能打开或者关闭。

PowerPoint 2013 中的【自动更正】主要对首字母大小写，键入文字时格式套用，数字符号更正等按照设定好的内容实现自动更正。在【自动更正】对话框中，如果选中某个选项前面的复选框，就表示该功能目前已经打开；如果想要关闭某功能，撤选相应的复选框即可。

2）使用文本框输入文本

在 PowerPoint 中使用文本框可以将文字置于任意位置，还可以对文字和文本框进行各种格式设置。

选中一张幻灯片，删除其中占位符（或直接选用空白版式幻灯片），切换到【插入】选项卡，在【文本】组中单击【文本框】右下角的对话框启动器按钮，在弹出的下拉列表中选择【横排文本框】或者【竖排文本框】选项，如图 15-11 所示。在幻灯片中按下鼠标左键，拖动鼠标绘制一个文本框，如图 15-12 所示，就可以在文本框内输入文本了。

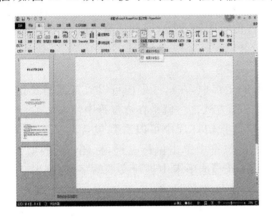

图 15-11　插入【文本框】　　　　　　图 15-12　绘制【文本框】

3）设置文本格式

在幻灯片中，用户不仅可以设置文字的格式，还可以对其进行其他设置，如设置项目符号、设置段落缩进和对齐、设置段落行距等。

（1）设置项目符号和编号。

在 PowerPoint 演示文稿中，由于幻灯片本身就是用于显示讲解的条目，因此为了更好地展示内容的层次性，通常会使用项目符号和编号展现文稿内容。切换到【开始】选项卡，在【段落】组中单击【项目符号】下拉按钮，在弹出的下拉列表中选择需要的项目符号，如图 15-13 所示；在【段落】组中单击【编号】下拉按钮，在弹出的下拉列表中选择需要的编号，如图 15-14 所示。

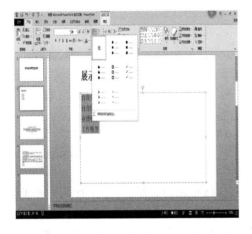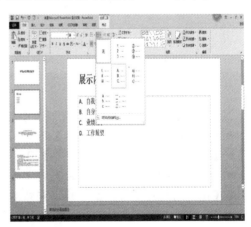

图 15-13　设置【项目符号】　　　　　　图 15-14　设置【编号】

如果所显示的项目符号或编号不能满足需要，还可以打开【项目符号和编号】对话框，进行颜色、大小、符号更换等详细设置，如图 15-15 所示。

图 15-15　【项目符号和编号】对话框

（2）设置段落对齐与缩进。

在 PowerPoint 中，设置段落的对齐与缩进格式就是设置占位符或文本框中文本的对齐与缩进，如图 15-16 所示。

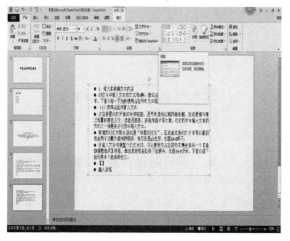
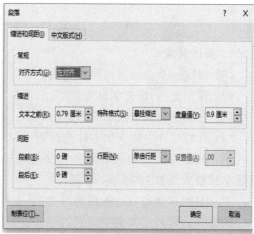

图 15-16　文本的段落设置

（3）设置行距与段间距。

在 PowerPoint 中，用户可以对段落文本的行距和段间距进行设置。段落的行距是指相邻的行与行之间的距离，段间距包括"段前"间距和"段后"间距。"段前"间距是指当前段落与前一段落之间的距离，段后间距是指当前段落与后一段落之间的距离。选中幻灯片内容占位符中的文本，切换到【开始】选项卡，在【段落】组中单击右下角的对话框启动器按钮，弹出【段落】对话框，如图 15-16 所示。

【任务实战】制作"论文答辩"演示文稿

1. 效果图

"论文答辩"演示文稿效果图,如图 15-17 所示。

图 15-17 "论文答辩"演示文稿效果图

2. 操作要求

(1) 创建一个新的空白演示文稿。

(2) 保存文档,保存名称为"学号后两位+姓名+论文答辩",如"03 张伟论文答辩"。

(3) 在演示文稿中添加 5 张新幻灯片。

(4) 在幻灯片中输入文本并进行格式设置。

第 1 张幻灯片主标题字体格式设置为"华文行楷、66 磅",字符间距设置为"紧缩 8 磅"。副标题字体格式设置为"楷体、24 磅"。

第 2 至第 5 张幻灯片标题均设为"华文行楷、44 磅",文字"阴影"效果。

第 2 张幻灯片正文文字格式:格式为"楷体、28 磅",加红色"正方形"项目符号,对齐方式为"左对齐"。文本之前缩进"2 厘米",悬挂缩进"1 厘米","3 倍"行距。

第 3 张幻灯片利用文本框添加竖排文本,文字格式为"楷体、28 磅",加"形象编号、宽句号"编号,水平对齐方式为"左对齐",垂直对齐方式为"居中对齐"。文本之前缩进"2 厘米",悬挂缩进"1 厘米","100 磅"行距。

第 4 张幻灯片正文格式为"楷体、36 磅";"燕京啤酒(赤峰)有限责任公司"前加紫色"书"型项目符号;下面两行文字加"蓝色阿拉伯数字"编号,增大缩进级别;最后两行加"绿色带圈"编号,增大缩进级别,如图 15-17 所示。

第 5 张幻灯片正文格式为"楷体、28 磅",利用自动调整按钮将幻灯片更改为两列版式。

3. 操作步骤

（1）（2）（3）步略。

（4）第 4 张，选中"燕京啤酒（赤峰）有限责任公司"文字，单击【项目符号】下拉按钮，选择【项目符号和编号】命令，在弹出的项目符号和编号对话框中，选择【自定义】按钮，在弹出的【符号】对话框中选择所需的符号，如图 15-18 所示，选择【确定】后再更改符号的颜色为红色。选择下面两行，通过【提高列表级别】按钮 增大缩进级别。

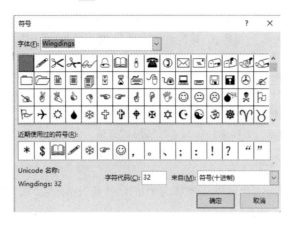

图 15-18　选择符号

【其他典题】制作"教学课件"

1. 效果图

"教学课件"效果图，如图 15-19 所示。

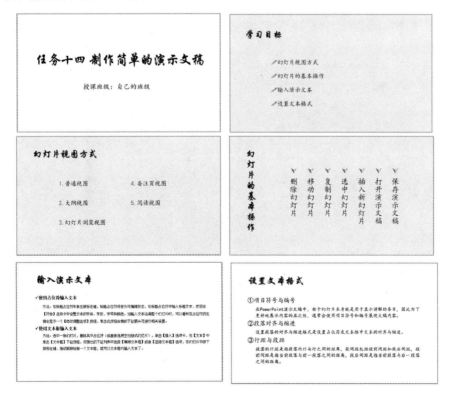

图 15-19　"教学课件"效果图

2. 操作要求

(1) 创建一个新的空白演示文稿。

(2) 保存文档,保存名称为"学号后两位+姓名+教学课件",如"03张伟教学课件"。

(3) 在演示文稿中添加6张新幻灯片。

(4) 在幻灯片中输入文本并进行格式设置。

第1张幻灯片主标题字体格式设置为"华文行楷、66磅",字符间距设置为"紧缩6磅"。副标题字体格式设置为"楷体、32磅"。

第2至第6张幻灯片标题均设为"华文行楷、44磅",文字"阴影"效果。

第2张幻灯片正文文字格式为"楷体、28磅",加"红色铅笔"项目符号,对齐方式为"左对齐",文本之前缩进"2厘米",悬挂缩进"1厘米",段前间距"10磅","1.6倍"行距。

第3张幻灯片正文文字格式为"楷体、28磅",加"绿色"编号,对齐方式为"左对齐",文本之前缩进"2厘米",悬挂缩进"1厘米",段前间距"10磅","80磅"行距。利用自动调整按钮将幻灯片更改为两列版式。

第4张幻灯片利用文本框添加竖排文本,文字格式为"楷体、36磅",加"灰色箭头"项目符号,对齐方式为"左对齐",文本之前缩进"2厘米",悬挂缩进"1厘米","80磅"行距。

第5张幻灯片正文格式为小标题加"选中标记"项目符号,"宋体、20磅";小标题下的方法说明文字增大缩进级别。

第6张幻灯片正文格式为小标题加"带圆圈"编号,"楷体、29磅";小标题下的说明文字增大缩进级别。

任务 16　演示文稿的美化与修饰

前面介绍了制作简单演示文稿的方法,在制作演示文稿的过程中,为了丰富视觉,使展示的内容更加直观、形象还可以插入表格、艺术字、图片、图形、声音及影片媒体。

【工作情景】

新一届的学生会主席竞选开始了,为了做好换届工作,经学院团委决定,定于十月中旬举行学生代表大会,选举新一届学生会主席。投票前,所有主席候选人需要发表竞选演讲,张伟觉得自己有能力竞选学生会主席,为了展示自己能力,张伟制作了一份精美的演示文稿来展示他的竞选实力。

【学习目标】

（1）设置幻灯片的主题和背景；
（2）设置幻灯片的版式；
（3）应用幻灯片母版；
（4）插入图形图像；
（5）插入影音对象；
（6）插入表格和图表。

【效果展示】

"学生会主席竞选演讲"演示文稿效果图,如图 16-1 所示。

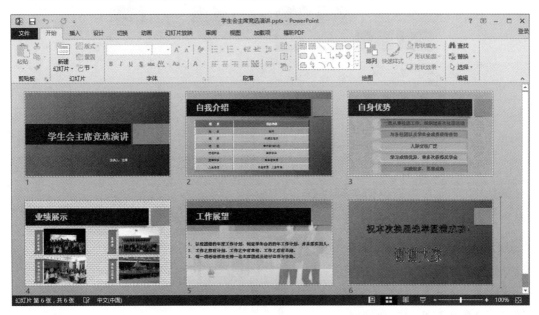

图 16-1　"学生会主席竞选演讲"演示文稿效果图

16.1 设置幻灯片的主题和背景

通过设置幻灯片的主题和背景,可以使幻灯片具有丰富的色彩和良好的视觉效果。

16.1.1 使用内置主题

好的幻灯片除了内容通俗易懂,字体和颜色合理搭配以外,风格统一也很重要。使用模板或应用主题,可以为幻灯片设置统一的风格。PowerPoint 提供了多种内置的主题效果,用户可以直接选择内置的主题效果为演示文稿设置统一的外观。如果对内置的主题效果不满意,还可以配合使用内置的其他主题颜色、主题字体、主题效果等。

其方法是:打开演示文稿,切换到【设计】选项卡,展开【主题】组下拉列表,选择所需的主题样式即可,如图 16-2 所示。

(a) 【幻灯片主题】

(b) 【幻灯片主题】下拉列表

图 16-2

对于应用了主题的幻灯片,还可以对其颜色、字体、背景和效果进行设置。在【设计】选项卡的【变体】组中单击右侧下拉箭头可以打开【颜色】、【字体】、【效果】、【背景样式】(见图 16-3)的下拉列表,在下拉列表中用户可以选择 PowerPoint 2013 内置,也可以通过【自定义颜色】、【自定义字体】、【设置背景格式】命令打开相应功能对话框自主设置主题颜色、主题字体、背景格式,如

图 16-3 【变体】下拉列表

图 16-4 所示。

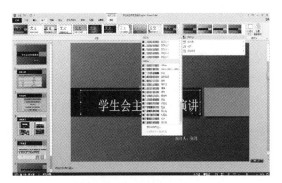 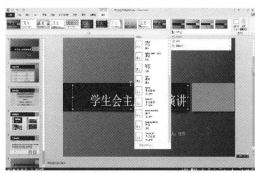

(a) 【自定义颜色】下拉列表　　　　　(b) 【自定义字体】下拉列表

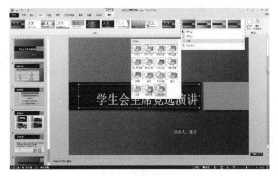 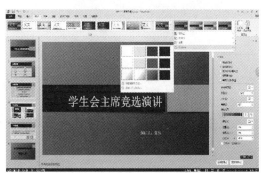

(c) 效果设置　　　　　　　　　(d) 【设置背景格式】下拉列表

图 16-4

● 【新建主题颜色】对话框：可以更改文字的颜色、文字所在区域的背景颜色、图形颜色、超链接字体颜色，如图 16-5 所示。

图 16-5 【新建主题颜色】对话框

● 【设置背景格式】窗格：可以用纯色、渐变色、图片或纹理、图案等填充背景，还可以隐藏背景图形(隐藏背景图形即隐藏主题背景)。单击【重置背景】仅改变当前选中的幻灯片背景,单击【全部应用】则改变演示文稿中所有幻灯片的背景,如图 16-6 所示。

- ●【新建主题字体】对话框:可以灵活设置主题字体,如图 16-7 所示。

图 16-6 【设置背景格式】窗格　　　　图 16-7 【新建主题字体】对话框

16.1.2 创建与使用模板

1. 创建模板

创建模板就是将设置好的演示文稿另存为模板文件。其方法是:打开设置好的演示文稿,执行【文件】|【导出】命令,在【导出】列表中选择【更改文件类型】命令,在【更改文件类型】栏中双击【模板】命令,如图 16-8 所示,打开【另存为】对话框,选择模板的保存位置。单击【保存】按钮保存。

2. 使用模板

执行【设计】|【主题】|【其他】下拉按钮,在弹出的下拉列表中单击【浏览主题】命令,打开【选择主题或主题文档】对话框,选择想要使用的模板文件即可。

图 16-8 创建模版

16.1.3 幻灯片母版设计

幻灯片母版属于模板的一部分,用来规定幻灯片中文本、背景、日期、页码的格式和显示位置。为了在制作演示文稿时可快速生成相同样式的幻灯片,从而提高工作效率,减少重复输入和设置,可以使用 PowerPoint 的幻灯片母版功能。具有同一背景、标志、日期、页码格式、显示位置、标题文本及主要文字格式的幻灯片母版,可以将其模板信息运用到演示文稿的每张幻灯片中。

母版上的文本只用于样式,真正供用户观看的文本应该在【普通视图】模式下的幻灯片上输入。幻灯片母版的编辑和修改是在【幻灯片母版视图】模式下进行,在其他视图模式下母版是不可以编辑和修改的。

编辑幻灯片母版的方法:单击【视图】选项卡,在【母版视图】组单击【幻灯片母版】按钮,即可进入【幻灯片母版视图】模式,如图 16-9 所示。

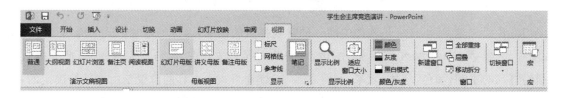

图 16-9 【视图】选项卡

默认的幻灯片母版有 5 个占位符,即"标题区"、"对象区"、"日期区"、"页脚区"、"数字区",如图 16-10 所示。一般来说,我们只修改母版上占位符的格式或调整占位符的位置,而不向占位符中添加内容。更改占位符格式的方法和在【普通视图】模式下更改的方法相同:选中占位符,在相应选项卡中相应组中修改即可。"日期区"、"页脚区"、"数字区"的内容需要在【页眉页脚】对话框中输入。在【插入】选项卡的【文本】组中单击【页面和页脚】按钮,弹出【页眉和页脚】对话框,如图 16-11 所示。

图 16-10 幻灯片母版视图

图 16-11 【页眉和页脚】对话框

在【页眉和页脚】对话框中有 4 个选项,这 4 个选项控制 4 个内容。
- 【日期和时间】选项是为"日期区"输入内容,可以选择【自动更新】或者输入固定日期。
- 【幻灯片编号】选项用于显示幻灯片编号,显示的位置是"数字区"内。
- 【页脚】选项用于显示页脚内容并且可以自定义页脚内容,显示的位置是"页脚区"内。
- 【标题幻灯片中不显示】选项用来设置上述 3 项内容是否在版式为"标题幻灯片"的幻灯片中显示。当所有选项都设置好后单击【全部应用】按钮将设置应用到所有幻灯片中。

幻灯片母版编辑好后需要退出【幻灯片母版视图】模式,退出的方法是:在【幻灯片母版】选项卡的【关闭】组单击【关闭母版视图】按钮退出,如图 16-12 所示。

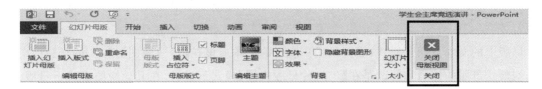
图 16-12 【关闭母版视图】按钮

16.2 应用幻灯片版式

幻灯片版式是 PowerPoint 软件中的一种常规排版的格式,通过幻灯片版式的应用可以对文字、图片、艺术字、SmartArt、表格、影片、声音、剪贴画等更加合理、简洁地完成布局,此外版式还包括幻灯片的主题(颜色、字体、效果、和背景)。幻灯片版式中内容的位置是由占位符确定的,占位符是版式中的容器。每种主题都提供了 17 种内置版式。设置版式的方法如下。

(1) 选择要应用版式的幻灯片,执行【开始】|【版式】命令,在弹出的【幻灯片版式】列表中选择相应的版式,如图 16-13 所示。

(2) 选中当前幻灯片,在幻灯片上右击,在弹出的快捷菜单中选择【版式】命令,打开【幻灯片版式】窗格,选择相应的版式。

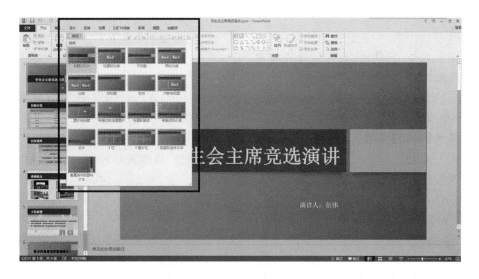

图 16-13 【幻灯片版式】列表

16.3 插入多媒体

1. 插入图片

第一步:选择要插入图片的幻灯片,切换到【插入】选项卡,在【图像】组中单击【图片】按钮,在弹出的【插入图片】对话框中选择要插入的图片。

第二步:双击插入的图片,在【格式】选项卡中修改图片样式、大小、排列等。

2. 插入艺术字

第一步:选择要插入艺术字的幻灯片,切换到【插入】选项卡,在【文本】组中单击【艺术字】按钮,在弹出的艺术字样式库中选择要插入的艺术字类型。在【请在此放置您的文字】文本框中输入文字即可。

第二步:双击插入的艺术字文本框,在【格式】选项卡中修改艺术字样式、大小、排列等。

3. 插入表格

第一步:选择要插入表格的幻灯片,切换到【插入】选项卡,在【表格】组中单击【表格】按钮,在弹出的表格下拉列表中选择行数与列数,即可插入相应表格。

第二步:插入表格后,在选项卡中会多出一个【表格工具】选项卡,此选项卡有两个子选项卡【设计】和【布局】,在这两个子选项卡中可以选择合适的底纹、边框、效果等。

4. 插入 SmartArt 图形

在幻灯片中插入 SmartArt 图形可以帮助展示者以动态可视的方式来阐述流程、层次结构和关系,插入 SmartArt 图形的方法如下。

第一步:选择要插入 SmartArt 图形的幻灯片,切换到【插入】选项卡,在【插图】组中单击【SmartArt】按钮,在弹出的【选择 SmartArt 图形】对话框选择合适的图形形式,单击【确定】按钮将选择的 SmartArt 图形插入到幻灯片中。

第二步:SmartArt 图形插入后,在选项卡中会多出一个【SmartArt 工具】选项卡,此选项卡有两个子选项卡【设计】和【格式】,在这两个子选项卡中可以选择合适的颜色、形状、样式和格式等,也可以在现有的基础上添加形状,修改形状内文字信息。

5. 插入形状

第一步:选择要插入形状的幻灯片,切换到【插入】选项卡,在【插图】组中单击【形状】按钮,在弹出的【形状】列表中选择合适的形状后,在幻灯片形状放置处拖动鼠标绘制出相应的形状。

第二步:形状绘制后,在选项卡中会多出一个【绘图工具格式】选项卡,在这个选项卡中可以编辑形状、形状填充、形状轮廓、形状处理等。

6. 插入影片

第一步:选择要插入视频的幻灯片,切换到【插入】选项卡,在【媒体】组中单击【视频】按钮,在弹出的下拉菜单中选择【文件中的视频】命令,在弹出的【插入视频文件】对话框中选择要插入的视频文件,单击【确定】按钮。

第二步:双击插入的视频,在【格式】选项卡中预览、调整、修改视频样式、大小、排列等。

7. 插入声音

第一步:选择要插入音频的幻灯片,切换到【插入】选项卡,在【媒体】组中单击【音频】按钮,在弹出的下拉菜单中选择【文件中的音频】命令。

第二步:在弹出的【插入音频文件】对话框中选择要插入的音频文件,单击【确定】按钮。

8. 插入页眉和页脚

打开演示文稿,切换到【插入】选项卡,单击【文本】组中的【页眉和页脚】命令,打开【页眉和页脚】对话框,根据需要选择【日期和时间】复选框、【幻灯片编号】复选框,选择【页脚】复选框并在文本框中输入文字,单击【全部应用】按钮。

【任务实战】制作"学生会主席竞选演讲"演示文稿

1. 效果图

"学生会主席竞选演讲"演示文稿效果图,如图16-14所示。

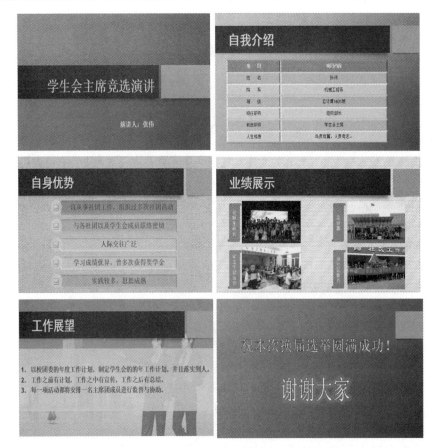

图16-14 "学生会主席竞选演讲"演示文稿效果图

2. 操作要求

(1) 新建演示文稿,保存文档,保存名称为"学号后两位+姓名+竞选",如"03 张伟竞选"。

(2) 在演示文稿中添加 5 张新幻灯片,选择相应幻灯片版式。第 1 张幻灯片版式:标题幻灯片;第 2~5 张幻灯片版式:标题和内容;第 6 张幻灯片版式:空白(幻灯片版式选择不唯一,可灵活使用,因为每种版式都可以调整和更改)。

(3) 在幻灯片中输入文本并进行格式设置。其中第 1 张幻灯片标题字符格式为"宋体、60 磅",副标题字符格式为"白色、宋体、28 磅、加粗";第 2~5 张幻灯片标题字符格式为"黑体、54 磅",字符颜色均为"黄色"。

(4) 根据效果图为每张幻灯片设置相应背景。

(5) 在幻灯片中插入表格、SmartArt 图形、图片、形状、艺术字等。

3. 操作步骤

(1) 略。

(2) 选中第 1 张幻灯片,连续按 5 次 Enter 键,在演示文稿中添加 5 张新幻灯片。版式设置方法:第 1 张默认版式就是标题幻灯片,选中第 2 张幻灯片,切换到【开始】选项卡,在幻灯片组中单击【版式】按钮,在弹出的版式列表中选择第一行第二列"标题和内容"版式,第 2~5 张幻灯片版式设置方法同上,选择第 6 张幻灯片,切换到【开始】选项卡,在幻灯片组中单击【版式】按钮,在弹出的版式列表中选择第 2 行第 3 列"标题和内容"版式。

(3) 为每张幻灯片输入标题内容,选择第 1 张幻灯片,选中标题,在【开始】选项卡【字体】组中,选择"宋体、60 磅"、"黄色";选择副标题,在【开始】选项卡【字体】组中,选择"白色、宋体、20 磅",选择第 2 张幻灯片,切换到【视图】选项卡,在【母版视图】组中单击【幻灯片母版】按钮,进入母版视图,在幻灯片浏览窗格选择第 3 张幻灯片(由幻灯片 2~5 使用),如图 16-15 所示。

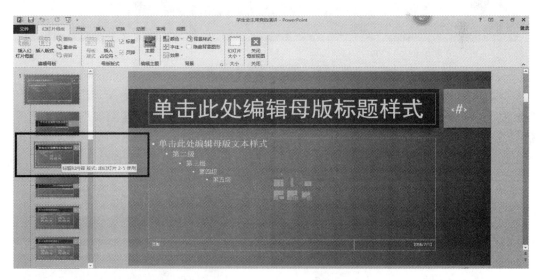

图 16-15 在幻灯片浏览窗格选择第 3 张幻灯片

然后到编辑区,单击标题区【单击此处编辑母版标题样式】,切换到【开始】选项卡,【字体】组,选择"黑体、54 磅、黄色"。切换到【幻灯片母版】选项卡,在【关闭】组中单击【关闭母版视图】按钮。

(4)切换到【设计】选项卡,在【主题】组中单击下拉箭头,展开主题列表,选择【柏林】主题;选择第 3 张幻灯片,在【自定义】组单击【设置背景格式】按钮,打开【设置背景格式】窗格,在填充区选择【图片或纹理填充】单选项,继而单击【纹理】下拉按钮,展开纹理列表,选择"画布"纹理。第 4 张幻灯片用图案填充,第 5 张用图片填充,方法同上,在第 5 张幻灯片中插入"矩形"形状,并用"灰色"填充,设置 17%的透明度。然后在形状中添加相应文字。

(5)选择第 2 张幻灯片,执行【插入】|【表格】命令,选取 7 行 2 列表格,双击表格,切换到【表格工具设计】选项卡,在【表格样式】组中选择"中度样式 3-强调 6"样式,单击【效果】下拉按钮,在【单元格凹凸效果】列表中选择"艺术装饰"效果,如图 16-16 所示。向单元格中添加文字。选中所有单元中的文字,切换到【表格工具布局】选项卡,在【对齐方式】组中分别设置"水平居中"和"垂直居中"。

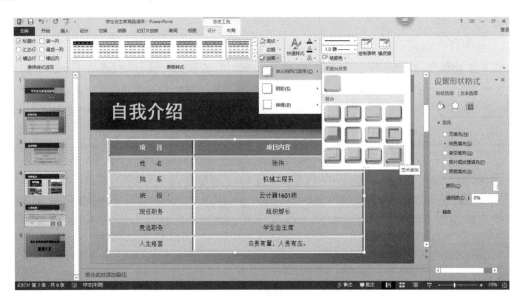

图 16-16　选择"艺术装饰"效果

(6)选择第 2 张幻灯片,执行【插入】|【SmartArt】命令,在【选择 SmartArt 图形】对话框中选择"垂直图片重点列表"形状,如图 16-17 所示。在【创建图形】组中单击【添加形状】按钮两次。在【更改颜色】下拉列表中选择"渐变循环-着色 2",在【SmartArt 样式】下拉列表中选择"粉末"样式,如图 16-18 所示。再向图形中添加文本即可。插入图片及艺术字过程省略。

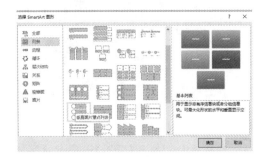

图 16-17　选择"垂直图片重点列表"形状

图 16-18　选择"粉末"样式

【其他典题 1】制作"古诗欣赏"演示文稿

1. 效果图

"古诗欣赏"效果图,如图 16-19 所示。

图 16-19 "古诗欣赏"效果图

2. 操作要求

(1) 创建一个新演示文稿。
(2) 保存文档,保存名称为"学号后两位+姓名+古诗欣赏",如"03 张伟古诗欣赏"。
(3) 在演示文稿中添加 5 张新幻灯片,选择相应幻灯片版式,选择"丝状"主题,第 1 张和最后 1 张隐藏背景图形,其中第 1 张幻灯片设置图片填充背景。
(4) 利用幻灯片母版为每张幻灯片添加"文"字徽章和页码。
(5) 在幻灯片中输入文本并进行格式设置。
(6) 在幻灯片中插入表格、图片、艺术字。

【其他典题 2】制作"公路桥梁技术状况评定标准"演示文稿

1. 效果图

"公路桥梁技术状况评定标准"演示文稿效果图,如图 16-20 所示。

图 16-20 "公路桥梁技术状况评定标准"演示文稿效果图

2. 操作要求

(1) 创建一个新演示文稿。
(2) 保存文档,保存名称为"学号后两位姓名"如,"03 张伟"。
(3) 在演示文稿中添加 5 张新幻灯片,选择相应幻灯片版式。
(4) 在幻灯片中输入文本,并进行格式设置,插入并编辑图片、形状、表格、艺术字、项目符号等。

提示:

第 1 页幻灯片:使用"视差"主题,并更改背景颜色为渐变色效果,按效果图输入并设置文本格式。

第 2 页幻灯片:背景采用"画布"纹理效果,并按效果图所示插入并编辑形状。

第 3 页幻灯片:插入并编辑形状和图片,其中形状的填充如图 16-22 所示。

第 4、5 页幻灯片:使用"视差"主题,按效果图输入并设置文本格式。表格填充颜色,透明度设置成 50%,如图 16-21 所示,表格内文本对齐方式为"中部居中"。

第 6 页幻灯片:背景使用给定图片,用透明效果的形状作为遮罩,插入相应艺术字。

图 16-21　填充透明度为 50% 的颜色

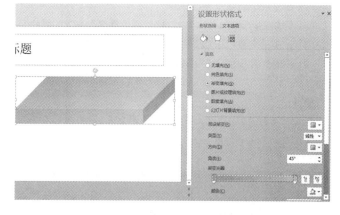

图 16-22　为形状填充颜色

【其他典题 3】制作"管理沟通的艺术与方法"演示文稿

1. 效果图

"管理沟通的艺术与方法"演示文稿效果图,如图 16-23 所示。

图 16-23　"管理沟通的艺术与方法"演示文稿效果图

2. 操作要求

(1) 创建一个新演示文稿。
(2) 保存文档,保存名称为"学号后两位姓名",如"03 张伟"。
(3) 在演示文稿中添加 5 张新幻灯片,选择相应幻灯片版式。
(4) 在幻灯片中输入文本,并进行格式设置,插入并编辑图片、形状、SmartArt 图形、表格、艺术字、项目符号等。

提示:

第 1 页幻灯片:空白版式,用形状设计背景,并插入艺术字标题。

第 2 页幻灯片:使用"离子会议室"(第 2、3、4、5、6 页均使用此主题)主题,并按效果图所示插入并编辑 SmartArt 图形。

第 3 页幻灯片:按效果图插入并编辑表格,填充色为"渐变向下"梅红淡色,线条为内虚外实,对齐方式为"中部居中"。

第 4 页幻灯片:按效果图插入并编辑形状。

第 5、6 页幻灯片:按效果图编辑文本格式(注意第 5 页的项目符号在 Wingdings 字体下查找)。

【其他典题 4】制作"电子科技智造未来"演示文稿

1. 效果图

"电子科技智造未来"演示文稿效果图,如图 16-24 所示。

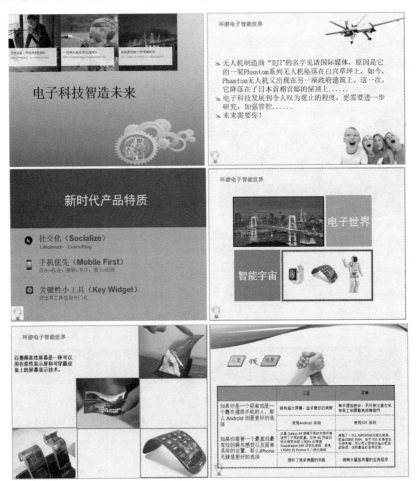

图 16-24 "电子科技智造未来"演示文稿效果图

2. 操作要求

(1) 创建一个新演示文稿。

(2) 保存文档,保存名称为"学号后两位姓名",如"03张伟"。

(3) 在演示文稿中添加5张新幻灯片,按效果图设置相应幻灯片版式。

(4) 在幻灯片中输入文本,并进行格式设置,插入并编辑图片、形状、表格、艺术字、项目符号等。

提示:

使用母版:为每页幻灯片插入1张相同的图片"灯泡"放置左下角;插入艺术字"环游电子智能世界"放置左上角。

第1页幻灯片:用双色渐变色填充背景,按效果图插入并编辑图片和文字。

第2页幻灯片:填充文字、插入图片和项目符号(蓝色)。

第3页幻灯片:设置灰色背景,插入并编辑形状(矩形)作为标题背景,按效果图插入并编辑图片和文字。

第4页幻灯片:按效果图插入并编辑形状、图片。

第5页幻灯片:按效果图编辑图片、形状。

第6页幻灯片:使用"水汽尾迹"主题,更改"变体"调整效果,插入并编辑自选图形、表格、图片。

【其他典题5】制作"建筑设计所运用的艺术手段"演示文稿

1. 效果图

"建筑设计所运用的艺术手段"演示文稿效果图,如图16-25所示。

图 16-25 "建筑设计所运用的艺术手段"效果图

2. 操作要求

(1) 创建一个新演示文稿。

(2)保存文档,保存名称为"学号后两位姓名",如"03 张伟"。

(3)在演示文稿中添加 5 张新幻灯片,按效果图设置相应幻灯片版式。

(4)在幻灯片中输入文本,并进行格式设置,插入并编辑图片、形状、表格、艺术字、项目符号等。

(5)为每页幻灯片添加页码(标题页除外)。

提示:

第 1 页幻灯片:利用给定图片作背景,插入并编辑形状(填充效果为黄色半透明效果),以此映衬标题。

第 2 页幻灯片:使用"主要事件"主题,插入"圆角矩形"形状,更改形状如效果图所示,线条颜色为白色,填充色为"双色渐变",并设置"黑色阴影";插入自选图形(梯形),用给定图片做填充,设置形状阴影。

第 3 页幻灯片:复制前 1 页的"圆角矩形"形状,并更改标题文字,添加正文文本,插入并编辑图片。

第 4 页幻灯片:复制前 1 页的"圆角矩形"形状,并更改标题文字。添加正文文本并为文本添加项目符号(该项目符号在 Wingdings 字体下查找)。插入指定图片,调整好大小和位置后为图片设置阴影。

第 5 页幻灯片:复制前 1 页的"圆角矩形"形状,并更改标题文字。插入"圆形"形状,无线条颜色,用指定图片做形状的填充色。插入 5 行 4 列的表格,并按效果图编辑。

第 6 页幻灯片:插入两个"矩形"形状,设置叠放次序,无线条颜色,上层矩形用"双色(深、浅绿)渐变、垂直纹理"填充,下层矩形用"双色(深、浅灰)渐变、垂直纹理"填充,设置"阴影"效果。

【其他典题 6】制作"汽车与生活"演示文稿

1. 效果图

"汽车与生活"演示文稿效果图,如图 16-26 所示。

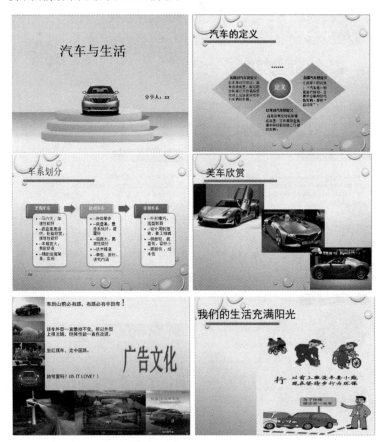

图 16-26 "汽车与生活"演示文稿效果图

2. 操作要求

（1）创建一个新演示文稿。

（2）保存文档，保存名称为"学号后两位姓名"，如"03张伟"。

（3）在演示文稿中添加5张新幻灯片，按效果图设置相应幻灯片版式。

（4）在幻灯片中输入文本，并进行格式设置，插入并编辑图片、形状、SmartArt图形、艺术字、项目符号等。

提示：

第1页幻灯片：使用Office默认主题、空白版式，插入两个"矩形"形状，其中一个填充色为"浅灰"，另一个填充色为"双色渐变（深灰和白色）"；插入"圆柱形"形状，填充色为"双色渐变（深、浅灰）"，底纹样式为"斜下"，设置"阴影"效果，调整大小后复制、粘贴圆柱形，调整叠放次序后呈现台阶效果，插入指定图片，如效果图16-26所示。

第2~6页使用"水滴"主题（第5页隐藏背景图形），使用母版，为幻灯片设置标题字符格式均为"黑体、40磅"，插入"矩形"衬托在每页的标题下方。

第2页幻灯片：分别插入"菱形和圆形"形状，然后添加文字。

第3页幻灯片：插入并编辑SmartArt图形，如图16-26所示。

任务17 演示文稿的特效制作

为了使演示文稿显得更富有活力,更具吸引力,用户可以为幻灯片添加动画效果,以便在添加幻灯片趣味性和可视性的基础上加强其视觉效果和专业性。本章将讲解为幻灯片添加动画的具体操作。

【工作情景】

张伟制作的"学生会主席竞选演讲"演示文稿已经充分展示了自己的工作经验和组织能力,为了使演示文稿显得更富有活力,更具吸引力他还要为演示文稿制作一些播放特效。

【学习目标】

(1) 设置动画效果;
(2) 幻灯片的切换效果;
(3) 插入和编辑超链接。

【效果展示】

"学生会主席竞选演讲"演示文稿效果图,如图17-1所示。

图17-1 "学生会主席竞选演讲"演示文稿效果图

【知识准备】

17.1 幻灯片动画设计

为了增强 Microsoft PowerPoint 2013 演示文稿的视觉效果,可以将文本、图片、形状、表格等对象制作成动画,设计和制作动画的方法如下。

1. 选择动画种类

设置动画需要选中设置动画的对象,否则动画选项卡功能区中按钮不可用。动画总共分为4种效果:进入、强调、退出、动作路径。

(1)"进入"效果:对象以某种方式出现在幻灯片上。例如,让某对象从某一方向"飞入"或者是"旋转"出现在幻灯片中。

方法:以"进入"效果为例("强调"、"退出"动画效果的添加与此相同),首先选取要设置"进入"动画的对象,单击【动画】选项卡,在【高级动画】组中单击【添加动画】下拉按钮,然后在【进入】选项栏中选择需要的动画样式。还可以单击【更多进入效果】选择更满意的动画样式,如图 17-2(a)所示。

选择好动画样式后,可以对该样式做更细致的处理,例如,"进入"的方向、动画的声音、播放的快慢等。方法是:在【动画】组右下角单击对话框启动器按钮,打开【某效果】对话框,例如,我们对某对象设置了"轮子"进入动画样式,通过单击对话框启动器按钮打开的就是【轮子】对话框,如图 17-2(b)所示。在这个对话框中可以选择辐射状:"1 轮幅图案、2 轮幅图案……8 轮幅图案"。还可以设置动画播放时的声音以增强动画效果;还可以在【计时】选项卡中设置动画"延迟"时间、"期间"持续时间、"重复"次数等。

(a) 显示更多"进入"效果　　　　　　(b)【轮子】对话框

图 17-2　设计动画样式

(2)"强调"效果:对于已经显示的对象再以缩小或放大、颜色更改等方式对观众进行特别提醒。

(3)"退出"效果:对象以某种方式退出幻灯片。

(4)"动作路径"效果:对象按照某一事先设定的轨迹运动。轨迹包括系统定义和自定义路径两种。

方法:选择【自定义路径】命令,鼠标指针变成一支铅笔,使用这支铅笔可以任意绘制想要的动作路径,双击结束绘制。如不满意可以在路径的任意点上右击,在弹出的快捷菜单上选择【编辑顶点】命令,拖动线条上的点调节路径效果。

4 种动画可以组合使用也可以单独使用,在动画或者高级动画功能区单击要设置的动画就可以看见动画效果,不满足需求可以单击其他动画更改。

2. 方向序列设置

在一张幻灯片中设置了多个动画后,用户还可以根据需要重新调整各个动画出现的顺序。

方法:在【动画】功能区单击【效果选项】按钮,可以对动画实现的方向、序列进行调整。

3. 计时设置

【计时】组有 4 项功能:【开始】、【持续时间】、【延迟】、【对动画重新排序】。【计时】相关功能是对已经设置了动画的对象做播放时间上的调整。【计时】组及选项设置如图 17-3 所示。

(1)【开始】:有 3 个选项,分别为【单击时】、【与上一动画同时】、【上一动画之后】,如图 17-4 所示。默认为【单击时】。如果选择【单击时】,在幻灯片播放过程中单击鼠标实现动画播放;选择【与上一动画同时】,当前动画会和同一幻灯片中的前一个动画同时显示;选择【上一动画之后】,当前动画在上一动画结束后显示。

图 17-3 【计时】组及选项设置

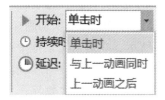
图 17-4 【开始】的 3 个选项

(2)【持续时间】用来控制动画的速度,调整【持续时间】右侧的微调按钮可以让动画以 0.25 s 的步长递增或递减。

(3)【延迟】用来调整动画显示时间,就是在【持续时间】设置的时间后再过多久显示,这样有利于动画的衔接,可以让观看者清晰地看到每一个动画。

(4)【对动画重新排序】用来调整同一幻灯片中的动画顺序。在多个动画设置对象中选定某一对象,单击【对动画重新排序】按钮下的【向前移动】或者【向后移动】按钮可以实现对动画播放顺序的改变。更直观的方法是单击【高级动画】功能区的【动画窗格】,在演示文稿右侧显示【动画窗格】,鼠标拖动调整上下位置,可以方便快捷地实现动画播放顺序的调整,也可以使用右键菜单删除动画,如图 17-5 所示。

图 17-5 在动画窗格调整动画顺序

4. 设置相同动画

有时候我们希望在多个对象上设置同一动画，PowerPoint 2013 为我们提供了"动画刷"，它可以快捷地实现这一愿望。

方法：选择所要模仿的动画对象，单击【动画刷】按钮，鼠标指针旁边会出现一个小刷子，用这个带格式的鼠标单击其他对象就可以实现设置同一动画的想法，如图 17-6 所示。

5. 同一个对象多个动画

有时我们需要反复强调某一对象，这时可以给同一对象添加多个动画。比如一个对象可以先"进入"再"强调"再"退出"。

方法：设置好对象的第 1 个动画后，单击【添加动画】按钮可以继续添加动画。

图 17-6　动画刷

17.2　幻灯片的切换

幻灯片切换是增强幻灯片视觉效果的另一种方式，它是演示文稿放映期间从上一张幻灯片转向下一张幻灯片时出现的动画效果。我们可以控制切换的速度，添加切换时的声音。可以单独为每张幻灯片做切换效果也可以所有幻灯片应用一种切换效果。

方法：选择要设置切换效果的幻灯片，在【切换】选项卡的【切换到此幻灯片】组中，单击要应用于当前幻灯片的切换效果按钮，如图 17-7 所示。切换效果分为细微型、华丽型、动态内容，如图 17-8 所示。

图 17-7　【切换到此幻灯片】组

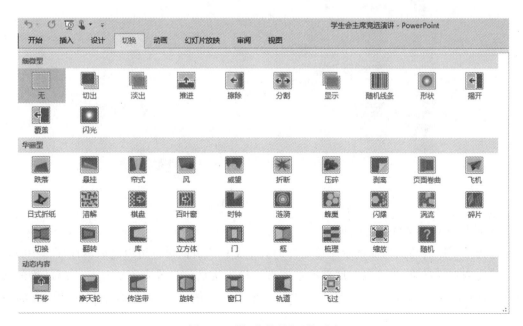

图 17-8　【切换效果】下拉列表

单击【切换】选项卡的【切换到此幻灯片】组最右侧的【效果选项】按钮,可以对切换效果进一步设置。例如,在【切换到此幻灯片】组中选择"形状"切换效果,在【效果选项】按钮中就可以选择"菱形"、"圆形"、"放大"或"缩小"。

在【计时】组中有4项功能:【声音】、【持续时间】、【全部应用】、【换片方式】,如图17-9所示。

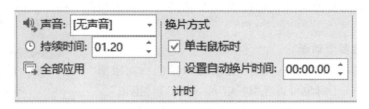

图17-9 【计时】组

- 【声音】按钮:用来设置切换音效。
- 【持续时间】按钮:用来控制切换速度。
- 【全部应用】按钮:可以让所有幻灯片应用统一切换效果。
- 【换片方式】:用来设定幻灯片切换的方式是自动还是单击鼠标。

17.3 幻灯片交互

1. 超链接交互

在演示文稿放映过程中我们需要调转到特定的幻灯片、文件或者是 Internet 上某一网址来增强演示文稿的交互性,下面就是具体完成超链接的过程。

选定要插入超链接的对象,在【插入】选项卡的【链接】组单击【超链接】按钮,打开【插入超链接】对话框,如图17-10所示。

图17-10 【插入超链接】对话框

1)超链接到现有文件或者网页

此超链接可以跳转到当前演示文稿之外的其他文档或者网页。可以选取本地硬盘中路径进行超链接文档查找定位,也可以在底部文本框直接输入文档信息或者网页地址。超链接的文档类型可以是 Office 文稿、图片或者是声音文件。单击该超链接时,可以自动打开相匹配的应用程序。

2）链接到本文档中的位置

此超链接可以实现当前演示文稿不同幻灯片之间的沟通。在此选项对应的对话框中可以看到当前演示文稿内全部幻灯片，选择符合需求的幻灯片，单击【确定】按钮即可。

3）超链接到电子邮件地址

此超链接可以打开 Outlook 给指定地址发送邮件。在电子邮件地址下方的文本框输入电子邮件地址即可。

4）删除超链接

选定要删除超链接的对象，切换到【插入】选项卡，在【链接】组中单击【超链接】按钮，打开【编辑超链接】对话框，如图17-11所示，单击【删除超链接】按钮，可以将原链接清除。

图 17-11　【编辑超链接】对话框

2. 动作交互

除了超链接可以实现幻灯片之间的跳转以外，动作交互也可以让幻灯片完成跳转。

方法：选中某一对象（文字、图片、形状等），切换到【插入】选项卡，在【链接】组中单击【动作】按钮，打开【操作设置】对话框，如图17-12所示。该对话框下有两个选项卡，【单击鼠标】选项卡和【鼠标悬停】选项卡，如图17-13所示。观察发现两个选项卡下的内容几乎一样，只是控制交互的方式不同：单击鼠标控制交互和鼠标悬停控制交互。切换到【单击鼠标】选项卡（或者【鼠标悬停】选项卡）可以看到以下内容。

图 17-12　【操作设置】对话框【单击鼠标】选项卡　　图 17-13　【鼠标悬停】选项卡

- 【超链接到】单选框：选择具体链接到什么位置。
- 【运行程序】单选框：打开本机中的某程序。
- 【运行宏】单选框：运行宏（宏：可用于自动执行任务的一项或一组操作。可用 Visual Basic for Applications 编程语言录制宏）。若要运行宏，请单击【运行宏】单选框，然后选择要运行的宏（仅当演示文稿包含宏时，"运行宏"设置才可用。在用户保存演示文稿时，必须将它另存为"启用宏的 PowerPoint 放映"）。

- 【对象动作】单选框:将选择的形状用作执行动作的动作按钮(仅当演示文稿包含 OLE 对象时,"对象动作"设置才可用)。
- 【无动作】单选框:可以取消已经设置的动作。
- 【播放声音】复选框:在执行某动作时播放声音。
- 【单击时突出显示】/【鼠标移过时突出显示】复选框:在执行某动作时突出显示动作对象。

【任务实战】为"学生会主席竞选演讲"演示文稿增加特效

1. 操作要求

(1) 打开"学生会主席竞选演讲"演示文稿,在第 2 页做超链接。

选取每个形状里面的文字,超链接到对应的幻灯片,形状里的文字,设置超链接后的文字颜色为"红色",访问后的超链接文字颜色为"深蓝"。

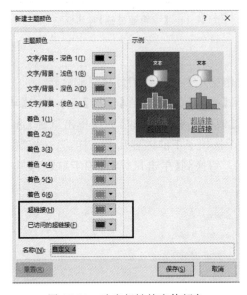

图 17-14 改变超链接字体颜色

(2) 利用【动作】按钮将第 3、4、5 页幻灯片"返回"至第 2 页幻灯片。

(3) 观看动画放映文件,按着放映效果为第 5 页幻灯片中的对象添加动画。

(4) 观看动画放映文件,按着放映效果为每张幻灯片设置切换效果。

2. 操作步骤

(1) 在第 2 页选择形状里的文字"自我介绍",切换到【插入】选项卡,在【链接】组中单击【超链接】按钮,打开【插入超链接】对话框,在【本文档中的位置】列表中选择"3.自我介绍",单击【确定】按钮。其他 3 项设置方法同上。

超链接文字颜色:切换到【设计】选项卡,在【变体】组的下拉菜单展开【颜色】列表,单击【自定义颜色】命令,在弹出的【新建主题颜色】对话框中更改"超链接"和"已访问的超链接"颜色,如图 17-14 所示。

(2) 在第 3 页幻灯片插入某形状,添加文字"home"或"返回",单击"形状",切换到【插入】选项卡,在【链接】组中单击【动作】按钮,打开【操作设置】对话框,在【鼠标单击】选项卡下选择【超链接到】单选框,展开【超链接到】下拉列表,单击【幻灯片】命令,在弹出的【超链接到幻灯片】对话框中选择目录幻灯片"2.幻灯片 2",单击两次【确定】按钮。

(3)、(4) 步略。

【其他典题】为"电子科技智造未来"演示文稿增加特效

操作要求

(1) 打开"电子科技智造未来"演示文稿,在第 2 页做超链接。将机器人超链接到图片"机器人美女"。

(2) 利用【动作】按钮在智能手表和曲面手机上完成交互:鼠标悬停在智能手表上时打开 Word 文件"预测未来五年苹果可让智能手表年增长率超 60%",在曲面手机上单击鼠标时打开 Excel 文件"曲面优缺点"。

(3) 观看动画放映文件,按着放映效果为第 7 页幻灯片中的对象添加动画。

(4) 观看动画放映文件,按着放映效果为每张幻灯片设置切换效果,切换效果持续时间 1.5 s。

任务 18　输出演示文稿

完成演示文稿的制作后,用户可以根据需要设置幻灯片的放映方式。另外,用户还可以将演示文稿创建为视频文件和 PDF 文档。

【工作情景】

论文答辩教师通知张伟答辩时间控制在 10 min 左右。为了控制好自己的答辩时间,张伟使用了排练计时功能精确记录了每张幻灯片的演讲时间,从而对部分介绍内容进行增减,以便将答辩时间安排得更合理。

【学习目标】

(1) 放映演示文稿;
(2) 打包演示文稿;
(3) 发布演示文稿。

【效果展示】

"论文答辩"演示文稿排练计时效果图,如图 18-1 所示。

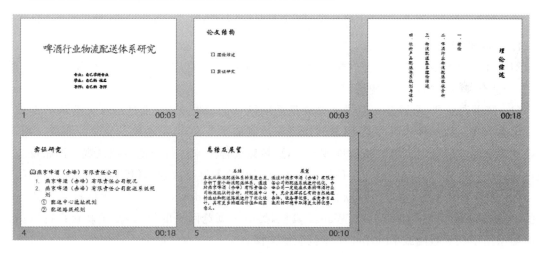

图 18-1　"论文答辩"演示文稿排练计时效果图

【知识准备】

18.1　放映演示文稿

在放映演示文稿之前,用户还需要对其进行一些设置,包括选择幻灯片的放映方式、调整幻灯片的放映顺序、设置每一张幻灯片的放映时间等。

18.1.1 设置放映方式

选择【幻灯片放映】选项卡,在【设置】组中单击【设置幻灯片放映】按钮,打开【设置放映方式】对话框,如图18-2所示。

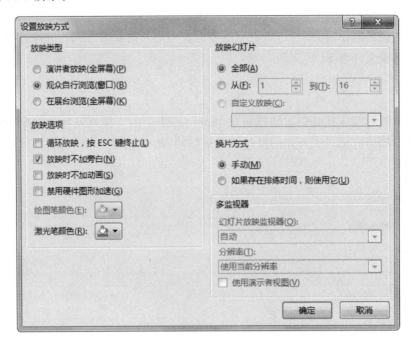

图18-2 【设置放映方式】对话框

1. 放映类型

幻灯片放映类型包括演讲者放映(全屏幕)、观众自行浏览(窗口)和在展台浏览(全屏幕)3种,它们适合在不同的场合下使用。

(1)演讲者放映(全屏幕):演讲者放映是系统默认的放映类型,也是最常见的放映形式,采用全屏幕方式。在这种放映方式下,演讲者现场控制演示节奏,具有放映的完全控制权。用户可以根据观众的反应随时调整放映速度或节奏,还可以暂停下来进行讨论或记录观众即席反应,甚至可以在放映过程中录制旁白。一般用于召开会议时的大屏幕放映、联机会议或网络广播等。

(2)观众自行浏览(窗口):观众自行浏览是在标准Windows窗口中显示的放映形式,放映时的PowerPoint窗口具有菜单栏、Web工具栏,类似于浏览网页的效果,便于观众自行浏览,该放映类型用于在局域网或Internet中浏览演示文稿。

(3)在展台浏览(全屏幕):采用该放映类型,最主要的特点是不需要专人控制就可以自动运行,在使用该放映类型时,如超链接等控制方法都失效。当播放完最后一张幻灯片后,会自动从第一张重新开始播放,直至用户按下Esc键才会停止播放。该放映类型主要用于展览会的展台或会议中的某部分需要自动演示等场合。需要注意的是,使用该放映时,用户不能对其放映过程进行干预,必须设置每张幻灯片的放映时间或预先设定排练计时,否则可能会长时间停留在某张幻灯片上。

2. 放映选项

各复选框的含义如下。

● 【循环放映,按Esc键终止】复选框:可以连续的播放声音文件或动画,用户将设置好的演示文稿设置为循环放映,可以应用于展览会场的展台等场合,将演示文稿自动运行并循环播放。在播放完最后一张幻灯片后,自动跳转至第一张幻灯片,而不是结束放映,直到用户按 Esc 键退出放映状态。

- 【放映时不加旁白】复选框:放映演示文稿而不播放嵌入的解说。
- 【放映时不加动画】复选框:放映演示文稿而不播放嵌入的动画。

18.1.2 设置排练计时

使用排练计时可以为每一张幻灯片中的对象设置具体的放映时间,开始放映演示文稿时,无须用户单击,就可以按照设置的时间和顺序进行放映,实现演示文稿的自动放映。

选择【幻灯片放映】选项卡,在【设置】组中单击【排练计时】按钮,如图 18-3 所示。进入放映排练状态,幻灯片将全屏放映,同时打开【录制】工具栏并自动为该幻灯片计时,如图 18-4 所示。

用户可以通过单击鼠标来设置动画的出场时间,当在最后 1 张幻灯片中单击后,将弹出提示信息框,如图 18-5 所示。单击【是】按钮,进入【幻灯片浏览】视图中,且每张幻灯片的左下角出现该张幻灯片的放映时间,如图 18-6 所示。

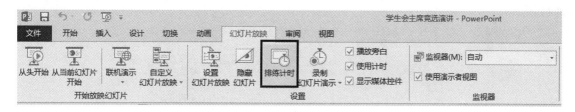

图 18-3 【排练计时】按钮

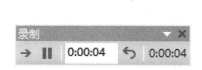

图 18-4 【录制】工具栏

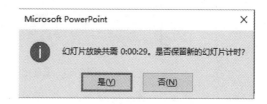

图 18-5 提示信息框

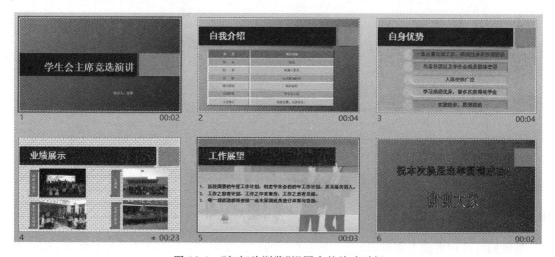

图 18-6 "幻灯片浏览"视图中的放映时间

一旦保留了新幻灯片中的计时,那么单击视图栏中的【幻灯片放映】按钮,幻灯片将进入放映视图中,且按照排练计时的时间自动播放。如果我们在图 18-5 提示信息框中单击【否】按钮,那么进入放映视图后就不会自动播放。

实战经验告诉我们,"排练计时"对在时间方面把握的比较精准的人来说效果不错,如果把握不好时间就会出错,而设置起来比较麻烦,造成演讲与幻灯片播放不协调的后果。

18.1.3 自定义放映幻灯片

自定义放映幻灯片是指选择演示文稿中的某些幻灯片作为当前要放映的内容,并将其保存为一个名称,这样用户任何时候都可以选择只放映这些幻灯片,这主要用于大型演示文稿中的幻灯片放映。

方法:切换到【幻灯片放映】选项卡,在【开始放映幻灯片】组中,执行【自定义幻灯片放映】|【自定义放映】命令,在弹出的【自定义放映】对话框中单击【新建】按钮,如图 18-7 弹出【定义自定义放映】对话框,为自定义放映幻灯片命名,然后在左侧【演示文稿中的幻灯片】栏中勾选要放映的幻灯片添加到右侧【在自定义放映中的幻灯片】栏中,如图 18-8 所示,单击【确定】即可。

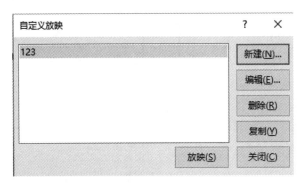

图 18-7 【自定义放映】对话框

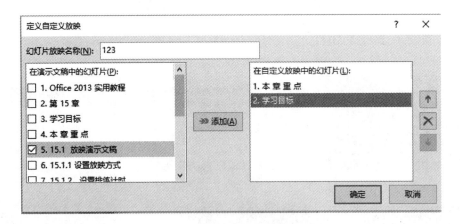

图 18-8 【定义自定义放映】对话框

18.1.4 放映演示文稿

放映幻灯片的方式有多种,如上一节中介绍的自定义放映,还包括从头开始放映、从当前幻灯片开始放映等。当需要退出幻灯片放映时,按 Esc 键即可。

18.2 打包和发布演示文稿

有时用户需要将制作好的演示文稿传给其他人进行学习、欣赏等,就需要先在自己的电脑中对演示文稿进行打包,然后将打包文件复制到他人的电脑中。但如果在他人的电脑中并没有安装 PowerPoint 程序,将无法正常播放演示文稿,这就需要先将演示文稿创建为视频文件。

18.2.1 打包演示文稿

许多用户都有过这样的经历,在自己的电脑中放映演示文稿时并没有问题,当复制到其他电脑上播放时,原来插入的声音、视频等就不能播放了。使用 PowerPoint 2013 的打包功能,将演示文稿中用到的所有素材都打包到一个文件夹中,可以很好地解决这个问题。

方法:单击【文件】按钮,在展开的列表中选择【导出】|【将演示文稿打包成CD】选项,然后单击右侧的【打包成 CD】按钮,如图 18-9 所示。

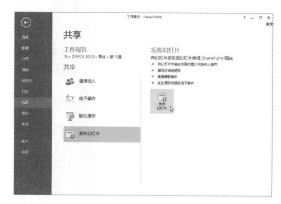

图 18-9 将演示文稿打包成 CD

注意:打包后的演示文稿会变成一个自动放映文件,不能直接对其编辑。如果想要对打包的演示文稿进行编辑,首先打开 PowerPoint 程序,接着按 Ctrl+O 组合键,在弹出的对话框中找到并选中需要编辑的自动放映文件,单击【打开】按钮,使用 PowerPoint 程序将其打开后,即可进行编辑。

18.2.2 发布幻灯片

PowerPoint 2013 提供了一个存储幻灯片的数据库,可以将幻灯片发布到幻灯片库,也可以从幻灯片库将幻灯片添加到演示文稿中。在需要制作内容相近的幻灯片时,直接调用幻灯片库的对象可以节约制作的时间。

方法:单击【文件】按钮,在展开的列表中选择【共享】|【发布幻灯片】选项,然后单击右侧的【发布幻灯片】按钮,如图 18-10 所示。

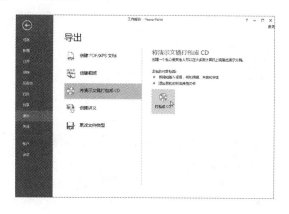

图 18-10 发布幻灯片

18.3 打印演示文稿

打开准备打印的演示文稿,单击【文件】按钮,选择【打印】命令,在【设置】下拉列表框中选择【打印全部幻灯片】|【自定义范围】选项,输入要打印的幻灯片编号,如"2,5,6-8,10,12,15",如图18-11所示。

图 18-11　【打印】窗格

18.4 将演示文稿保存为 PowerPoint 97-2003 格式

由于兼容性问题,PowerPoint 2013 演示文稿在 PowerPoint 97-2003 中是打不开的。如果需要在安装了较早版本的 PowerPoint(如 PowerPoint 2003)的电脑打开 PowerPoint 2013 演示文稿,就需要将 PowerPoint 2013 演示文稿保存为 PowerPoint 97-2003 格式。

方法如下。

(1) 打开需要保存为 PowerPoint 97-2003 格式的演示文稿。

(2) 单击【文件】按钮,选择【另存为】命令,弹出【另存为】对话框,选择存放位置。

(3) 单击【保存类型】下拉列表框,在弹出的列表中选择"PowerPoint 97-2003 演示文稿",如图 18-12 所示。

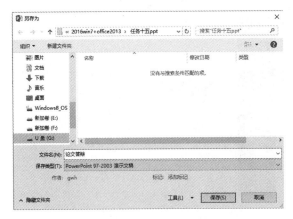

图 18-12　保存为 PowerPoint 97-2003 格式

18.5 以只读形式打开演示文稿

如果只需要浏览演示文稿内容，不想因为误操作等问题造成对演示文稿的破坏，可以以只读形式打开演示文稿。

方法：运行 PowerPoint 2013 程序，单击【打开其他演示文稿】命令，在弹出的【打开】列表中单击【计算机】图标，在右侧列表中单击【浏览】命令，在【打开】对话框中选中需要以只读方式打开的演示文稿，单击【打开】按钮右侧的下拉按钮，在弹出的列表中选择【以只读方式打开】命令，如图 18-13 所示。

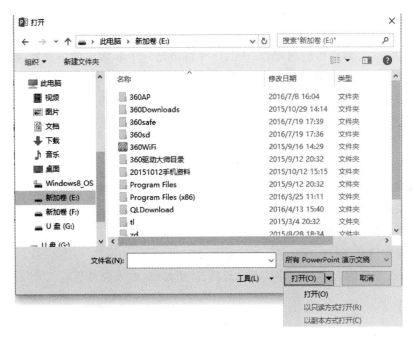

图 18-13 【以只读形式打开】演示文稿

任务 19　简单应用网络资源

Internet 是当今世界上最大的国际性计算机广域网,在与它连接着的主机上存储了上至天文、下至地理,无所不包、无所不容的信息。除此以外,它还是一个覆盖全球的通信枢纽。通过它,人们可以下载资料、收发电子邮件、和朋友聊天以及进行网上购物等活动。

【工作情景】

在学习生活中,会遇到很多问题,而 Internet 网络是一个非常大的信息海洋,通过 Internet 可以解决很多问题。如何利用计算机连接 Internet,如何利用 IE 浏览器上网查询资料,如何用邮件与亲朋好友进行联系与沟通,这节课的学习会带来很大的帮助。

【学习目标】

(1) 网络基础知识基本理论;
(2) 简单网络 IP 设置;
(3) 掌握家庭网络的结构;
(4) 无线路由的一般设置方法;
(5) 安装设置网共享打印机;
(6) Internet 常见的应用,如上网、查询资料、注册邮箱、收发邮件等。

【知识准备】

19.1　计算机网络定义与分类

19.1.1　计算机网络的定义

计算机网络是现代通信技术与计算机科技相吻合的产物。

计算机网络是把分布在不同区域的计算机与专门的外部设备用通信线路互联成一个规模大、功能强的网络系统,从而使众多的计算机可以方便地互相传递信息,共享硬件、软件、数据信息等资源。

19.1.2　计算机网络分类

计算机网络可按不同的标准进行分类。

1. 按网络的作用范围

按网络的作用范围可分为局域网(Local Area Network,LAN)、广域网(Wide Area Network,WAN)和城域网(Metropolitan Area Network,MAN)。

局域网是一种在小范围内实现的计算机网络,一般在一个建筑物内,或一个工厂、一个事业单位内部,为单位独有。局域网距离可在十几千米以内,结构简单,布线容易。广域网络范围很广，可以分布在一个省内、一个国家或几个国家之间。广域网信道传输速率较低，结构比较复杂。

2．按传输介质

按传输介质可分为有线网和无线网。

传输介质采用有线介质连接为有线网，常用的有线传输介质有双绞线、同轴电缆和光缆。

采用无线介质连接的网络称为无线网。目前无线网主要采用 3 种技术：微波通信，红外线通信和激光通信。这 3 种技术都是以大气为介质的，其中，微波通信用途最广。目前卫星网就是一种特殊形式的微波通信，它利用地球同步卫星做中继站来转发微波信号。一个同步卫星可以覆盖地球三分之一以上的表面，3 个同步卫星就可以覆盖地球上全部通信区域。

3．按网络拓扑结构

按网络拓扑结构可以分为总线型网络、星型网络、树型网络、环型网络和混合型网络 5 种网络拓扑结构，如图 19-1 所示。

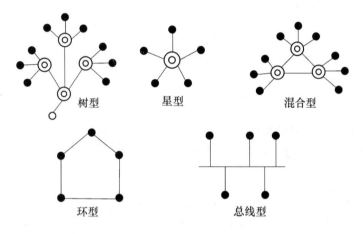

图 19-1　网络拓扑结构示意图

19.2　Internet 基础

　　Internet 中文正式译名为因特网，又叫作国际互联网。它是由那些使用公用语言互相通信的计算机连接而成的全球网络。一旦用户连接到它的任何一个节点上，就意味着用户的计算机已经连入 Internet 网上了。Internet 目前的用户已经遍及全球，有超过几亿人在使用 Internet，并且它的用户数还在以等比级数上升中。

19.2.1　IP 地址的设置

　　IP 是英文 Internet Protocol 的缩写，意思是"网络之间互连的协议"，也就是为计算机网络相互连接进行通信而设计的协议。在因特网中，它是能使连接到网上的所有计算机网络实现相互通信的一套规则，规定了计算机在因特网上进行通信时应当遵守的规则。任何厂家生产的计算机系统，只要遵守 IP 协议就可以与因特网互联互通。正是因为有了 IP 协议，因特网才得以迅速发展成为世界上最大的、最开放的计算机通信网络。因此，IP 协议也可以叫作"因特网协议"。

设置本机的 IP 地址操作步骤如下。

（1）单击任务栏右下角的【网络/Internet 访问】图标，从弹出窗口中单击【打开网络和共享中心】，如图 19-2 所示。

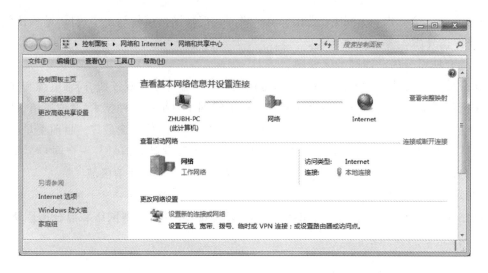

图 19-2　网络和共享中心本地连接对话框

（2）在【网络和共享中心】窗口中，鼠标单击【本地连接】按钮，打开【本地连接状态】对话框，如图 19-3 所示。

（3）在【本地连接状态】对话框中单击【属性】按钮。打开本【本地连接属性】对话框，如图 19-4 所示。

（4）在【本地连接属性】对话框中选择【Internet 协议 4(TCP/IPv4)】选项卡，并单击【属性】按钮，打开【Internet 协议版本 4(TCP/IPv4)属性】对话框如图 19-5 所示。根据实际需要，可以选择自动获取 IP 地址。也可输入固定 IP 地址和 DNS 服务器地址。

图 19-3　【本地连接状态】对话框

图 19-4　【本地连接属性】对话框　　图 19-5　【Internet 协议版本 4(TCP/IPv4)属性】对话框

【课堂练习】：更改 IP 地址。

查看机房计算机的 IP 设置形式，将固定 IP 的计算机改为自动获取 IP 地址形式，确定后，再将计算机改回固定 IP 形式，交将服务器 DNS 地址设为：202.99.224.8 和 202.99.224.68。

19.2.2　设置家庭网络需要哪些技术

用于家庭网络的多种选项使做出购买决定变得十分困难。在决定要购买何种硬件之前，用户需要首先决定要使用何种类型的网络技术（网络中的计算机与其他计算机进行连接或通信的方式）。本文描述和比较了最常见的网络技术，并列出了每种技术的硬件要求。

网络技术最常见的网络技术类型为无线、以太网。在选择网络技术时，需要考虑计算机所在的位置和所需的网络速度。这些技术的成本都很类似。以下部分将对常用技术进行比较。

无线网络使用无线电波在计算机之间发送信息。最常见的 3 种无线网络标准为 802.11b、802.11g 和 802.11a。802.11n 是一种新标准，有望逐渐普及。

由于没有电缆的限制，因此移动计算机将十分方便，安装无线网络通常比安装以太网更容易，无线技术的速度通常比有线以太网技术的速度慢。无线网络可能会受到某些物体的干扰，如墙壁、大型金属物品和管道；而且，许多无绳电话和微波炉在使用时都可能干扰无线网络。

以太网网络使用以太网电缆在计算机之间发送信息，以太网以高达 10 Mb/s、100 Mb/s 或 1 000 Mb/s 的速率（取决于所使用的电缆类型）传输数据，Gigabit 以太网速度最快，其传输速率高达 1 Gigabit/s（或 1 000 Mb/s）。例如，从 Internet 载 10 MB 照片，最佳条件下在 10 Mb/s 网络上大概需要 8 s，在 100 Mb/s 网络上大概需要 1 s，而在 1 000 Mb/s 网络上需要的时间不到 1 s。以太网网络廉价而高速。

用户必须将以太网电缆通过每台计算机，并连接到集线器、交换机或路由器。这是一件十分耗时的工作，并且当连接不同房间中的计算机时会十分困难。

19.2.3　家庭网络中经常使用的硬件

1. 网络适配器

这些适配器（又称为网卡）将计算机连接到网络，以便这些计算机进行通讯。网络适配器可以连接到计算机的 USB 或以太网端口，也可以安装在计算机内部某个可用的外围组件互联（PCI）扩展槽中。分无线和有线两大类，分别用于无线网络连接和有线网络连接。

2. 网络集线器和交换机

集线器和交换机将两台或两台以上计算机连接到以太网网络。交换机成本比集线器成本稍高，但速度更快，现大都用交换机，连接方便。

3. 路由器

路由器将计算机和网络互相连接（例如，路由器可将家庭网络连接到 Internet）。使用路由器还可以在多个计算机之间共享单个 Internet 连接。路由器可以是有线或无线的。对于家庭网络大都需要使用路由器，可共享 Internet 连接，可连多台设备。如果希望通过无线网络共享 Internet 连接，则需要无线路由器。访问点允许计算机和设备连接到无线网络。

4. 调制解调器

计算机通过电话线或电缆线使用调制解调器来发送和接收信息。如果希望连接到 Internet，则需要调制解调器。在订购有线 Internet 服务时，有些电缆提供商会提供电缆调制解调器

(免费提供或另行购买)。还会提供调制解调器和路由器的组合设备。

了解计算机具有的网络适配器(如果有)的类型是一种不错的做法。由于用户已经拥有大多数硬件,因此用户可以决定使用某种技术,还可以决定升级您用的硬件。对于用户所在环境而言,结合使用这些技术可能会工作最佳。例如,许多人都使用无线路由器,这既适合台式计算机的有线以太网连接,又适合便携式计算机的无线连接。

【课堂练习】:在家中安装宽带,保证台式计算机、笔记本、手机上网需要准备哪些硬件?

19.2.4 如何设置无线路由器

怎么设置无线路由器 Wi-Fi,这是许多童鞋疑惑的事情。现在无线设备越来越普遍,尤其是大家的智能手机、平板电脑,已经都具备了 Wi-Fi 功能,如何设置无线路由器 Wi-Fi,为自己的手机提供无线网络,下面就以较为普遍的 TP Link 无线路由器(见图 19-6)为例跟大家分享一下如何设置无线路由器。

图 19-6　无线路由器示意图

工具/原料:电脑+无线路由器。

方法如下。

第一步:将前端上网的宽带线连接到路由器的 WAN 口,上网电脑连接到路由器的 LAN 口上,路由器连接好之后(打开路由器电源,指示灯显示正常),如图 19-7 所示。

注意:宽带线一定要连接到路由器的 WAN 口上。WAN 口与另外 4 个 LAN 口一般颜色有所不同,且端口下方有 WAN 标识,请仔细确认。电脑连接到路由器 1/2/3/4 任意一个 LAN 口。打开计算机 IE 浏览器,在地址栏中输入192.168.1.1(最新式有输入 tplogin.cn,如果打不开界面请查看说明书)进入无线路由器的设置界面。

第二步:登录设置参数,默认录用户名和密码为:admin/admin,如图 19-8 所示。

第三步:选择【设置向导】的界面,如图 19-9 所示。

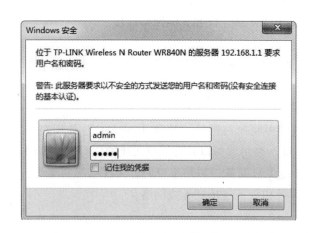

图 19-8　输入路由器的用户名和密码

图 19-9　选择无线路由的设置向导

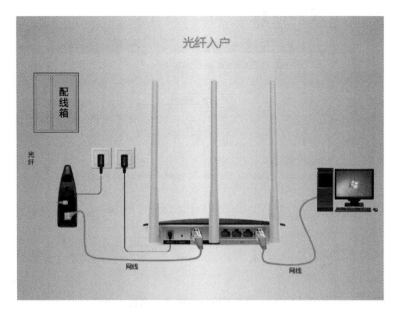

图 19-7　无线路由设置接线图

第四步：单击设置向导之后会弹出一个窗口说明，显示通过向导可以设置路由器的基本参数，直接单击【下一步】按钮。

第五步：如果不知道该如何选择的话，可以直接选择第一项自动选择即可，方便新手操作，选完直接单击【下一步】按钮，如图 19-10 所示。

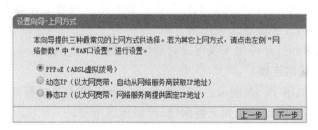

图 19-10　选择网络接入类型

第六步：输入上网账号和密码，上网账号容易输入容易出错，不行就多试几下，输入完毕后直接单击【下一步】按钮，如图 19-11 所示。

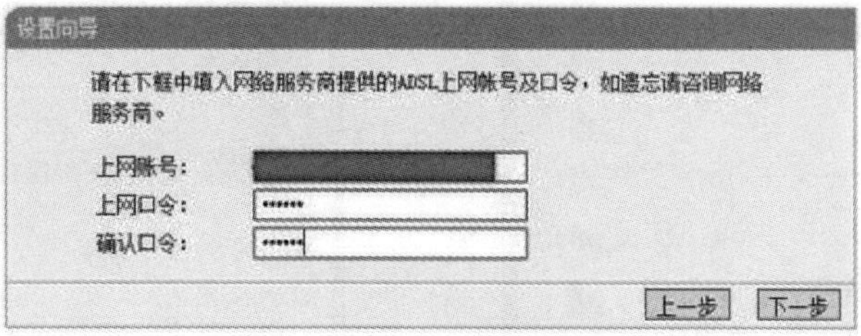

图 19-11　输入外网的用户名和密码

第七步：设置完成重启无线路由器，下面进入无线设置，设置 SSID 的名称，这一项默认为路由器的型号，这只是在搜索的时候显示的设备名称，可以更改为自己喜欢的名称，方便自己搜索使用。其他设置选项可以使用系统默认设置，无需更改，但是在网络安全设置项必须设置密码，防止被蹭网。设置完成单击【下一步】按钮,如图 19-12 所示。

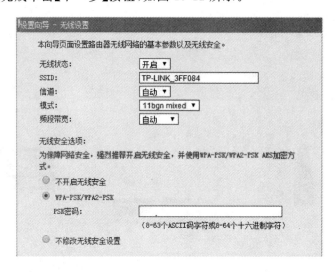

图 19-12　设置无线路由的名称和接入密码

第八步:此时,无线路由器的设置就已经完成了。接下来重新启动路由器就可连接无线上网了。

19.2.5　如何连接到无线网络

1. 如何查看并连接到可用的无线网络

如果用户使用的是便携式计算机,无论用户在何处,都可以看到一个可用无线网络的列表,然后连接到其中的某个网络。仅当用户的计算机安装了无线网络适配器及其驱动程序,并且该适配器处于启用状态时,才会显示无线网络。

单击【无线网络】图标打开可用无线连接对话框,如图 19-13 所示。

2. 选择可用的无线网连接

单击【连接】按钮,如图 19-14 所示。打开无线网络密码输入对话框架,如图 19-15 所示。输入正确的网络安全密码就可以连接到无线网络,尽情地享用了。

图 19-13　可用无线连接

图 19-14　选择可用的无线连接

某些网络需要网络安全密钥或密码。若要连接到其中的某个网络,请求网络管理员或服务提供商提供安全密钥或密码。

3. 警告

只要可能,用户应该连接到启用了安全密钥的无线网络。如果确实连接到了不安全的网络,请注意,某些人可以使用适当的工具看到用户的所有行为,包括访问的网站、处理的文档以及使用的用户名和密码。将用户的网络位置更改为"公用"可使此风险最小化。

图 19-15 输入无线连接的密码

【课堂练习】:光纤入户的宽带网,如何连接光猫(调制解调器)、无线路由器,如何设置无线路由器使有线计算机 1 台、无线手机、笔记本电脑等设备上网?

19.2.6 如何安装网络打印机

在现实生活中,如果计算机没有安装打印机,你的同事电脑连有打印机。如何利用网络中的打印机来打印材料。通常,在网络中共享打印机的最常见的方式是将打印机连接到其中一台计算机,然后在 Windows 中设置共享。这称为"共享打印机"。共享打印机的优点是:它可与任何 USB 打印机协同工作。缺点是:主机必须打开,否则网络中的其他计算机将不能访问共享打印机。

1. 建立工作组

首先将要共享使用的计算机设为同一工作组中。通过【计算机】中工具栏的【系统属性】按钮打开系统对话框,如图 19-16 所示。

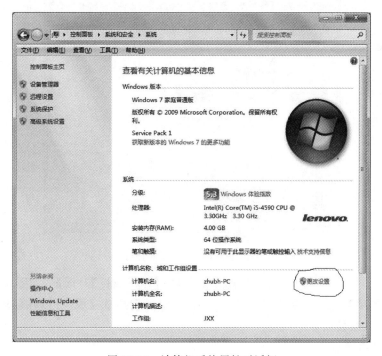

图 19-16 计算机系统属性对话框

再单击系统对话框中的【更改设置】按钮打开【系统属性】对话框,如图19-17所示。

再单击系统属性对话框中的【更改】按钮,打开【计算机更名】对话框,如图19-18所示。更改为同一工作组后,确认,重新启动计算机,更改工作组生效。

图19-17　更改属性

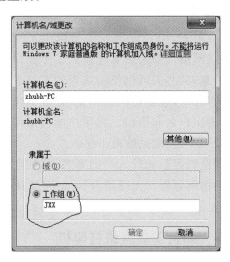

图19-18　更改计算机工作组

2. 设置打印机共享

设置完工作组后,在安装好本地打印机的电脑中,打开【开始】菜单,选择【设备和打印机】,打开"打印机和传真"窗口,如图19-19所示,选择要连接的打印机设备。

图19-19　【打印机设备】窗口

对选中的打印机右击,选择【打印机属性】打开【打印机属性】对话框,如图19-20所示,在对话框中选择【共享项】,在共享项中设置共享选项,确定后就共享完成,可以在局域网工作组内供其他计算机安装共享使用。

3. 安装共享打印机

第一步:从【开始】菜单选择【设备和打印机】,打开【设备和打印机】窗口,在工具栏中选择【添加打印机】,打开【添加打印机】对话框,如图19-21所示。

图 19-20 设置共享打印机

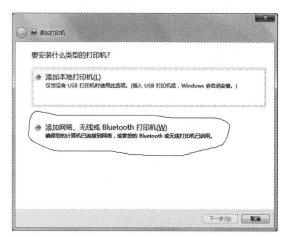

图 19-21 选择添加网络打印机

从网络打印机列表(见图 19-22)中选择想要添加的网络打印机选项。

选择要添加的打印机单击【下一步】按钮,在成功添加打印机对话框中(见图 19-23)选择打印测试页,如正常即完成网络打印机的安装。

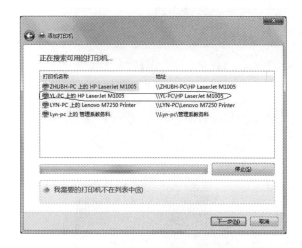

图 19-22 选择网络打印机

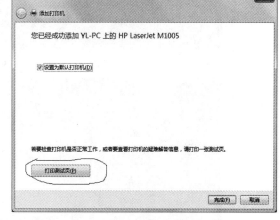

图 19-23 安装网络打印机并测试

打印机安装完成后,用户可以通过任何程序中的【打印】对话框进行访问,就像打印机直接连接到了用户的计算机一样。打印机连接到的计算机必须为打开状态才能使用该打印机。

【课堂练习】:办公室内有 3 台计算机,但只有 1 台打印机,如何设置使 3 台计算机都能使用这台打印机打印资料。

19.3 Internet 应用综合实战

【任务实战】IE 浏览器的使用与网络资源获取

1. 实战目的

(1)熟悉使用 IE 浏览器浏览网站。

(2)掌握 IE 浏览器 Internet 起始主页的设置及收藏夹的使用。

(3) 掌握网上常用网络资源的检索方法和保存网页信息的方法。

(4) 熟悉各种信息的搜索功能。

2. 实战要求

(1) 启动 IE 浏览器,浏览内蒙古交通职业技术学院网站的内容,主页地址为:http://www.nmjtzy.com。

(2) 将 www.hao123.com 网站的主页设置为 Internet 的起始主页。

(3) 把 www.hao123.com 的地址添加到收藏夹。

(4) 保存网站的主页到桌面。

(5) 利用百度查找与"计算机等级考试"相关的网页。

(6) 熟悉常用网络资源的检索方法,并能快速获取自己所需要的网络资源。

3. 实战内容与操作步骤

(1) 双击桌面上的 IE 浏览器图标 ,启动 IE 浏览器,在地址栏中输入搜狐的网址:http://www.nmjtzy.com,按 Enter 键,即可显示"内蒙古交通职业技术学院"网站的主页,如图 19-24 所示。

图 19-24 学院主页

(2) 执行【工具】|【Internet 选项】命令,打开【Internet 选项】对话框,如图 19-25 所示,在【常规】选项卡的主页地址栏中输入:http://www.hao123.com,单击【确定】按钮。

(3) 在 IE 浏览器中打开 http://www.hao123.com 的主页,执行【收藏夹】|【添加到收藏夹】命令,打开【添加收藏】对话框,如图 19-26 所示,单击【添加】按钮。

(4) 执行【文件】|【另存为】命令,打开【保存网页】对话框,选择把网页保存在桌面自己的文件夹中,输入文件名选择保存类型为"*.htm",如图 19-27 所示,单击【保存】按钮,按同样的方法把网页保存为文本文件格式。

(5) 在浏览器地址栏中输入:http://www.baidu.com,进入"百度"网站,在查询栏内输入欲查询的关键字:"计算机等级考试",单击【百度一下】按钮,搜索结果如图 19-28 所示。

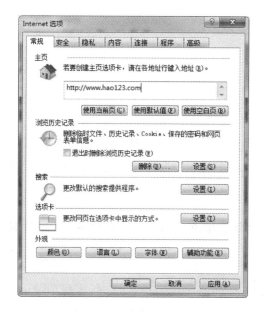

图 19-25 【Internet 选项】对话框

图 19-26 【添加收藏】对话框

图 19-27 保存网页对话框

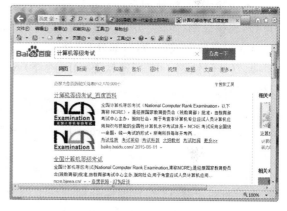

图 19-28 搜索结果

(6) 文献检索。

检索"城际高速磁浮列车的紧急制动控制及其应用研究"的资料。

检索步骤如下。

① 分析课题。

本课题的学科分类主要属于交通运输中的列车制动装置(U260.35)方面,涉及的知识学科门类比较专指,可以采用"分类号"结合其他限定性关键词的方式进行检索。

该课题属自然科学领域一般层次的应用型研究,通常情况下需要首先检索时间跨度为 5 年左右的文献,再视具体情况回溯 5~10 年。信息类型涉及中外文专利、期刊、学位论文、会议文献等。

② 检索工具的选择。

根据检索课题的学科范围和研究的方向性质,确定需要查找的检索工具如下。

a. 维普中文科技期刊数据库。

b. 万方中国科技文献数据库群。

c. 万方中国科学技术成果数据库。

d. 万方中国学术会议论文数据库。

e. 万方中国学位论文数据库。

f. CNKI 中国优秀博硕士学位论文全文数据库。

g. CNKI 中国重要会议论文集全文数据库。

h. CNKI 中国期刊全文数据库。

i. NSTL 中文库:中文期刊、中文会议论文、中文学位论文;西文库:西文期刊、外文会议论文、外文学位论文、国外科技报告。

j. Engineering Village 2(EI)。

③ 确定检索途径。

本课题最好选用主题(关键词)途径,必要时可结合分类途径,检索方法选用交替法,即时间法与引文法交替进行。

④ 确定检索词。

首选检索词:本课题可以选用的关键词有:城际铁路(intercity railroad);高速列车(high-speed train);高速铁路(high-speed railway);磁浮(maglev、magnetic levitation);紧急制动(e-mergency braking);制动控制(braking control);涡流制动(Eddy-current brake)。

备选检索词:快速列车(express trains);有限元(Finite Element Analysis);距离限值(stance limit);模糊控制(fuzzy control);刹车(brake);制动力学(braking dynamics)。

⑤ 拟定检索式(仅列举部分)。

a. (城际铁路 OR 高速铁路 OR 磁浮)AND(制动力学 OR 紧急制动 OR 涡流制动 OR U260.35)。

b. (intercity railroad OR high-speed railway OR maglev*)AND(brak* dynamics OR e-mergency brak* OR Eddy-current brak* OR U260.35)。

⑥ 检索实施。

根据不同检索系统的语法规则,对上述检索式作适当的调整,并选择合适的检索字段进行检索,本示例对上述 15 个数据库分别进行了检索,并利用网络搜索引擎(baidu)进行了补充查找;时间跨度均为 15 年。共检索出相关文献 50 余篇。

(7) 利用【查找】功能,在当前的页面中搜索指定的文本。

① 进入所需的网页。

② 单击【编辑】菜单,然后单击【查找(在当前页)】,或者直接按 Ctrl+F 组合键,打开【查找】对话框。

③ 在【查找】对话框中输入要查找的文字,设定条件和查找的方向,可以搜索指定的文本,在网页中对应的文本将高亮显示。

(8) 信息下载。

打开要查看的网页,将鼠标放在图片上,右击,单击【图片另存为】选项,将图片以文件的形式保存,如果需要下载软件,到专门的下载网站去下载,下载的数据量较大时,可使用专门的下载软件,如迅雷(Thunder)、网际快车(Flashget)、电驴(eMule)、BT(uTorrent)等来下载。

(9) 国内常用的搜索引擎。

百度 http://www.baidu.com

好搜 http://www.haosou.com

谷歌 http://www.google.com

有道 http://www.youdao.com
雅虎 http://www.yahoo.com.cn
必应 http://cn.biying.com
一搜 http://www.yisou.com/
中国搜索 http://www.zhongsou.com/
搜狐搜索 http://www.sogou.com/
新浪网搜索引擎 http://cha.sina.com.cn/
网易搜索引擎 http://so.163.com/
http://www.seo165.com/seo/all-search-engine.html（全球常见搜索引擎目录）

【任务实战】电子邮件的收发

1．实战目的

熟悉申请一个免费邮箱的方法。

2．实战要求

（1）利用163在线（www.163.com），申请免费邮箱，邮箱名称自定。

（2）给你的3个同学同时发送邮件，内容自定。

（3）阅读你所收到的一个同学发来的邮件，然后回复，添加"Internet"文件夹中的"附件.txt"文件作为附件。

3．实战内容与操作步骤

（1）启动IE浏览器，在地址栏中输入http://www.163.com，单击【163网易免费邮】选项，如图19-29所示，单击【注册免费邮箱】按钮，根据提示输入用户信息，当免费邮箱申请成功后，你就拥有了一个"用户名@163.com"的电子邮件地址，如图19-30所示。

图19-29 163免费邮箱账号申请

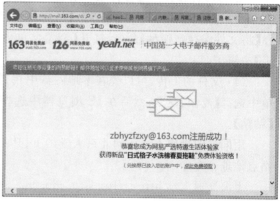

图19-30 163邮箱注册成功

（2）邮件的发送和接收。

① 在图19-29中，输入用户名和密码，进入到邮箱对话框，填写邮件内容后，单击【发送】命令，如图19-31所示。

② 在图19-31对话框中通过单击首页返回到邮箱首页对话框（见图19-32）中的【收信】可以接收邮件，通过双击打开收到的邮件进行阅读，然后单击【答复】命令进行邮件的回复。

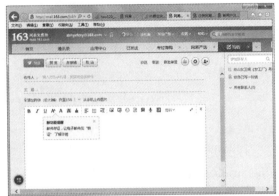

图 19-31　发送电子邮件　　　　　　　图 19-32　收发邮件

【任务实战】远程登录与文件传输

1. 实战目的
（1）掌握网络资源上传与下载的方法。
（2）让学生了解 FTP 的使用。

2. 实战要求
登录 FTP 服务器，进行文件上传和下载。

3. 实战内容与操作步骤
FTP 文件下载步骤如下。

（1）在 IE 浏览器的地址栏内输入 FTP 服务器的地址："ftp://ftp.sjtu.edu.cn"。

（2）进入网站后，可选择相应的文件夹或文件。

（3）文件的下载，单击【文件】|【将文件保存到磁盘】命令或右击要下载的文件夹或文件，选择【将文件保存到硬盘】命令，打开【浏览文件夹】对话框，选择要保存文件的路径，然后单击【确定】按钮。

（4）文件的上传，可以先在本地磁盘中找到要上传的文件或文件夹，右击，在弹出的快捷菜单中选择【复制】命令，然后在 IE 浏览器中选择相应的文件夹，右击，在弹出的快捷菜单中选择【粘贴】。

用同样的操作方法访问北京大学的 FTP 站点"ftp://ftp.pku.edu.cn"，下面是部分大学 ftp 站点地址。

上海交通大学 http://ftp.sjtu.edu.cn/
北京大学 ftp://ftp.pku.edu.cn/
浙江大学 ftp://ftp.scezju.com
大连理工大学 ftp://ftp.dlut.rdu.cn
北京邮电大学 ftp://ftp.bupt.edu.cn/
西安交通大学 ftp://www.slsz.com

远程登录下载文件，经常需要用户名和密码。为方便操作还经常安装一些专用工具软件，如 CuteFTP 软件等。